·21世纪安全生产教育丛书·

企业新工人安全生产培训教程

李家风　主编

中国劳动社会保障出版社

图书在版编目(CIP)数据

企业新工人安全生产培训教程/21世纪安全生产教育丛书编. —北京：中国劳动社会保障出版社，2016

(21世纪安全生产教育丛书)

ISBN 978-7-5167-2778-2

Ⅰ.①企… Ⅱ.①2… Ⅲ.①企业管理-安全生产-安全培训-教材 Ⅳ.①X931

中国版本图书馆CIP数据核字(2016)第261288号

中国劳动社会保障出版社出版发行

(北京市惠新东街1号 邮政编码：100029)

*

北京谊兴印刷有限公司印刷装订 新华书店经销

850毫米×1168毫米 32开本 11印张 271千字

2016年10月第1版 2016年10月第1次印刷

定价：28.00元

读者服务部电话：(010) 64929211/64921644/84626437

营销部电话：(010) 64961894

出版社网址：http://www.class.com.cn

内 容 提 要

本书根据国家安全生产监督管理总局关于《生产经营单位安全培训规定》编写。全书共分为4篇，即安全生产法律法规与管理篇、安全生产事故预防篇、职业病预防篇和现场急救与逃生自救篇。

本书的编写以增强企业员工安全生产意识，普及安全生产基本知识，提高企业员工预防生产事故、免受职业危害能力为宗旨，采用问答形式，便于读者在短时间内即可找到所需内容。全书既注重内容的科学性、实用性及可操作性，又注重语言表述的准确性和通俗性，使工人读得懂、用得上。

本书可作为企业新工人入厂三级安全教育的培训教材，也可供企业对在职的各岗位及各工种工人进行安全宣传教育使用。

前　言

我国目前正处于全面建设小康社会的重要战略机遇期，同时也处于生产安全事故易发多发的特殊时期。一段时期以来，一些地方政府在错误的发展观指导下以GDP论英雄，一些企业单纯追求短期经济效益，忽视安全生产，重特大事故时有发生，安全隐患严重，安全生产形势依然严峻。

生产经营企业是安全生产最基本的单元，是安全生产的行为主体和责任主体。习近平总书记指出："要抓紧建立健全安全生产责任体系，党政一把手必须亲力亲为，亲自动手抓。要把安全责任落实到岗位、落实到人头，坚持管行业必须管安全、管业务必须管安全，加强督促检查，严格考核奖惩，全面推进安全生产工作。""所有企业都必须认真履行安全生产主体责任，做到安全投入到位、安全培训到位、基础管理到位、应急救援到位，确保安全生产。中央企业要带好头做表率。各级政府要落实属地管理责任，依法依规，严管严抓。"

为进一步推进企业职工的安全生产教育，提升企业各级领导干部、管理人员与技术人员的安全管理水平，增强习近平总书记强调的安全生产"红线意识"与"底线思维"意识，强化全员安全法治观念；落实安全生产"五级五覆盖"责任体系与"党政同责、一岗双责、齐抓共管"安全生产责任体系；抓好安全生产、劳动保护工作，建立安全生产的长效机制，构建企业安全生产新常态，中国劳动社会保障出版社邀请国家安全生产监督管理总局、全国总工会、人力资源和社会保障部、国家质量监督检验检疫总局、国家卫生计生委等系统的有关专家，依据新《安全生产法》及近年最新发布的安全生产法律法规及标准，以及各地先进的安全管理经验，对第2版“21世纪安全生产教育丛书”进行了修订。

新修订的第3版丛书分为以下4册：《企业负责人与管理人员安全生产培训教程（通用版）》《企业安全员安全生产培训教程》《企业新工人安全生产培训教程》《企业车间班组安全生产培训教程》。专家们在编写本套丛书的过程中，按照国家安全生产监督管理总局颁布的《生产经营单位安全培训规定》要求，以国家安全生产、劳动保护的方针、政策、法律法规为依据，以安全科学技术和安全管理理论为指导，既面向21世纪我国安全生产、劳动保护工作的发展趋势，又紧密结合当前企业安全生产工作的实际；既总结了近年来安全生产、劳动保护工作的经验，又介绍了与国外发达国家的先进安全生产管理接轨的企业管理知识与技术；既考虑了企业职工的应知应会基本需要，又照顾到了企业领导干部及安技人员扩大知识面的需求。

本套丛书既可作为对各类企业职工、领导干部、安全工作专（兼）职人员全员安全教育培训的教材，也可作为各地安全生产监管部门、行业主管部门及工会组织安全监管监督人员的培训教材。

参加本套丛书编写的主要人员有：刘铁民、吴宗之、李传贵、陆芳、葛庆昆、陈全、刘倩、孟燕华、邢新民、关京浩、李征宇、邢磊、时文、王琛亮、张力娜、李志华、吴文平、高玲、刘永恒、张卫东、王仟祥、李家风、王何畏、白鹤萍、高尚彦、李秀兰、王春玲、高扬等。本书主编为李家风。

目　　录

安全生产法律法规与管理篇

安全生产事故预防篇

职业病预防篇

现场急救与逃生自救篇

安全生产法律法规与管理篇

一、新《安全生产法》的十大亮点

全国人大常委会2014年8月31日表决通过关于修改《安全生产法》的决定。新《安全生产法》(简称新法)，认真贯彻落实习近平总书记关于安全生产工作一系列重要指示精神，从强化安全生产工作的摆位、进一步落实生产经营单位主体责任、政府安全监管定位和加强基层执法力量、强化安全生产责任追究等四个方面入手，着眼于安全生产现实问题和发展要求，补充完善了相关法律制度规定，主要有十大亮点。

1 坚持以人为本，推进安全发展

新法提出安全生产工作应当以人为本，充分体现了习近平总书记等中央领导同志关于安全生产工作一系列重要指示精神，在坚守发展决不能以牺牲人的生命为代价这条红线，牢固树立以人为本、生命至上的理念，正确处理重大险情和事故应急救援中“保财产”还是“保人命”问题等方面，具有重大现实意义。为强化安全生产工作在国民经济和社会发展中的重要地位，推进安全生产形势持续稳定好转，新法将坚持安全发展写入了总则。

2 建立完善安全生产方针和工作机制

新法确立了“安全第一、预防为主、综合治理”的安全生产工作“十二字方针”，明确了安全生产的重要地位、主体任务和实现安全生产的根本途径。“安全第一”要求从事生产经营活动必须把安全放在首位，不能以牺牲人的生命、健康为代价换取发展和效益。“预防为主”要求把安全生产工作的重心放在预防上，强化隐患排查治理，“打非治违”，从源头上控制、预防和减少生产安全事故。“综合治理”要求运用行政、经济、法治、科技等多种手段，充分发挥社会、职工、舆论监督各个方面的作用，抓好安全生产工作。坚持“十二字方针”，总结实践经验。新法明确要求建立生产经营单位负责、职工参与、政府监管、行业自律、社会监督的机制，进一步明确了各方的安全生产职责。做好安全生产工作，落实生产经营单位主体责任是根本，职工参与是基础，政府监管是关键，行业自律是发展方向，社会监督是实现预防和减少生产安全事故目标的保障。

3 强化“三个必须”，明确安全监管部门执法地位

按照“三个必须”（管行业必须管安全、管业务必须管安全、管生产经营必须管安全）的要求，一是新法规定国务院和县级以上地方人民政府应当建立健全安全生产工作协调机制，及时协调、解决安全生产监督管理中存在的重大问题。二是新法明确国务院和县级以上地方人民政府安全生产监督管理部门实施综合监督管理，有关部门在各自职责范围内对有关行业、领域的安全生产工作实施监督管理，并将其统称为负有安全生产监督管理职责的部门。三是新法明确各级安全生产监督管理部门和其他负有安全生产监督管理职责的部门作为执法部门，依法开展安全生产行政执法工作，对生产经营单位执行法律、法规、国家标准或者行业标准的情况进行监督检查。

4 明确乡镇人民政府以及街道办事处、开发区管理机构安全生产职责

乡镇、街道是安全生产工作的重要基础，有必要在立法层面明确其安全生产职责。同时，针对各地经济技术开发区、工业园区的安全监管体制不顺、监管人员配备不足、事故隐患集中、事故多发等突出问题，新法明确：乡、镇人民政府以及街道办事处、开发区管理机构等地方人民政府的派出机关应当按照职责，加强对本行政区域内生产经营单位安全生产状况的监督检查，协助上级人民政府有关部门依法履行安全生产监督管理职责。

5 进一步明确生产经营单位的安全生产主体责任

做好安全生产工作，落实生产经营单位主体责任是根本。新法把明确安全责任、发挥生产经营单位安全生产管理机构和安全生产管理人员作用作为一项重要内容，做出三个方面的重要规定：一是明确委托规定的机构提供安全生产技术、管理服务的，保证安全生产的责任仍然由本单位负责；二是明确生产经营单位的安全生产责任制的内容，规定生产经营单位应当建立相应的机制，加强对安全生产责任制落实情况的监督考核；三是明确生产经营单位的安全生产管理机构以及安全生产管理人员履行的七项职责。

6 建立预防安全生产事故的制度

新法把加强事前预防、强化隐患排查治理作为一项重要内

容：一是生产经营单位必须建立生产安全事故隐患排查治理制度，采取技术、管理措施及时发现并消除事故隐患，并向从业人员通报隐患排查治理情况；二是政府有关部门要建立健全重大事故隐患治理督办制度，督促生产经营单位消除重大事故隐患；三是对未建立隐患排查治理制度、未采取有效措施消除事故隐患的行为，设定了严格的行政处罚；四是赋予负有安全监管职责的部门对拒不执行执法决定、有发生生产安全事故现实危险的生产经营单位，依法采取停电、停供民用爆炸物品等措施，强制生产经营单位履行决定的权力。

7 建立安全生产标准化制度

安全生产标准化是在传统的安全质量标准化基础上，根据当前安全生产工作的要求、企业生产工艺特点，借鉴国外现代先进安全管理思想，形成的一套系统的、规范的、科学的安全管理体系。2010 年《国务院关于进一步加强企业安全生产工作的通知》（国发〔2010〕23 号）、2011 年《国务院关于坚持科学发展安全发展促进安全生产形势持续稳定好转的意见》（国发〔2011〕40 号）均对安全生产标准化工作提出了明确的要求。近年来，矿山、危险化学品等高危行业企业安全生产标准化取得了显著成效，工贸行业领域的标准化工作正在全面推进，企业本质安全生产水平明显提高。结合多年的实践经验，新法在总则部分明确提出推进安全生产标准化工作，这必将对强化安全生产基础建设，促进企业安全生产水平持续提升产生重大而深远的影响。

8 推行注册安全工程师制度

为解决中小企业安全生产“无人管、不会管”问题，促进安全生产管理队伍朝着专业化、职业化方向发展，国家自 2004 年以来连续10年实施了全国注册安全工程师执业资格统一考试，21.8万人取得了资格证书。截至2013年12月，已有近15万人注册并在生产经营单位和安全生产中介服务机构执业。新法确立了注册安全工程师制度，并从两个方面加以推进：一是危险物品的生产、储存单位以及矿山、金属冶炼单位应当有注册安全工程师从事安全生产管理工作，鼓励其他生产经营单位聘用注册安全工程师从事安全生产管理工作；二是建立注册安全工程师按专业分类管理制度，授权国务院有关部门制定具体实施办法。

9 推进安全生产责任保险制度

新法总结近年来的试点经验，通过引入保险机制，促进安全生产，规定国家鼓励生产经营单位投保安全生产责任保险。安全生产责任保险具有其他保险所不具备的特殊功能和优势。一是增加事故救援费用和第三人（事故单位从业人员以外的事故受害人）赔付的资金来源，有助于减轻政府负担，维护社会稳定。目前有的地区还提供了一部分资金用于对事故死亡人员家属的补偿。二是有利于现行安全生产经济政策的完善和发展。2005年起实施的高危行业风险抵押金制度存在缴存标准高、占用资金量大、缺乏激励作用等不足。目前，湖南、上海等省（直辖市）已经通过地方立法允许企业自愿选择责任保险或者风险抵押金，受到企业的广泛欢迎。三是通过保险费率浮动、引进保险公司参与企业安全管理，有效促进企业加强安全生产工作。

10 加大对安全生产违法行为的责任追究力度

一是规定了事故行政处罚和终身行业禁入。第一，将行政法规的规定上升为法律条文，按照两个责任主体、四个事故等级，设立了对生产经营单位及其主要负责人的八项罚款处罚规定。第二，大幅提高对事故责任单位的罚款金额：一般事故罚款 20 万元至 50 万元，较大事故罚款 50 万元至 100 万元，重大事故罚款 100 万元至 500 万元，特别重大事故罚款 500 万元至 1 000 万元；特别重大事故的情节特别严重的，罚款 1 000 万元至 2 000 万元。第三，进一步明确主要负责人对重大、特别重大事故负有责任的，终身不得担任该行业生产经营单位的主要负责人。

二是加大罚款处罚力度。结合各地区经济发展水平、企业规模等实际，新法维持罚款下限基本不变，将罚款上限提高了 2 倍至 5 倍，并且大多数罚则不再将限期整改作为前置条件，反映了“打非治违”“重典治乱”的现实需要，强化了对安全生产违法行为的震慑力，也有利于降低执法成本、提高执法效能。

三是建立了严重违法行为公告和通报制度。要求负有安全生产监督管理职责的部门建立安全生产违法行为信息库，如实记录生产经营单位的安全生产违法行为信息。对违法行为情节严重的生产经营单位，应当向社会公告，并通报行业主管部门、投资主管部门、国土资源主管部门、证券监督管理部门和有关金融机构。

二、安全生产法律法规常识

1 我国的安全生产方针和原则是什么？

《安全生产法》在总结安全生产管理经验的基础上，将“安全第一、预防为主、综合管理”规定为我国安全生产工作的基本方针。

“安全第一”就是在生产经营过程中，在处理生产和安全这两个方面问题时，要始终把安全放在首要的位置，坚持最优先考虑人的生命安全。

“预防为主”就是按照系统工程理论，按照事故发展的规律和特点，预防事故的发生，做到防患于未然，将事故消灭在萌芽状态。

“综合治理”就是要标本兼治，重在治本，采取各种管理手段预防事故发生。实现治标的同时，研究治本的方法，综合运用科技手段、法律规定、经济手段和行政干预，从各个方面着手解决影响安全生产的深层次问题，做到思想上、制度上、技术上、监督检查上、事故处理上和应急救援上的综合管理。

党的十六届五中全会通过的《关于制定国民经济和社会发展第十一个五年计划的建议》中，提出“坚持节约发展，清洁发展，安全发展，实现可持续发展。”十六届五中全会确定了安全发展的原则，把“安全发展”作为一个重要理念纳入到我国社会主义现代化建设的总体战略。

“安全发展”重点包含三层含义：

（1）“以人为本”必须要以人的生命为本，认识到人的生命是最重要的，发展不能以牺牲人的生命为代价。

（2）构建社会主义和谐社会必须解决安全生产问题。

（3）经济社会发展必须以安全为基础、前提和保证。

2 安全生产法规分为哪几大类？

安全生产法规，从内容上划分主要有以下三类：

（1）安全生产管理法规。安全生产管理法规也称安全管理法规，是指国家为搞好安全生产，加强劳动保护，保障职工安全健康所制定的管理规范。这里主要是指规定领导和管理原则、管理制度的管理规范。从广义上讲，国家立法、监察、监督检查和教育也属管理范畴。

（2）安全技术法规。国家为了消除或控制生产过程中的危险因素，防止发生人身伤亡事故所制定的技术性与组织性法规，统称为安全技术法规。它以“法规”“规则”“标准”的形式出现，大多是单项规定。

（3）职业卫生法规。职业卫生法规，是指国家为了改善劳动条件，保护职工在劳动过程中的健康，预防和消除职业中毒而制定的种种法律规范。这里既包括劳动卫生工程技术措施，也包括预防医学保健措施方面的规定。其主要内容包括工矿企业设计、建设的劳动卫生规定，防止粉尘危害，防止有毒物质的危害，防止物理性危害因素的危害，劳动卫生及个体防护和劳动卫生辅助设施等。

3 《安全生产法》何时颁布实施，其立法目的是什么？其主要内容有哪些？

2002 年 6 月 29 日，《安全生产法》由第九届全国人民代表大会常务委员会第二十八次会议审议通过，并以第七十号主席令予以公布，自 2002 年 11 月 1 日起实施。

2014年8月31日第十二届全国人民代表大会常务委员会第十次会议通过《关于修改〈中华人民共和国安全生产法〉的决定》，修订后的《安全生产法》自2014年12月1日起施行。《安全生产法》是我国有关安全生产管理的基础法，是我国职业安全卫生法律体系的核心。

《安全生产法》共七章一百一十四条。其立法的目的是“为了加强安全生产工作，防止和减少生产安全事故，保障人民群众生命和财产安全，促进经济社会持续健康发展”。《安全生产法》的适用范围是我国境内的所有从事生产经营活动的单位。

《安全生产法》的主要内容包括以下五个方面：

(1) 生产经营单位的安全生产保障：规定了生产经营单位应具备的安全生产条件、生产经营单位主要负责人在安全生产工作方面的职责、安全生产管理机构的设置要求。

(2) 从业人员的安全生产权利和义务。

(3) 安全生产的监督管理制度。

(4) 生产安全事故的应急救援与调查处理办法。

(5) 安全生产法律责任。

4 《安全生产法》赋予从业人员安全生产的权利有哪些？

从业人员在安全生产方面的权利主要有：

(1) 知情权。

从业人员有了解其作业场所和工作岗位存在的危险、有害因素，防范措施和事故应急措施的权利。知情权保障从业人员知晓并掌握有关安全生产知识和处理办法，能有效地消除和减少由于人的因素而产生的不安全因素，从而避免、减少人员伤亡。

（2）建议权。

从业人员有权对本单位的安全生产工作提出建议；职工可以通过各种方式，对企业的安全生产规划、管理制度、管理办法、安全技术措施和规章的制定等提出建议。

（3）批评、检举和控告权。

从业人员有权利对本单位的安全生产工作中存在的问题提出批评、检举、控告；生产经营单位不提供法律规定的劳动条件，违章指挥、强令冒险作业，是发生伤亡事故的重要原因之一；赋予从业人员批评、检举、控告权，可有效发挥群众的监督作用。

（4）拒绝权。

从业人员有权拒绝违章指挥和强令冒险作业。违章指挥、强令冒险作业极大地威胁从业人员的生命安全和身体健康，法律赋予从业人员这项权利，使其能与生产经营单位的违法行为进行斗争，保护自身生命安全。企业不得因职工拒绝违章指挥、强令冒险作业而降低其工资、福利等待遇或者解除与其订立的劳动合同。

（5）紧急避险权。

从业人员发现直接危及人身安全的紧急情况时，有权停止作业或者在采取可能的应急措施后撤离危险场所。紧急避险权体现了“以人为本”的精神。企业不得因职工在紧急情况下停止作业或者采取紧急撤离措施而给予职工任何处分，也不得降低其工资、福利待遇或者解除与其订立的劳动合同。

（6）劳动保护条件保障权。

从业人员有获得安全卫生保护条件的权利，有获得符合国家标准或者行业标准的劳动防护用品的权利，有获得定期健康检查的权利等。

（7）接受安全教育权。

从业人员有获得本职工作所需的安全生产知识、安全生产教育和培训的权利。该项权利能使从业人员提高安全生产技能，增强事故防范和应急处理能力。

（8）享受工伤保险和伤亡赔偿权。

从业人员因生产安全事故受到伤害时，除依法享受工伤社会保险待遇外，依照有关民事法律尚有获得赔偿的权利的，有向本单位提出赔偿要求的权利。《安全生产法》第四十九条规定："生产经营单位与从业人员订立的劳动合同，应当载明有关保障从业人员劳动安全、防止职业危害的事项，以及依法为从业人员办理工伤保险的事项。生产经营单位不得以任何形式与从业人员订立协议，免除或者减轻其对从业人员因生产安全事故伤亡依法应承担的责任。"第五十三条规定："因生产安全事故受到损害的从业人员，除依法享有工伤保险外，依照有关民事法律尚有获得赔偿的权利的，有权向本单位提出赔偿要求。"

未成年工、女职工、有职业禁忌的从业人员享有特殊的职业卫生保护权利。

生产经营单位使用被派遣劳动者的，被派遣劳动者享有《安全生产法》规定的从业人员的权利。

5 《安全生产法》赋予从业人员安全生产的义务有哪些？

从业人员在安全生产方面的义务主要有：

（1）遵章守纪，服从管理。

即从业人员在作业过程中，应当严格遵守本单位的安全生产规章制度和操作规程，服从管理。事实证明，职工违反规章制度和操作规程，是导致大量安全事故的主要原因。企业的负责人和管理人员有权依照规章制度和操作规程进行安全管理，监督检查职工遵章守纪的情况。对这些安全生产管理措施，职工必须接受并服从管理。依照法律规定，企业对职工不服从管理，违反安全生产规章制度和操作规程的，应给予批评教育，并依照有关规章制度给予处分；造成重大事故，构成犯罪的，依照刑法有关规定追究刑事责任。

（2）正确佩戴和按标准使用劳动防护用品。

从业人员在作业过程中，应当正确佩戴和使用劳动防护用品。为保障职工人身安全，生产企业必须为职工提供必要的、符合要求的劳动防护用品，以避免或者减轻生产作业中的人身伤害，职工必须正确佩戴和使用劳动防护用品。但在实际工作中，一些职工认为佩戴和使用劳动防护用品没有必要，或嫌麻烦，往往不按规定佩戴或者不能正确佩戴和使用劳动防护用品，由此引发的人身伤害时有发生，给自身和家庭带来巨大的痛苦。

（3）接受安全教育培训，掌握安全生产技能。

从业人员应接受安全生产教育和培训，掌握本职工作所需的安全生产知识，提高安全生产技能，增强事故预防和应急处理能力。这项义务的履行能够提高从业人员的安全意识和安全技能，进而提高生产经营活动的安全可靠性。职工的安全意识和安全技能的高低，直接关系到生产经营活动的安全可靠性。为搞好安全生产，防止发生伤亡事故，职工有义务接受安全生产教育和培训，掌握本职工作所需的安全生产知识，提高安全生产技能，增强事故预防和应急处理能力。

（4）发现事故隐患及时报告。

从业人员发现事故隐患或者其他不安全因素时，应当立即向现场安全生产管理人员或者本单位负责人报告。从业人员是进行生产经营活动的主体，往往是发现事故隐患和不安全因素的第一当事人，及时报告，方能及时处理，最大限度地避免和减少事故损失。

6　如何理解安全生产方针具有严肃的、绝对的、普遍的法律约束力？

在国家基本法中确立我国的安全生产方针，表明安全生产方针在有关安全生产的种种事项中，具有严肃的、绝对的、普遍的法律约束力。这项方针适用于所有的安全生产管理中，要求在生产经营活动中必须将安全放在第一位，必须高度重视安全生产，必须采取一切可能的安全生产保障措施保障安全，防止一切可能发生的事故。生产必须安全，安全是生产的先决条件。贯彻安全生产方针，必须把预防作为安全生产工作的主体性任务，把工作重心转移到治理隐患上来，关口前移、重心下移，掌握安全生产工作的主动权。要把煤矿与非煤矿山、建筑、危险化学品、爆破材料、冶金、交通运输等高危行业安全作为安全生产工作的重中之重，这些行业的企业负责人更要抓好本单位的安全生产工作，针对本单位安全生产工作的突出问题和薄弱环节，采取措施予以解决。

7　怎么理解安全生产方针体现了“以人为本”的理念？

安全生产方针体现了“以人为本”的理念与贯彻落实科学发展观的要求。2013 年 6 月 6 日，中共中央总书记、国家主席、中央军委主席习近平就全国多个地区接连发生多起重特大安全生产事故，造成重大人员伤亡和财产损失做出重要指示指出，接连发生的重特大安全生产事故，造成重大人员伤亡和财产损失，必须引起高度重视。人命关天，发展决不能以牺牲人的生命为代价。这必须作为一条不可逾越的红线。习近平同志要求国务院有关部门将这些事故及发生原因的情况通报各地区各部门，使大家进一步警醒起来，吸取血的教训，痛定思痛，举一反三，开展一次彻底的安全生产大检查，坚决堵塞漏洞、排除隐患。习近平同志强调，要始终把人民生命安全放在首位，以对党和人民高度负责的精神，完善制度、强化责任、加强管理、严格监管，把安全生产责任制落到实处，切实防范重特大安全生产事故的发生。

习近平同志关于安全生产工作的上述重要批示中，特别强调的“红线意识”“底线思维”就是坚持“以人为本”的执政理念，这是科学发展观的核心要求，这一要求反映了安全生产“十二字方针”的内涵。必须更加自觉地把“以人为本”作为深入贯彻落实科学发展观的核心立场，始终把实现好、维护好、发展好最广大人民根本利益作为党和国家一切工作的出发点和落脚点。

安全生产方针的核心含义是：①要始终把保护人民群众的生命安全放在首位。以人为本，首先必须以保护人的生命为本。要深刻把握科学发展、以人为本、生命至上这一科学的逻辑关系，弘扬生命至上的价值观。②要正确处理安全与发展的关系。在当代中国，坚持发展是硬道理的本质要求就是坚持科学发展、安全发展。以科学发展、安全发展为主题，以加快转变经济发展方式为主线，这是关系我国发展全局的战略抉择。习近平总书记明确划出的发展决不能以牺牲人的生命为代价的不可逾越的红线，对于各级政府及其有关部门的领导干部，对于各类企业负责人与管理人员来说，就是一条是否高度重视安全生产工作的警示线、高压线，就是要求各级政府及其有关部门领导干部、各类企业必须真正把安全作为发展的前提和保障，不要“带血的 GDP”，切实把发展建立在人民生命安全得到有效保障的基础之上。③要进一步建立并完善安全生产治理体系建设，在安全生产工作中充分发挥人的积极性、主动性和创造性，通过依法治安的各项法制措施，进一步增强人的安全意识和素质，进一步提高全民安全法制素质，使安全生产成为人人关注、人人参与的广泛的社会实践。

8 《宪法》在劳动安全卫生方面的规定有哪些？

《中华人民共和国宪法》第四十二条对劳动保护作了明确规定：

中华人民共和国公民有劳动的权利和义务。

国家通过各种途径，创造劳动就业条件，加强劳动保护，改善劳动条件，并在发展生产的基础上，提高劳动报酬和福利待遇。

劳动是一切有劳动能力的公民的光荣职责。国有企业和城乡集体经济组织的劳动者都应当以国家主人翁的态度对待自己的劳动。国家提倡社会主义劳动竞赛，奖励劳动模范和先进工作者。国家提倡公民从事义务劳动。

国家对就业前的公民进行必要的劳动就业训练。

9 《刑法》在劳动安全卫生方面的规定有哪些？

《中华人民共和国刑法》有关劳动安全卫生的规定如下：

第一百三十一条　航空人员违反规章制度，致使发生重大飞行事故，造成严重后果的，处三年以下有期徒刑或者拘役；造成飞机坠毁或者人员死亡的，处三年以上七年以下有期徒刑。

第一百三十二条　铁路职工违反规章制度，致使发生铁路运营安全事故，造成严重后果的，处三年以下有期徒刑或者拘役；

造成特别严重后果的，处三年以上七年以下有期徒刑。

第一百三十三条　违反交通运输管理法规，因而发生重大事故，致人重伤、死亡或者使公共财产遭受重大损失的，处三年以下有期徒刑或者拘役；交通运输肇事后逃逸或者有其他特别恶劣情节的，处三年以上七年以下有期徒刑；因逃逸致人死亡的，处七年以上有期徒刑。

第一百三十四条　工厂、矿山、林场、建筑企业或者其他企业、事业单位的职工，由于不服从管理、违反规章制度，或者强令工人违章冒险作业，因而发生重大伤亡事故或者造成其他严重后果的，处三年以下有期徒刑或者拘役；情节特别恶劣的，处三年以上七年以下有期徒刑。

第一百三十五条　工厂、矿山、林场、建筑企业或者其他企业、事业单位的劳动安全设施不符合国家规定，经有关部门或者单位职工提出后，对事故隐患仍不采取措施，因而发生重大伤亡事故或者造成其他严重后果的，对直接责任人员，处三年以下有期徒刑或者拘役；情节特别恶劣的，处三年以上七年以下有期徒刑。

第一百三十六条　违反爆炸性、易燃性、放射性、毒害性、腐蚀性物品的管理规定，在生产、储存、运输、使用中发生重大事故，造成严重后果的，处三年以下有期徒刑或者拘役；后果特别严重的，处三年以上七年以下有期徒刑。

第一百三十七条　建设单位、设计单位、施工单位、工程监理单位违反国家规定，降低工程质量标准，造成重大安全事故的，对直接责任人员，处五年以下有期徒刑或者拘役，并处罚金；后果特别严重的，处五年以上十年以下有期徒刑，并处罚金。

第一百三十八条　明知校舍或者教育教学设施有危险，而不采取措施或者不及时报告，致使发生重大伤亡事故的，对直接责任人员，处三年以下有期徒刑或者拘役；后果特别严重的，处三年以上七年以下有期徒刑。

第一百三十九条　违反消防管理法规，经消防监督机构通知采取改正措施而拒绝执行，造成严重后果的，对直接责任人员，处三年以下有期徒刑或者拘役；后果特别严重的，处三年以上七年以下有期徒刑。

第三百九十七条　国家机关工作人员滥用职权或者玩忽职守，致使公共财产、国家和人民利益遭受重大损失的，处三年以下有期徒刑或者拘役；情节特别严重的，处三年以上七年以下有期徒刑。本法另有规定的，依照规定。

国家机关工作人员徇私舞弊，犯前款罪的，处五年以下有期徒刑或者拘役；情节特别严重的，处五年以上十年以下有期徒刑。本法另有规定的，依照规定。

第四百零八条　负有环境保护监督管理职责的国家机关工作人员严重不负责任，导致发生重大环境污染事故，致使公私财产遭受重大损失或者造成人身伤亡的严重后果的，处三年以下有期徒刑或者拘役。

10　《劳动法》有关劳动安全卫生的条款有哪些？

《劳动法》中有关劳动安全卫生的条款主要有：

第五十二条　用人单位必须建立、健全劳动安全卫生制度，严格执行国家劳动安全卫生规程和标准，对劳动者进行劳动安全卫生教育，防止劳动过程中的事故，减少职业危害。

第五十三条　劳动安全卫生设施必须符合国家规定的标准。

新建、改建、扩建工程的劳动安全卫生设施必须与主体工程同时设计、同时施工、同时投入生产和使用。

第五十四条　用人单位必须为劳动者提供符合国家规定的劳

动安全卫生条件和必要的劳动防护用品，对从事有职业危害作业的劳动者应当定期进行健康检查。

第五十五条　从事特种作业的劳动者必须经过专门培训并取得特种作业资格。

第五十六条　劳动者在劳动过程中必须严格遵守安全操作规程。

劳动者对用人单位管理人员违章指挥、强令冒险作业，有权拒绝执行；对危害生命安全和身体健康的行为，有权提出批评、检举和控告。

第五十七条　国家建立伤亡事故和职业病统计报告和处理制度。县级以上各级人民政府劳动行政部门、有关部门和用人单位应当依法对劳动者在劳动过程中发生的伤亡事故和劳动者的职业病状况，进行统计、报告和处理。

《劳动法》对工作时间、休息休假、女职工和未成年工特殊保护也作了相应的规定。

11 《职业病防治法》的立法目的是什么？主要内容有哪些？

《职业病防治法》于 2001 年 10 月 27 日第九届全国人民代表大会常务委员会第二十四次会议上获得表决通过，国家主席江泽民签署第 60 号主席令予以公布，自 2002 年 5 月 1 日起施行。后又对《职业病防治法》进行了修改，于 2011 年 12 月 31 日经第十一届全国人民代表大会常务委员会第二十四次会议获得表决通过，国家主席胡锦涛签署第 52 号主席令予以公布施行。2016 年 7 月 2 日，该法进一步修订，国家主席习近平签署第 48 号主席令予以公布施行。

这部法律的立法目的是为了预防、控制和消除职业病危害，防治职业病，保护劳动者健康及其相关权益，促进经济社会发展。《职业病防治法》分总则、前期预防、劳动过程中的防护与管理、职业病诊断与职业病病人保障、监督检查、法律责任、附则七章，共88条。

12 《职业病防治法》在保护劳动者的身体健康方面有哪些规定？

《职业病防治法》在保护劳动者的身体健康方面有以下规定：

劳动者依法享有职业卫生保护的权利。用人单位应当为劳动者创造符合国家职业卫生标准和卫生要求的工作条件和环境，并采取措施保障劳动者获得职业卫生保护。用人单位必须依法参加工伤社会保险。

对从事接触职业病危害的作业的劳动者，用人单位应当按照国务院卫生行政部门的规定组织上岗前、在岗期间和离岗时的职业健康检查，并将检查结果如实告知劳动者。职业健康检查费用由用人单位承担。

用人单位不得安排未经上岗前职业健康检查的劳动者从事接触职业病危害的作业；不得安排有职业禁忌的劳动者从事其所禁忌的作业；对在职业健康检查中发现有与所从事的职业相关的健康损害的劳动者，应当调离原工作岗位，并妥善安置；对未进行离岗前职业健康检查的劳动者，不得解除或者终止与其订立的劳动合同。

职业健康检查应当由省级以上人民政府卫生行政部门批准的医疗卫生机构承担。

用人单位应当为劳动者建立职业健康监护档案，并按照规定的期限妥善保存。职业健康监护档案应当包括劳动者的职业史、职业病危害接触史、职业健康检查结果和职业病诊疗等有关个人健康的资料。

劳动者离开用人单位时，有权索取本人职业健康监护档案复印件，用人单位应当如实、无偿提供，并在所提供的复印件上签章。

医疗卫生机构发现职业病病人或疑似职业病病人时，应当告知劳动者本人并及时通知用人单位。用人单位应当及时安排对疑似职业病病人进行诊断；在疑似职业病病人诊断或者医学观察期间，不得解除或者终止与其订立的劳动合同。疑似职业病病人在诊断、医学观察期间的费用由用人单位承担。

职业病病人依法享受国家规定的职业病待遇。用人单位应当按照国家有关规定，安排职业病病人进行治疗、康复和定期检查。对不适宜继续从事原工作的职业病病人，应当调离原岗位，并妥善安置。对从事接触职业病危害作业的劳动者，应当给予适当岗位津贴。职业病病人的诊疗、康复费用，伤残以及丧失劳动能力的职业病病人的社会保障，应按照国家有关工伤社会保险的规定执行。职业病病人除依法享有工伤社会保险外，依照有关民事法律，尚有获得赔偿的权利的，有权向用人单位提出赔偿要求。职业病病人变动工作单位，其依法享有的待遇不变。

13 《职业病防治法》赋予劳动者的职业卫生保护权利有哪些？

劳动者享有以下职业卫生保护权利：

（1）获得职业卫生教育、培训。

（2）获得职业健康检查、职业病诊疗、康复等职业病防治服务。

（3）了解工作场所产生或者可能产生的职业病危害因素、危害后果和应当采取的职业病防护措施。

（4）要求用人单位提供符合防治职业病要求的职业病防护设

施和个人使用的职业病防护用品，改善工作条件。

（5）对违反职业病防治法律法规以及危及生命健康的行为提出批评、检举和控告。

（6）拒绝违章指挥和强令进行的没有职业病防护措施的作业。

（7）参与用人单位职业卫生工作的民主管理，对职业病防治工作提出意见和建议。

用人单位应当保障劳动者行使上述所列权利。因劳动者依法行使正当权利而降低其工资、福利等待遇或者解除、终止与其订立的劳动合同的，其行为无效。

14 《劳动法》赋予职工在劳动安全卫生方面的权利和义务有哪些？

根据《劳动法》的有关规定，职工在劳动安全卫生方面的权利和义务主要包括以下几个方面：

权利有五个方面：

（1）职工有权利得知所从事工作可能对身体健康造成的危害和可能发生的事故。用人单位有义务使职工了解从事该工作可能对身体造成的危害，并有责任对职工进行与其从事工作相适应的劳动安全卫生培训。

（2）职工有权获得保障其健康、安全的劳动条件和劳动防护用品，用人单位有责任改善职工的劳动条件，为其发放符合安全卫生要求的劳动保护用品。

（3）职工有权对用人单位管理人员的违章指挥和强令冒险作业予以拒绝。对于拒绝用人单位管理人员违章指挥、冒险作业的，用人单位不得以此为由给职工处分，更不得开除职工。

（4）职工对危害生命安全和身体健康的行为，有权提出批评、检举和控告。用人单位和有关部门必须采取积极措施，消除危害职工健康安全的状态和行为，并不得对职工进行打击报复。

（5）在发生严重危及生命安全的紧急情况时，职工有权采取必要的措施紧急避险，并应当将有关情况向用人单位的管理人员做出报告。用人单位不得因职工采取紧急措施避险而给职工以任何处分，也不得扣发职工的工资、奖金。

必须承担的相应义务有四个方面：

（1）职工在劳动过程中必须严格遵守安全操作规程，遵守用人单位的规章制度。

（2）职工必须按规定正确使用各种劳动防护用品。在劳动过程中，不按规定佩戴和使用劳动防护用品，往往容易造成伤亡事故。

（3）在劳动过程中，职工有义务听从用人单位管理人员的生产指挥，不得随意行动。

（4）职工在劳动过程中发现不安全因素或者危及健康安全的险情时，有义务向管理人员报告。

15 《消防法》的内容是什么？

《消防法》于 1998 年 4 月 29 日由第九届全国人民代表大会常务委员会第二次会议通过，中华人民共和国主席令第 4 号发布，2008 年 10 月 28 日经第十一届全国人民代表大会常务委员会第五次会议修订，自 2009 年 5 月 1 日起施行。该法从消防设计、审核、建筑构件和建筑材料的防火性能、消防设施的日常管理到工程建设各方主体应履行的消防责任和义务逐一进行了规范。如禁止在具有火灾、爆炸危险的场所吸烟、使用明火；因施工等特殊情况需要使用明火作业的，应当按照规定，事先办理审批手续，采取相应的消防安全措施；进行电焊、气焊等具有火灾危险作业的人员和自动消防系统的操作人员，必须持证上岗等。

16 《工会法》在安全生产方面有哪些规定？

2001年10月修订的《工会法》，对各级工会组织在安全生产工作中监督的权利和义务作了明确规定。

（1）企业、事业单位违反劳动法律法规规定，有下列侵犯职工劳动权益情形的，工会应当代表职工与企业、事业单位交涉，要求企业、事业单位采取措施予以改正；企业、事业单位应当予以研究处理，并向工会做出答复；企业、事业单位拒不改正的，工会可以请求当地人民政府依法做出处理：

1）克扣职工工资的；

2）不提供劳动安全卫生条件的；

3）随意延长劳动时间的；

4）侵犯女职工和未成年工特殊权益的；

5）其他严重侵犯职工劳动权益的。

（2）工会依照国家规定对新建、扩建企业和技术改造工程中的劳动条件和安全卫生设施与主体工程同时设计、同时施工、同时投产使用进行监督。对工会提出的意见，企业或者主管部门应当认真处理，并将处理结果书面通知工会。

（3）工会发现企业违章指挥、强令工人冒险作业，或者生产过程中发现明显重大事故隐患和职业危害，有权提出解决的建议，企业应当及时研究答复；发现危及职工生命安全的情况时，工会有权向企业建议组织职工撤离危险现场，企业必须及时做出处理决定。

（4）职工因工伤亡事故和其他严重危害职工健康问题的调查处理，必须有工会参加。工会应当向有关部门提出处理意见，并有权要求追究直接负责的主管人员和有关责任人员的责任。对工会提出的意见，应当及时研究，给予答复。

17 《危险化学品安全管理条例》的主要内容有哪些？

《危险化学品安全管理条例》是自 2002 年 3 月 15 日起施行的。后经修改于 2011 年 3 月 2 日温家宝总理签署国务院令 591 号，将修订后的《危险化学品安全管理条例》公布，并自 2011 年 12 月 1 日起施行。2013 年 12 月 4 日，国务院第 32 次常务会议通过第二次修订，自 2013 年 12 月 7 日起施行。

修改后的《危险化学品安全管理条例》共分 8 章 102 条，对危险化学品生产、储存安全，使用安全，经营安全，运输安全，危险化学品登记与事故应急救援，法律责任等方面的问题作了具体规定。

18 《工伤保险条例》的主要内容有哪些？

《工伤保险条例》是自 2004 年 1 月 1 日起施行的。2010 年 12 月 8 日，国务院第 136 次常务会议通过了《国务院关于修改〈工伤保险条例〉的决定》，修改后的《工伤保险条例》自 2011 年 1 月 1 日起施行。修改后的《工伤保险条例》共分 8 章 67 条，对工伤保险基金、工伤认定、劳动能力鉴定、工伤保险待遇、工伤保险监督管理及法律责任等方面的问题作了具体规定。

19 《矿山安全法》的主要内容有哪些？

为了保障矿山生产安全，防止矿山事故，保护矿山职工人身安全，促进采矿业的发展，1992 年 11 月 7 日第七届全国人大常委会第二十八次会议通过了《矿山安全法》，并于 1993 年 5 月 1

日起施行。《矿山安全法》主要规定了以下内容：

（1）矿山企业必须具有保障安全生产的设施，建立、健全安全管理制度，采取有效措施改善职工劳动条件，加强矿山安全管理工作，保证安全生产。

（2）矿山设计规定保留的矿柱、岩柱，在规定的期限内，应当予以保护，不得开采或者毁坏。

（3）矿山使用的有特殊安全要求的设备、器材、防护用品和安全检测仪器，必须符合国家安全标准或者行业安全标准；不符合国家安全标准或者行业安全标准的，不得使用。

（4）矿山企业必须对机电设备及其防护装置、安全检测仪器，定期检查、维修，保证使用安全。

（5）矿山企业必须对作业场所中的有毒有害物质和井下空气含氧量进行检测，保证符合安全要求。

（6）矿山企业必须对下列危害安全的事故隐患采取预防措施：

1）冒顶、片帮、边坡滑落和地表塌陷；

2）瓦斯爆炸、煤尘爆炸；

3）冲击地压、瓦斯突出、井喷；

4）地面和井下的火灾、水害；

5）爆破器材和爆破作业发生的危害；

6）粉尘、有毒有害气体、放射性物质和其他有害物质引起的危害；

7）其他危害。

（7）矿山企业对使用机械、电气设备、排土场、矸石山、尾矿库和矿山闭坑后可能引起的危害，应当采取预防措施。

（8）矿山企业职工必须遵守有关矿山安全的法律、法规和企业规章制度。矿山企业职工有权对危害安全的行为，提出批评、检举和控告。

（9）矿山企业必须对职工进行安全教育、培训；未经安全教育、培训的，不得上岗作业。

（10）矿山企业的特种作业人员必须接受专门培训，经考核合格取得操作资格证书的，方可上岗作业。

（11）矿山企业必须向职工发放保障安全生产所需的劳动防护用品。

（12）矿山企业不得录用未成年人从事矿山井下劳动。

（13）矿山企业对女职工按照国家规定实行特殊劳动保护，不得分配女职工从事矿山井下劳动。矿山企业对矿山事故中伤亡的职工按照国家规定给予抚恤或者补偿。

三、安全生产规章制度和责任

1 如何理解全面落实安全生产责任?

(1)认真落实企业安全生产主体责任。企业必须严格遵守和执行安全生产法律法规、规章制度与技术标准，依法依规加强安全生产，加大安全投入，健全安全管理机构，加强班组安全建设，保持安全设备设施完好有效。企业主要负责人、实际控制人要切实承担安全生产第一责任人的责任，带头执行现场带班制度，加强现场安全管理。强化企业技术负责人技术决策和指挥权，注重发挥注册安全工程师对企业安全状况诊断、评估、整改方面的作用。企业主要负责人、安全管理人员、特种作业人员一律经严格考核、持证上岗。企业用工要严格依照《劳动合同法》与职工签订劳动合同，职工必须全部经培训合格后上岗。

(2)强化地方人民政府安全监管责任。地方各级人民政府要健全完善安全生产责任制，把安全生产作为衡量地方经济发展、社会管理、文明建设成效的重要指标。切实履行属地管理职责，对辖区内各类企业包括中央、省属企业实施严格的安全生产监督检查和管理。严格落实地方行政首长安全生产第一责任人的责任，建立健全政府领导班子成员安全生产“一岗双责”制度。省、市、县级政府主要负责人要定期研究部署安全生产工作，组织解决安全生产重点难点问题。

(3)切实履行部门安全生产管理和监督职责。健全完善安全生产综合监管与行业监管相结合的工作机制，强化安全生产监管部门对安全生产的综合监管，全面落实行业主管部门的专业监管、行业管理和指导职责。相关部门、境内投资主体和派出企业要切实加强对境外中资企业安全生产工作的指导和管理。要不断探索创新与经济运行、社会管理相适应的安全监管模式，建立健全与企业信誉、项目核准、用地审批、证券融资、银行贷款等方面相挂钩的安全生产约束机制。

2 什么是安全生产“红线意识”“底线思维”？

党的十八大以来，习近平总书记针对安全生产问题做了一系列重要论述。这些重要论述充分体现了科学发展观的核心立场，揭示了现阶段安全生产的规律特点，体现了深远的战略眼光，具有很强的针对性、指导性。习近平总书记特别强调的“红线意识”和“底线思维”，其内涵体现了科学发展观以人为本的核心立场与各级领导干部要有强烈的安全责任意识。

科学发展观，第一要务是发展，核心是以人为本。发展是硬道理，但不顾安全的发展没有道理。以人为本，首先要以人的生命安全为本。当经济社会发展与安全生产发生矛盾时如何处理和摆位？习近平同志旗帜鲜明地划出了一条不可逾越的生命“红线”。

生命对于每一个人只有一次。人的一切活动和价值都以生命的存在和延续为根基，没有生命就没有一切，保护生命就是保护生产力。企业各级领导干部与管理人员如果对安全生产工作不在状态，热衷于忙无关紧要的事，渎职避害；如果该担责任的时候不负责任，缺乏忧患意识、责任意识、担当意识，对安全生产工作无底线思维，无充分准备，无戒惧之心，对事故隐患无所防范，那么潜伏的事故隐患就会如火山一样即将爆发，群死群伤的重特大事故将会降临。所以，习近平同志旗帜鲜明地划出了一条不可逾越的责任“底线”，告诫各级领导干部，当干部不要当得那么潇洒，要经常临事而惧，这是一种负责任的态度，要经常有睡不着觉、半夜惊醒的情况，当官当得太潇洒准要出事。当干部要履责，责任重于泰山，当干部有风险，不要幻想当太平官。

习近平总书记提出的“红线”“底线”观点，实质上就是把保护生命放在高于一切的位置，体现了“以人为本、生命至上”的价值取向。这正是安全生产工作的价值追求。我们的企业负责人与管理人员必须树立关爱生命的情感观、生命至上的价值观、尊重生命的道德观，始终把保护职工群众生命安全放到首位，作为工作的最高职责，带着感情抓好安全生产；我们的职工群众在工作中应自觉遵守安全生产的各项规定和操作标准，对于任何拿生命冒险的行为，都要敢于亮剑、坚决抵制。

3 如何理解安全生产必须“党政同责”与“一岗双责”？

党的十八大以来，习近平总书记多次就安全生产工作做出重要指示，强调要建立“党政同责、一岗双责、齐抓共管”的安全生产责任体系，党政一把手必须亲力亲为、亲自动手抓。

党委要强化对安全生产重点工作的领导，贯彻落实党的安全生产方针和重大决策部署，大力实施安全发展战略；要加大安全生产在经济社会发展中的考核权重，把安全生产履职情况作为干部业绩考核和选拔、任用、评优评先的重要依据，实行“一票否决”；要把安全宣传教育培训和安全文化建设纳入党的宣传思想工作格局中，不断提高党员领导干部抓安全、促发展的能力；要在打非治违、整顿关闭、隐患治理、应急处置等安全生产重大问题上科学决策、靠前指挥、督促落实；要切实加大对事故责任追究力度，严查事故背后的失职渎职和腐败行为。抓住了这五条，地方党委就能牢牢把握住安全生产工作的主动权。

安全生产“党政同责”，政府也要重点抓好五项工作：一要建立健全政府系统安全监管责任体系，地方政府主要负责人应担任安委会主任，承担安全生产第一责任人的责任，政府和部门班子成员落实“一岗双责”，不留责任盲区；二要加强安全生产地方性法规和地方政府规章建设，严格落实安全生产法律法规和规章制度；三要有效调配行政资源，强化安全监管基层执法力量，从严执法，深化隐患排查整改和“打非治违”专项行动，不留死角；四要深入研究解决安全生产重大问题，包括安全投入、科技装备、支持政策、重大危险源治理等关键问题；五是要认真组织开展应急救援和事故调查处理，举一反三，切实加强和改进安全生产工作。

习近平总书记提出的“一岗双责”就是指一个岗位两种责任，即岗位责任与安全生产监管责任。目前，全国有31个省（自治区、直辖市）和新疆生产建设兵团都对相关领导岗位的安全生产工作职责做出了明确规定。

4 什么是企业安全生产主体责任“五落实五到位”？

2015年2月，国家安全生产监督管理总局对全国企业安全生产工作提出要求，要求企业进一步完善安全生产责任体系，做到“五落实五到位”。

“五落实”即：①企业董事长、党委书记、总经理必须对本单位的安全生产同时担责；②企业安委会主任必须由董事长或总经理担任；③企业领导班子成员必须承担相应的安全生产工作职责，做到“一岗双责”；④企业安全生产情况必须定期向董事会、业绩考核部门报告，向社会公示；⑤企业内部必须配齐配强专门的安全生产机构和注册安全工程师等专业人员。

“五到位”即：安全责任到位、安全投入到位、安全培训到位、安全管理到位、应急救援到位。

企业安全生产主体责任“五落实”，是落实企业安全生产主体责任的具体体现，也是行政系统“五覆盖”的最终目的。企业是安全生产责任的最前线。将“五覆盖”的范围从原有省、市、县三级，延伸到乡镇和行政村，也为企业“五覆盖”“五落实”无死角提供了保障。

抓好企业安全生产主体责任“五落实”，应当把握本质。企业内部结构多样多变，应该因地制宜，把握落实安全生产责任的本质，企业负责人切实承担起安全生产的主要责任，生产经营决策必须考虑安全生产，企业员工考核、人事任免必须考虑安全生产。

5 企业应制定的安全生产规章制度分为哪几类？

安全生产规章制度是人们对生产过程的客观规律进行反复认识，甚至是用生命和鲜血为代价换来的经验总结。它是依据国家法规、标准制定的厂规厂法，也是根据企业实现稳定、均衡生产的需要，考虑生产技术、工艺过程、物料特性、环境条件等因素而形成的企业员工的安全行为规范。

企业应制定的安全生产规章制度，基本上可分为三大类：一是以企业安全生产责任制为核心的全厂性安全生产总则。企业安全生产责任制要根据“安全生产、人人有责”的原则来制定，既规定由谁负责，又规定负什么责。要横向到边，纵向到底，不留空白和死角。全厂一盘棋，共同贯彻执行各项安全生产规章制度。二是各种单项的安全生产规章制度，如安全生产教育制度、检查制度、劳动保护措施计划管理制度、特种作业人员培训考核制度、危险作业审批制度、工伤事故管理制度、工业卫生管理制度、劳动防护用品管理制度、厂区交通运输管理制度、特种设备安全管理制度、电气安全管理制度、消防管理制度等。三是岗位安全操作规范。它是各工种、各岗位操作工的具体操作规范。

6 企业制定安全生产规章制度应注意哪些问题?

制定安全生产规章制度，一要符合国家法规和政府规定的要求；二要保证能贯彻执行；三要切合企业实际；四要有利于企业的生产发展。因此，在制定企业安全生产制度时应注意：

(1) 深入实际，调查研究。要制定某一对象的安全生产规章制度，就要掌握该对象的各种情况，包括设备、工艺、操作、运行、环境条件等具体情况，还要掌握以往该系统或工作发生事故和职业危害的教训。只有掌握实际情况，才能制定出切实可行的规定。

(2) 收集和研究法规、标准。根据所要制定的企业安全生产规章制度，尽量全面收集现行的国家有关法规、标准，进行深入研究，吃透精神，并考虑如何结合实际落实这些精神。

(3) 结合经验，制定条款。制定规章制度，除应按国家法规制度编制外，还应考虑多年来行之有效的工作经验、工作方法等，在总结提高的基础上，纳入到安全生产规章制度中去。

(4) 关键条文要经过技术试验和技术鉴定。每一条款都不能含糊，确定是非界限。

(5) 坚持先进，摈弃落后。在规章制度中不能保留和迁就落后的、不符合安全要求的内容。因此，要密切注意国家法规和技术标准的进展情况，以及生产实际的需要。

(6) 不断更新和补充完善。安全生产的管理和技术是不断发展的。因此，必须善于学习先进的管理手段和方法，吸取一切有益于安全生产工作的先进经验。同时不断更新、补充和完善规章制度。这就要求不断搜集国际的、国内的、同行业的、地方的、本企业的制度、标准、资料和事故情报，并以此为制定、修订、补充安全生产规章制度和健全管理制度服务。

7 什么是安全生产责任制？

安全生产责任制是生产经营单位各项安全生产规章制度的核心，是生产经营单位行政岗位责任制和经济责任制度的重要组成部分，也是最基本的职业安全健康管理制度。安全生产责任制度是按照职业安全健康工作方针“安全第一，预防为主，综合治理”和“管生产必须管安全”的原则，将各级负责人员、各职能部门及其工作人员和各岗位生产工人在职业安全健康方面应做的事情和应负的责任加以明确规定的一种制度。

生产经营单位的安全生产责任制的核心是实现安全生产的“五同时”，就是在计划、布置、检查、总结、评比生产工作的时候，同时计划、布置、检查、总结、评比安全工作。其内容大体可分为两个方面：一是纵向方面各级人员的安全生产责任制；二是横向方面各职能部门的安全生产责任制。

安全生产是关系到生产经营单位全员、全层次、全过程的大事，因此，生产经营单位必须建立安全生产责任制。把“安全生产，人人有责”从制度上固定下来，从而增强各级管理人员的责任心，使安全管理纵向到底、横向到边，责任明确、协调配合，共同努力把安全工作真正落到实处。

8 生产经营单位安全生产责任制的主要内容是什么？

生产经营单位安全生产责任制的主要内容包括：

（1）生产经营单位主要负责人。生产经营单位的主要负责人是本单位安全生产的第一责任者，对安全生产工作全面负责。

（2）生产经营单位其他负责人。生产经营单位其他负责人在各自职责范围内，协助主要负责人搞好安全生产工作。

（3）生产经营单位职能管理机构负责人及其工作人员。职能管理机构负责人按照该机构的职责，组织有关工作人员做好安全生产责任制的落实，对该机构职责范围的安全生产工作负责；职能机构工作人员在本人职责范围内做好有关安全生产工作。

（4）班组长。班组安全生产是搞好安全生产工作的关键，班组长全面负责本班组的安全生产，是安全生产法律法规和规章制度的直接执行者。贯彻执行本单位对安全生产的规定和要求，督促本班组的职工遵守有关安全生产规章制度和安全操作规程，切实做到不违章指挥，不违章作业，遵守劳动纪律。

（5）岗位工人。岗位工人对本岗位的安全生产负直接责任。要接受安全生产教育和培训，遵守有关安全生产规章和安全操作规程，不违章作业，遵守劳动纪律。特种作业人员必须接受专门的培训，经考试合格取得操作资格证书，方可上岗作业。

9　从业人员的安全生产职责是什么？

从业人员的安全生产职责有：

（1）认真学习和严格遵守各项规章制度，不违反劳动纪律，不违章作业，对本岗位的安全生产负直接责任。

（2）精心操作，严格执行工艺纪律，做好各项记录。交接班必须交接安全情况。

（3）正确分析、判断和处理各种事故隐患，把事故消灭在萌芽状态。如发生事故，要正确处理，及时、如实地向上级报告，并保护现场，做好详细记录。

（4）按时认真进行巡回检查，发现异常情况及时处理和报告。

（5）正确操作，精心维护设备，保持作业环境整洁，搞好文明生产。

（6）上岗必须按规定着装，妥善保管和正确使用各种防护器具和灭火器材。

（7）积极参加各种安全活动。

（8）有权拒绝违章作业的指令，对他人违章作业加以劝阻和制止。

10 岗位安全责任的内容是什么？

岗位安全责任的主要内容是：

（1）遵守安全生产法律、法规和标准，遵守安全生产规章制度、劳动纪律以及其他各项规章制度，不得擅自脱离岗位。

（2）认真执行安全技术操作规程，不得违章作业，拒绝执行任何人的违章指挥。发现违章作业、冒险蛮干，要立即制止；发现事故隐患，自己能处理的自己处理，自己不能处理的要立即报告班组长或有关领导。如事故隐患可能危及自身安全，可立即停止工作。

（3）爱岗敬业，熟悉生产工艺、机械设备的基本结构、基本原理和基本性能、安全技术操作规程，会使用、维护机械设备，能处理常见的故障。

（4）机械设备应实行包机或专人专机，除特殊情况，不得任意换人操作。特种作业人员必须持证上岗。

（5）认真检查所管理、使用的设备、工具和作业地点，发现问题要及时解决，并向有关领导汇报，在设备检查时要设置明显的检修标志牌。

（6）认真做好机械设备的维护保养工作，保持机械设备清洁完好，发现故障、隐患后及时处理或上报。

（7）严格执行交接班制度，履行交接班手续，填写各种记录，要在岗位上进行交接班。

(8) 团结互助，参与事故抢险救灾，积极抢救伤病员。

(9) 积极参加班组安全活动。

(10) 不准带病作业。

(11) 关心爱护新工人，指导新工人进行安全生产。

四、安全生产教育和安全检查

1　什么是安全教育？安全教育的目的是什么？

安全教育是为了增强企业各级领导与职工的安全意识与法制观念，提高职工安全知识和技术水平，减少人的失误，促进安全生产所采取的一切教育措施的总称。安全教育是企业安全生产管理的基本制度之一，也是预防和防止事故的一项重要对策。

安全教育的目的是使各级领导、全体职工正确认识安全生产的重要性与必要性，懂得实现安全生产、文明生产的科学知识，提高他们的生产技术水平和管理水平，使他们能够自觉地执行安全生产方针和各项法令与规章制度，从而使其行为规范化、标准化，减少人为失误与差错。安全教育对于预防人为事故，加强安全管理，促进安全生产都具有十分重要的意义。

2　对安全教育的基本要求是什么？

为了按计划、有步骤地进行全员安全教育，为了保证教育质量，取得好的教育效果，真正有助于提高职工安全意识和安全技术素质，对安全教育的基本要求是：

（1）建立健全职工全员安全教育制度，严格按制度进行教育对象的登记、培训、考核、发证、资料存档工作，环环相扣，层层把关。坚决做到不经培训者、考试（核）不合格者、没有安全监管部门签发的合格证者，不准上岗工作。

（2）结合企业实际情况，编制企业年度安全教育计划，每个季度应当有教育的重点，每个月要有教育的内容。计划要有明确的针对性，并随企业安全生产的特点，适时修正计划，变更或补充内容。

（3）要有相对稳定的教育培训大纲、培训教材和培训师资，确保教育时间和教学质量。相应补充新内容、新专业。

（4）在教育方法上，力求生动活泼，形式多样，寓教于乐，提高教育效果。

（5）经常监督检查，认真查处未经培训就顶岗操作和特种作业人员无证操作的责任单位和责任人员。

3 安全教育的主要内容是什么？

安全教育的内容，应根据不同生产、设备、工艺、人员的特点来确定，要有侧重点。一般来说，安全教育内容应包括以下四个方面：

（1）安全思想教育。

其内容应包括党和国家的安全生产方针、政策，安全生产法律法规、劳动纪律，安全生产先进经验和事故案例等内容。通过教育，要让每个职工深刻认识到安全生产的重要性，提高“从我做起”搞好安全生产的责任感和自觉性。

（2）安全生产知识教育。

安全生产知识包括：一般生产技术知识，即企业基本生产情况，工艺流程，设备性能，各种原材料和产品的构造、性能、质量、规格；基本安全技术知识，即职工必须掌握的安全基础知识，主要内容有企业安全生产规章制度，企业内危险区域、设备的基本情况和注意事项，有毒有害物质安全防护知识，厂内运输安全知识，高处作业安全知识，电气安全知识，防火防爆知识，个体防护用品使用知识等；岗位安全技术知识，即某一工种的职工必须具备的专业安全技术知识，主要内容有本工种、本岗位安全操作规程、标准化作业程序、事故易发部位、紧急处理方法等。

（3）安全技能教育。

安全技能是从实际生产过程中总结提炼出来的，一般情况下以学习、掌握“操作规程”等来完成，有时通过教育指导者的言传身教来实现。但无论用什么方法，受教育者都要经过自身的实践，反复纠正错误动作，逐渐领会和掌握正确的操作要领，才能不断提高安全技能的熟练程度。

（4）事故案例教育。

事故案例是进行安全教育最具有说服力的反面教材。教训也是经验，运用本系统、本单位，特别是同工种、同岗位的典型事故案例进行教育，可以使职工更好地树立“安全第一”的思想，总结经验教训，制定预防措施，防止在本单位、本岗位发生类似事故。

以上四个方面的安全教育是相辅相成、缺一不可的。安全教育不仅对缺乏安全知识和技能的人是必需的，对具有一定的安全知识、安全技能的人，同样也是重要的。企业要把安全教育作为制度固定下来，经常进行，而且不能走过场。

4 安全教育的类型有哪些？

根据接受教育的对象的不同，安全教育主要有如下类型：

（1）以新进厂（企业）人员为教育对象的三级安全教育。

（2）以特种作业人员为教育对象的专门安全教育。

（3）以“五新”和变换工种人员为教育对象的安全教育。

（4）以复工人员为教育对象的安全教育。

（5）以管理干部为教育对象的安全教育。

（6）以安全专业技术人员为教育对象的安全教育。

（7）以全体职工为教育对象的全员安全教育等。

5 企业安全教育的形式主要有哪些？

企业对职工进行安全教育的形式主要有：

（1）组织专门的安全教育培训班（包括脱产、半脱产和利用业余时间进行培训，开展安全生产的职业培训教育等）。

（2）班前班后交代安全注意事项，讲评安全生产情况。

（3）施工和检修前进行安全技术措施交底。

（4）各级负责人员和安全生产管理人员进行现场安全宣传教育，督促安全法规制度的贯彻执行。

（5）组织安全生产技术知识讲座、竞赛。

（6）召开生产安全事故分析会，分析事故发生的原因、责任、教训等，进行实例教育。

（7）组织安全技术交流，安全生产先进事迹展览，张贴宣传画、标语，设置警示标志，利用广播、电影、录像等方式进行安全教育。

（8）安全技术部门召开安全例会、专题会、表彰会、座谈会或采用安全信息、简报通报等形式总结、评比安全生产工作，达到教育的目的。

6 什么是三级安全教育？

三级安全教育制度是企业安全教育的基本教育制度，是指对于新进厂人员，包括新调入的工人、干部以及学徒工、临时工、合同工、季节工、代培人员和实习人员，采取厂级教育、车间级教育和班组级教育的三级安全教育形式，使他们从入厂之日起就逐步树立安全思想，遵守安全规章制度，熟悉安全生产知识，掌握安全操作技术，为安全生产打下良好的基础。

7 厂级安全教育的主要内容是什么？

（1）讲解安全生产的方针、任务、内容及其重要性，使新入厂的职工树立起“安全第一”和“安全生产，人人有责”的思想。

（2）介绍企业的安全概况，包括企业安全工作发展史、企业生产特点、企业设备分布情况（重点介绍接近危险部位、特殊设备的注意事项）、企业安全生产的组织机构、企业的主要安全生产规章制度（如安全生产责任制、安全生产奖惩条例、厂区交通运输安全管理制度、防护用品管理制度以及防火制度等）。

（3）介绍企业职工奖惩条例以及企业内设置的各种警告标志和信号装置等。

（4）介绍企业典型事故案例和教训，抢险、救灾、救人常识以及工伤事故报告程序等。

厂级安全教育一般由企业安技部门负责进行，时间为4～16学时。

8 车间级安全教育的主要内容是什么？

（1）介绍车间的概况。如车间生产的产品、工艺流程及其特点，车间人员结构、安全生产组织状况及活动情况，车间危险区域、有毒有害工种情况，车间安全生产方面的规章制度和对劳动防护用品的穿戴要求和注意事项，车间事故多发部位、原因、特殊规定和安全要求，车间常见事故和对典型事故案例的剖析，车间安全生产中的好人好事，车间文明生产方面的具体做法和要求。

（2）根据车间的特点介绍安全技术基础知识。如冷加工车间的特点是金属切削机床多、电气设备多、起重设备多、运输车辆多、各种油类多、生产人员多和生产场地比较拥挤等，机床旋转速度快、力矩大。要教育工人遵守劳动纪律，穿戴好防护用品，小心衣服、发辫被卷进机器，防止手被旋转的刀具擦伤；要告诉工人在装夹、检查、拆卸、搬运工件，特别是大件时，要防止碰伤、压伤、割伤；调整工夹刀具、测量工件、加油以及调整机床速度均须停车进行；擦拭机床时要切断电源，并悬挂警告牌；清扫铁屑时不能用手拉，要用钩子钩；工作场地应保持整洁，道路畅通；安装砂轮要恰当，附件要符合要求规格，砂轮表面和托架之间的空隙不可过大；操作时不要用力过猛，站立的位置应与砂轮保持一定的距离和角度，并戴好防护眼镜；加工超长、超高产品，应有安全防护措施等。

其他如铸造、锻造和热处理车间、锅炉房、变配电站、危险品仓库、油库等，均应根据各自的特点，对新工人进行安全技术知识教育。

（3）介绍车间防火知识，包括防火的方针、车间易燃易爆品的情况、防火的要害部位及防火的特殊需要、消防用品放置地点、灭火器的性能、使用方法、车间消防组织情况、遇到火险如何处理等。

（4）组织新工人学习安全生产文件和安全操作规章制度，并应教育新工人尊敬师傅，听从指挥，安全生产。

车间安全教育由车间主任或安技人员负责，授课时间一般需要4～8学时。

9 班组级安全教育的主要内容是什么？

（1）介绍本班组的生产特点、作业环境、危险区域、设备状况、消防设备等。重点介绍高温、高压、易燃易爆、有毒有害、腐蚀、高处作业等方面可能导致发生事故的危险因素，交代本班组容易发生事故的部位和典型事故案例。

（2）讲解本工种的安全操作规程和岗位责任。重点强调思想上应时刻重视安全生产，自觉遵守安全操作规程，不违章作业，爱护和正确使用机器设备和工具；介绍各种安全活动以及作业环境的安全检查和交接班制度；告诉新工人发生了事故或发现了事故隐患，应及时报告领导，采取措施。

（3）讲解如何正确使用、爱护劳动防护用品和关于文明生产的要求。要强调机床转动时不准戴手套操作，高速切削要戴保护眼镜，女工进入车间戴好工作帽，进入施工现场和登高作业必须戴好安全帽、系好安全带，工作场地要整洁，道路要畅通，物件堆放要整齐等。

（4）学习安全操作规范。组织重视安全、技术熟练、富有经验的老职工进行安全操作示范，边示范、边讲解，重点讲解安全操作要领，说明怎样操作是危险的、怎样操作是安全的、不遵守操作规程将会造成怎样的严重后果。

班组安全教育由班组长或安全员负责，授课时间为 2～8 学时。

10 什么是“五新”安全教育？如何进行“五新”安全教育？

“五新”安全教育是指采用新工艺、新技术、新材料、新设备、新产品前所进行的新操作方法和新工作岗位的安全教育。

由于“五新”作业未知因素多，人们对“五新”的危险因素了解甚少，缺乏操作知识，容易发生事故，因此，必须对操作者和有关人员加强安全教育和管理。为了搞好“五新”安全教育，专业人员、安全工程技术人员应在“五新”应用前，预先进行危险性评价和安全系统分析。一般可采取如下步骤：

（1）确定生产过程中的危害、危险因素，并收集有关资料。

（2）确定生产过程中的主要危险、危害单元，并对部分同类单元劳动保护现状进行调查分析。

（3）对生产中火灾、爆炸危险性大的主要单元装置作危险性评价。

（4）对生产过程中毒性危害大的主要单元装置作单元毒性评价。

（5）提出劳动保护评价结论及对策措施。

通过以上评价，在充分试验研究的基础上制定安全管理制度、安全操作规程和教学内容，再对操作者和有关人员进行专业的教育和训练。经严格考试合格后，才允许上机操作。要考虑到“五新”的作业特点。注意训练作业人员应急应变的安全知识和技能，以提高其在紧急危险情况下的防护和自救能力。

11 什么是调岗安全教育？调岗安全教育的主要内容是什么？

调岗安全教育是指职工调换工作岗位时进行的新操作方法和新工作岗位的安全教育。

调换新工作岗位，主要指职工在车间内或厂内换工种，或调换到与原工作岗位操作方法有差异的岗位。调岗人员应由接收单位进行相应工种的安全生产教育。教育内容可参照“三级安全教育”的要求确定，一般只需进行车间、班组二级安全教育。但调作特种作业人员，要经过特种作业人员的安全教育和安全技术培训，经考核合格取得操作许可证后方准上岗作业。

12 什么是复工安全教育？复工安全教育的主要内容是什么？

复工安全教育是指职工在伤、病愈后或经过较长的假期后，复工上岗前的安全教育。

复工教育的对象包括因工伤痊愈后的人员及各种休假超过3个月以上的人员。

（1）工伤后的复工安全教育。首先要针对已发生的事故作全面分析，找出发生事故的主要原因，并指出预防对策，进而对复工者进行安全意识教育、岗位安全操作技能教育及预防措施和安全对策教育等，引导其端正思想认识，正确吸取教训，提高操作技能，克服操作上的失误，增强预防事故的信心。

（2）休假后复工安全教育。职工常因休假（节、婚、丧或产、病假等）而造成情绪波动。身体疲乏、精神分散、思想麻痹，复工后容易因意志失控或者心境不定而产生不安全行为，导致事故发生。因此，要针对休假的类别，进行复工“收心”教育，即针对不同的心理特点，结合复工者的具体情况消除其思想上的余波，有的放矢地进行教育，如重温本工种安全操作规程，熟悉机器设备的性能，进行实际操作练习等。

对于因工伤和休假等超过3个月的复工安全教育，应由企业各级分别进行。经过教育后，由相应管理部门出具复工通知单，班组接到复工通知单后，方允许其上岗操作。对休假不足3个月的复工者，一般由班组长或班组安全员对其进行复工教育。

13 安全教育有哪些心理方式？

安全教育可采用下列几种心理方式：

(1) 解释。这是对职工进行安全教育最常用的一种心理方式。其目的是使职工认识到安全工作的重要性、不安全工作的危害性。使他们了解安全生产不仅关系到生产能否顺利进行和自己能否获得应得的收益，也关系到自己和他人的幸福、家庭的幸福。

(2) 劝慰。即对职工给予劝导抚慰。职工在工作、学习、生活中时常会遇到这样或那样的困难和挫折，这些都是安全生产的不利因素。企业管理者在安全生产工作中应经常了解职工的实际情况和问题，及时做好疏导和抚慰工作，帮助其解决困难和矛盾，以消除和缓解这些不安全因素。

(3) 说服。即通过摆事实讲道理的方法，使职工能够心悦诚服地理解和领会某种正确的观点和思想，即所谓开展“动之以情，晓之以理”的说服教育形式，不能动辄以惩罚的方法，强迫职工服从，而是要通过互相诚恳的交谈取得共识。

(4) 感染。即集体成员的情绪或行为对他人施加影响的心理方式。集体之中要造就团结协作、严格遵守安全操作规程的气氛，发挥安全生产骨干的表率作用，以身教代言教，让集体的积极向上的情绪感染每一位职工，尽力阻止和缓解不利于安全的消极情绪的感染作用。

(5) 奖励。即建立有利于安全生产的各项奖惩制度，目的是激发人的安全动机，引导人们按操作规程和规章制度办事，强化人们的安全意识。要注意奖励的方式方法，尽量减少或避免使用惩罚的手段。

(6) 社会舆论。即利用社会舆论的力量对职工思想和行为产生的无形心理压力来促进安全工作。例如，利用舆论工具、新闻媒介宣传安全生产方针；利用事故处理的公开形式震慑违章违纪者的心理；利用亲朋好友、妻子儿女、父母做职工的安全思想工作等。

14 什么叫特种作业？特种作业包括哪些工种？

特种作业是指容易发生事故，对操作者本人、他人的安全健康及设备、设施的安全可能造成重大危害的作业。

根据2010年7月1日起施行的《特种作业人员安全技术培训考核管理规定》（国家安全生产监督管理总局令第30号）的特种作业目录，特种作业主要包括电工作业类3种、焊接与热切割作业类3种、高处作业类2种、制冷与空调作业类2种、煤矿安全作业类10种、金属非金属矿山作业类8种、石油天然气安全作业类1种、冶金（有色）生产安全作业类1种、危险化学品安全作业类16种、烟花爆竹安全作业类5种以及由国家安全生产监督管理总局认定的其他作业，共10大类51个工种。

15 什么叫特种作业人员？特种作业人员应当符合什么条件？

特种作业人员，是指直接从事特种作业的从业人员。特种作业人员应当符合下列条件：

（1）年满18周岁，且不超过国家法定退休年龄。

（2）经社区或者县级以上医疗机构体检健康合格，并无妨碍从事相应特种作业的器质性心脏病、癫痫病、美尼尔氏症、眩晕症、癔症、震颤麻痹症、精神病、痴呆症以及其他疾病和生理缺陷。

（3）具有初中及以上文化程度。

(4) 具备必要的安全技术知识与技能。

(5) 相应特种作业规定的其他条件。

特种作业人员必须经专门的安全技术培训并考核合格，取得特种作业操作证后，方可上岗作业。

16 特种作业人员的培训、考核、发证、复审的相关规定有哪些?

特种作业人员的安全技术培训、考核、发证、复审工作实行统一监管、分级实施、教考分离的原则。

国家安全生产监督管理总局指导、监督全国特种作业人员的安全技术培训、考核、发证、复审工作；省、自治区、直辖市人民政府安全生产监督管理部门负责本行政区域特种作业人员的安全技术培训、考核、发证、复审工作。国家煤矿安全监察局指导、监督全国煤矿特种作业人员（含煤矿矿井使用的特种设备作业人员）的安全技术培训、考核、发证、复审工作；省、自治区、直辖市人民政府负责煤矿特种作业人员考核发证工作的部门或者指定的机构负责本行政区域煤矿特种作业人员的安全技术培训、考核、发证、复审工作。省、自治区、直辖市人民政府安全生产监督管理部门和负责煤矿特种作业人员考核发证工作的部门或者指定的机构（以下统称考核发证机关）可以委托设区的市人民政府安全生产监督管理部门和负责煤矿特种作业人员考核发证工作的部门或者指定的机构实施特种作业人员的安全技术培训、考核、发证、复审工作。

特种作业操作证每 3 年复审 1 次。特种作业人员在特种作业操作证有效期内，连续从事本工种 10 年以上，严格遵守有关安全生产法律法规的，经原考核发证机关或者从业所在地考核发证机关同意，特种作业操作证的复审时间可以延长至每 6

年1次。

17 安全检查的主要内容是什么？

安全检查前，企业、单位主要领导要依靠安技职能部门经过调研，制定既符合《安全生产法》《职业病防治法》等国家安全生产、劳动保护法律法规与标准规定，又切合本企业实际、针对性强的详细检查内容方案。检查方案主要有以下“十查”内容：

（1）贯彻落实《安全生产法》等有关安全法律、法规及上级有关安全生产工作会议、布置和要求情况。如查企业、单位下属部门与单位职工的安全生产法律意识是否树立，基本的安全生产法律法规常识是否知晓；本企业、单位重要的安全生产工作会议精神、要求等是否传达并贯彻落实等；职工对忽视安全生产的思想和行为是否自觉抵制并敢于批评。

（2）安全生产责任制度、年度安全生产工作目标及落实情况，安全生产规章制度和操作规程的制定、完善和落实情况。如查下属领导干部，尤其是下属主要领导干部是否坚持了“管生产必须管安全”的原则，将各级安全生产责任制及年度安全生产工作目标落到实处；是否能时时处处坚持“安全第一、预防为主、综合治理”的安全生产方针，重视安全工作，并将安全工作纳入重要议事日程；是否在生产经营决策与生产经营管理中，真正树立安全发展的科学发展观，真正体现企业健康可持续发展的科学发展观理念；是否真正关心职工的安全生产与劳动保护，将以人为本的安全生产工作理念落实到一切生产经营决策与生产经营管理之中；本企业的安全生产规章制度和操作规程是否制定并完善，有关职工是否熟知，有关职工对本岗位的安全生产操作规程是否熟练掌握等。

（3）安全生产机构建设及专（兼）职安全生产管理人员配备情况。如查企业下属部门与单位，是否按照《安全生产法》等有关法律的规定，加强安全生产机构建设，配备业务精通、爱岗敬业的专（兼）职安全生产管理人员等。

（4）企业安全生产资质及安全生产条件达标情况。如矿山、建筑施工、危险化学品、烟花爆竹、民用爆破器材生产企业与交通运输企业等高危行业，下属部门与单位是否符合《安全生产许可证条例》等有关规定，是否未取得安全生产许可证的一律不得从事生产活动，下属部门与单位的安全生产条件是否持续达到合格标准等情况。

（5）安全隐患排查整改及重大危险源监控情况，以及加大安全投入，保障各项安全生产工作措施落实情况。如全面排查治理事故隐患及重大危险源监控薄弱环节的工作是否到位；存在的事故隐患和重大危险源监控工作突出问题是否认真解决；重大危险源监控和重大隐患排查治理分级管理责任制度是否建立；应急措施是否制定；安全生产投入和隐患治理资金是否落实到位，是否按规定加大安全投入，保障各项安全生产工作措施落实等。

（6）作业场所职业卫生及劳动防护用品配备、使用情况。如下属部门与单位的作业场所，除应当符合《安全生产法》《职业病防治法》规定的职业卫生及劳动防护用品配备、使用要求外，使用有毒物品作业场所是否符合下列要求：作业场所与生活场所分开，作业场所不得住人；有害作业与无害作业分开，高毒作业场所与其他作业场所隔离；设置有效的通风装置；可能突然泄漏大量有毒物品或者易造成急性中毒的作业场所，设置自动报警装置和事故通风设施；高毒作业场所设置应急撤离通道和必要的泄险区；高毒作业场所应当设置红色区域警示线、警示标识和中文警示说明，并设置通讯报警设备；应当确保职业中毒危害防护设备、应急救援设施、通讯报警装置处于正常适用状态，不得擅自拆除或者停止运行，所列设施进行经常性的维护、检修，定期检测其性能和效果，确保其处于良好运行状态；应当为从事使用有毒物品作业的劳动者提供符合国家职业卫生标准的防护用品，并确保员工正确使用等。

(7) 安全生产主要负责人、安全生产管理人员、特种作业人员及从业人员培训教育、持证上岗情况。如下属部门与单位是否按照《安全生产法》及国家安全生产主管部门的有关规定，对安全生产主要负责人、安全生产管理人员、特种作业人员及从业人员进行培训教育；是否按规定持证上岗。又如对有职业病危害的作业岗位人员，是否按照《职业病防治法》的规定，对作业人员及从业人员进行上岗前的职业卫生培训和在岗期间的定期职业卫生培训，普及有关职业卫生知识，督促作业人员遵守有关法律、法规和操作规程，指导作业人员正确使用职业中毒危害防护设备和个人使用的职业中毒危害防护用品；作业人员是否经培训考核合格后上岗作业。

(8) 建设项目安全设施“三同时”落实情况。即新建、改建、扩建工程项目的安全设施，是否按照《安全生产法》等有关的规定，做到与主体工程同时设计、同时施工、同时投入生产和使用；安全设施投资是否纳入建设项目概算。

(9) 生产安全事故应急救援预案的制定和演练情况。如下属部门与单位是否按照《突发事件应对法》《安全生产法》及国家安全生产主管部门的有关应急管理规定，建立健全企业应急管理组织体系，把应急管理纳入企业管理的各个环节，形成上下贯通、多方联动、协调有序、运转高效的企业应急管理机制，建立起训练有素、反应快速、装备齐全、保障有力的企业应急队伍；是否针对本部门、本单位的风险隐患特点，以编制事故灾难应急预案为重点，并根据实际需要编制其他方面的应急预案；应急预案是否内容简明、适用、实效，有针对性和可操作性强；各部门、各单位是否从实际出发，有计划地组织开展预案演练工作。

(10) 生产安全事故上报、处理和责任追究落实情况。如已发生的生产安全事故，是否按照《安全生产法》《生产安全事故报告和调查处理条例》等有关的规定，做到及时上报、严肃处理、责任追究；是否按照“四不放过”的原则处理（即对发生的事故原因分析不清不放过、事故责任者和群众没受到教育不放过、没有落实防范措施不放过、事故责任人没有受到处罚不放过）；是否对发生的事故找出原因，做到惩前毖后，吸取教训，采取措施，防止事故再次发生。

18　安全检查表的作用是什么？

安全检查表采用分析和辨识系统危险性的基本方法，把工程、工艺、设备、操作环境、管理等方面的不安全因素，以提问的方式列成表格。使用时按所列项目与生产实际情况逐一对照检查，通常采用“是”（√）或“否”（×）回答提问，明确存在的问题与隐患，提出整改措施与整改期限。这种表格是进行安全检查的重要技术手段，其作用主要有以下几个方面：①用于对系统进行安全检查和评价；②可以对职工进行安全教育与提示；③用于事故分析和调查；④可为系统设计人员提出清楚明确的安全要求；⑤为系统运行提供安全操作指南；⑥为工程设计和验收提供安全审查的可靠依据。科学的安全检查表，是安全生产科学管理的一项常用技术手段，既能反映出简单易行的可操作性，又能反映出现代企业管理的科学性。

19　如何设计与编制安全检查表？

安全检查表的形式很多，可根据不同的检查目的进行设计，也可按照统一要求的标准格式编制，如危险等级划分表、安全性评价项目表、安全性评价检查表等。在进行安全检查时，利用安全检查表能做到目标明确、要求具体、查之有据；对发现的问题做出简明确切的记录，并提出解决的方案，同时落实到责任人，以便及时整改。安全检查表的设计与编制，目前有一些是地方安全生产监督管理部门经过深入调研组织编制的，如上海市安全生产监督管理局组织制订的《船舶修造行业现场安全生产检查表》《电力行业现场安全生产检查表》《危险化学品生产储存运输现场安全生产检查表》《危险化学品装卸现场安全生产检查表》《危险化学品管理台账安全生产检查表》《冶金行业现场安全生产检查表》等。还有更多的是工矿企业自行组织编制的，其表格的设计编制，一般由本企业安技部门的专业人员、有关部门领导、工程技术人员、车间与工段及班组的安全员和工人共同编写，并通过实践检验不断修改，使之逐步完善。安全检查表可以按生产系统、车间、工段和岗位编写，也可以按专题编写，如对重要设备和容易出现事故的工艺流程，就应该编制该项工艺的专门的安全检查表。安全检查表的编制过程，也是对系统进行安全分析的过程。通过对系统的全面分析，结合有关资料，找出系统中存在的隐患、事故发生的可能途径和影响后果等，然后根据有关法规、规章制度、标准和安全技术要求，完成检查表的编制工作。为了清楚地列出检查表中的检查项目和检查重点，可通过事故树分析，然后进行逐一审查并确定出它们之间的逻辑关系。

20　常用安全检查表有些类型？

企业常用的安全检查表有以下几类：

（1）日常定期安全检查表。主要用于全厂或总公司、分厂或公司系统的日常定期安全大检查；以及用于总厂、分厂（总公司、公司）安技职能部门进行的日常安全检查和 24 小时安全巡回检查，即安全生产动态检查使用。检查表内容主要包括：各个系统的重点危险源与安全隐患，不安全部位和不安全点（源）；各生产设备、设施、装置、装备的安全可靠性，以及主要安全设备、装置与设施的灵敏性、可靠性；各类危险品的安全储存与安全使用；消防安全和防护设计的完整可靠性；作业人员的遵章守纪及安全操作管理等。安全检查表的设计应突出重点部位的危险源与安全隐患，以及影响大的不安全状态和不安全行为等。

（2）专业性安全检查表。主要用于专业性较强的各类安全检查，以及各类特种设备的安全检验。如防火防爆与消防安全、配电装置与保护装置、电焊气焊、防尘防毒、防暑降温、锅炉与压力容器、压力管道、起重设备、机动车辆等。专业性安全检查表的内容设计，应当符合有关专业的安全技术防护措施要求。如防火防爆与消防安全的专业性安全检查表，应当有消防管理制度是否健全；消防灭火设备器材配备是否到位；消防泵等设施日常保养、运行情况是否正常；消防通道是否畅通，应急灯、疏散标志是否规范安装；灭火、逃生与自救应急预案制定和演练是否落实；员工宿舍内有无违章使用电器情况等内容。其他的专业性安全检查表也应当体现相关专业安全的特点，如设备的结构与安装的安全性，设备运行的安全性及运行参数指标的安全性，安全附件、保护装置及报警信号装置的安全可靠性，作业人员安全操作的规范要求及特种作业人员的安全技术考核等。

（3）设计审查安全检查表。主要用于对企业、单位生产性建设项目和技改工程项目的安全设计审核，或用于“三同时”安全预评价审核等。设计审查安全检查表的内容应包括：平面布置的安全规范性；设施、设备与装置的工艺流程的安全性；主要安全装置与重要设备、设施布置及操作的安全性；机械电气设备、设施的可靠性；防尘、防毒设施与措施的安全性与可操作性；各类危险品储存、运输、使用的安全性；消防设施与消防器材的可使用性，以及应急救援预案的制定与演练的落实性；通风、照明、安全通道等方面的安全可靠性等。这些内容既应符合安全防护措施规范和标准等规定，又应系统、简明地体现在表格之中。

21 应用安全检查表时需注意哪些问题？

应用安全检查表时要想达到预期的目的，需要注意以下问题：①各类安全检查表都有特定的对象，不宜一概通用。如日常定期安全检查表与专业性安全检查表就不能相互适用与通用。日常定期安全检查表中有关岗位检查的部分，应简明扼要地突出作业人员的遵章守纪及安全操作管理等内容；而专业性安全检查表应体现较强的专业性特点，在重点关键部位，专业性安全检查表应更详细，如涉及特种设备的安全参数应有定量的界限，而不可仅仅是模糊的定性概念。②应用安全检查表安全检查时，要有专业安全人员参与。如全厂或总公司、分厂或公司的日常定期安全检查，除了主管安全工作的领导之外，一定要有安技职能部门人员会同有关部门联合进行。车间、工段的安全检查，除了主管车间、工段安全工作的领导之外，一定要有车间、工段的安全员参与检查；检查之后应有负责人与专业安全人员的签字，并提出处理意见备查。③应注意安全检查表中检查信息的反馈及整改情况。对安全检查中提出的问题，凡是当时能督促整改和解决的应立即解决；当时不能整改和解决的应进行反馈登记、汇总分析，并一定要列入计划，单位部门及责任人按期限规定解决。④应用安全检查表必须按编制的内容逐项全部检查。应用安全检查表检查时不可流于形式走过场，而必须逐项全部检查，为系统分析及安全评价提供可靠准确的依据。

22 班组安全检查的内容有哪些？

（1）新入厂、新调换工种的工人，离岗一个月后上岗的工人，上岗前全部进行班组安全教育及考核。

（2）全班人员都有自己的安全检查点、检查路线及标准，并按点、路线、标准进行检查。

（3）每周按规定的内容进行安全活动，做到人员、时间、内容三落实，活动有记录，按时进行班前安全讲话及班后安全讲评，并有记录；连续生产的单位认真执行交接班制度。

（4）危险施工现场有安全监护人，严格执行监督检查，每次都应有记录，所使用的设备、设施、工具、用具、仪表、仪器、容器都有专人保管，有安全检查责任牌，按时进行检查。

（5）所有设备、设施、工具、用具必须完好，安装前符合要求；部件、附件完好齐全，连接牢固；防护、保险、信号、仪表、报警装置完好齐全，准确灵活，作用有效；所有场地的油气水管线、闸门无跑、冒、滴、漏现象，消防设施、器材、工具按要求配备，保管完好，定期进行检验维修，实行挂牌制。

（6）应设置安全标志的地方，按标准设置且标志完好清晰；电气、电路安装正确、完好；应使用防爆电器的地方，按要求使用；应装防静电装置的地方，正确装置防静电装置。

（7）生产场地平整、清洁，无危险建筑及设施；生产的成品、半成品，所用的材料、原料，使用的用具、工具堆放、摆放符合安全要求；无生产中不需用的易燃易爆及危险物品，如需要则应有使用规定及防护措施；光线、照明要符合国家标准，应装置安全防护的地方都按标准进行了安装。

（8）禁烟火的生产场所，无火源及烟蒂、火柴棒；动火作业按要求办理动火手续，并制定严格的防护措施；生产场所无生产中不许用的电炉、煤（汽、柴）油炉和液化气炉，经过批准使用的要有安全规定，并按规定执行。

五、事故管理和工伤保险常识

1　生产安全事故等级是如何划分的？

根据生产安全事故（以下简称事故）造成的人员伤亡或者直接经济损失，事故一般分为以下等级：

（1）特别重大事故，是指造成30人以上死亡，或者100人以上重伤（包括急性工业中毒，下同），或者1亿元以上直接经济损失的事故。

（2）重大事故，是指造成10人以上30人以下死亡，或者50人以上100人以下重伤，或者5 000万元以上1亿元以下直接经济损失的事故。

（3）较大事故，是指造成3人以上10人以下死亡，或者10人以上50人以下重伤，或者1 000万元以上5 000万元以下直接经济损失的事故。

（4）一般事故，是指造成3人以下死亡，或者10人以下重伤，或者1 000万元以下直接经济损失的事故。

国务院安全生产监督管理部门可以会同国务院有关部门，制定事故等级划分的补充性规定。

上面规定的“以上”包括本数，“以下”不包括本数。

2　按事故的属性不同，事故可分为哪几类？

按事故的属性不同，事故可分为两大类，一类为生产事故，另一类是非生产事故。

生产事故是指人们在生产活动过程中，突然发生的伤害人体、损坏财物、影响生产正常进行的意外事件。生产事故按人和物的伤害与损失情况可分为以下三种：

（1）伤亡事故。伤亡事故是指人们在生产活动中，接触了与周围条件有关的外来能量，致使人体机能部分或全部丧失的不幸事件。

（2）设备事故。设备事故指人们在生产活动中，物质、财产受到破坏、遭到损失的事故。如建筑物倒塌，机器设备损坏，原材料、产品、燃料、能源的损失等。

（3）未遂事故，也叫险肇事故。这类事故发生后，人和物都没有受到伤害和直接损失，但影响生产正常进行。

非生产事故是人们在非生产活动过程中发生的事故，例如人们在旅行、家庭等非职业活动中发生的事故。

本书中所讨论的事故，通常指生产事故。

3 按事故类别来分，伤亡事故可分为哪些类型？

依据国家标准《企业职工伤亡事故分类标准》，按事故类别来分，伤亡事故可分为如下20种类型：

（1）物体打击。即指失控物体的惯性力造成的人身伤害事故。如落物、滚石、锤击、碎裂、崩块、砸伤等造成的伤害，不包括爆炸而引起的物体打击。

（2）车辆伤害。即指企业机动车辆引起的机械伤害事故。如机动车辆在行驶中的挤、压、撞车或倾覆等事故，在行驶中上下车、搭乘矿车或放飞车所引起的事故，以及车辆运输挂钩、跑车事故。

（3）机械伤害。即指机械设备与工具引起的绞、辗、碰、割、戳、切等伤害。如工件或刀具飞出伤人，切屑伤人，手或身体被卷入，手或其他部位被刀具碰伤或被转动的机构缠压住等。

但属于车辆、起重设备的情况除外。

（4）起重伤害。即指从事起重作业时引起的机械伤害事故。包括各种起重作业引起的机械伤害，但不包括触电、检修时制动失灵引起的伤害以及上、下驾驶室时引起的坠落或跌倒。

（5）触电。即指电流流经人体，造成生理伤害的事故。适用于触电、雷击伤害。如人体接触带电的设备金属外壳或裸露的临时线、漏电的手持电动工具，起重设备误触高压线或感应带电，雷击伤害，触电坠落等事故。

（6）淹溺。即指因大量水经口、鼻进入肺内，造成呼吸道阻塞，发生急性缺氧而窒息死亡的事故。适用于船舶、排筏、设施在航行、停泊、作业时发生的落水事故。

（7）灼烫。即指强酸、强碱溅到身体引起的灼伤，或因火焰引起的烧伤，高温物体引起的烫伤，放射线引起的皮肤损伤等事故。适用于烧伤、烫伤、化学灼伤、放射性皮肤损伤等伤害。不包括电烧伤以及火灾事故引起的烧伤。

（8）火灾。即指造成人身伤亡的企业火灾事故。不适用于非企业原因造成的火灾，比如，居民火灾蔓延到企业。此类事故属于消防部门统计的事故。

（9）高处坠落。即指由于重力势能差引起的伤害事故。适用于脚手架、平台、陡壁施工等高于地面的坠落，也适用于山地面踏空失足坠入洞、坑、沟、升降口、漏斗等情况。但排除以其他类别为诱发条件的坠落。如高处作业时，因触电失足坠落应定为触电事故，不能按高处坠落划分。

（10）坍塌。即指建筑物、构筑、堆置物等倒塌以及土石塌方引起的事故。适用于因设计或施工不合理而造成的倒塌，以及土方、岩石发生的塌陷事故。如建筑物倒塌，脚手架倒塌，挖掘沟、坑、洞时土石的塌方等情况。不适用于矿山冒顶片帮事故，或因爆炸、爆破引起的坍塌事故。

（11）冒顶片帮。即指矿井工作面、巷道侧壁由于支护不当、压力过大造成的坍塌，称为片帮；顶板垮落为冒顶。两者常同时发生，简称为冒顶片帮。适用于矿山、地下开采、掘进及其他坑道作业发生的坍塌事故。

（12）透水。即指矿山、地下开采或其他坑道作业时，意外水源带来的伤亡事故。适用于井巷与含水岩层、地下含水带、溶洞或与被淹巷道、地面水域相通时，涌水成灾的事故。不适用于地面水害事故。

（13）放炮。即指施工时，放炮作业造成的伤亡事故。适用于各种爆破作业。如采石、采矿、采煤、开山、修路、拆除建筑物等工程进行的放炮作业引起的伤亡事故。

（14）瓦斯爆炸。即指可燃性气体瓦斯、煤尘与空气混合形成了达到燃烧极限的混合物，接触火源时，引起的化学性爆炸事故。主要适用于煤矿，同时也适用于空气不流通，瓦斯、煤尘积聚的场合。

（15）火药爆炸。即指火药与炸药在生产、运输、储藏的过程中发生的爆炸事故。适用于火药与炸药生产在配料、运输、储藏、加工过程中，由于震动、明火、摩擦、静电作用，或因炸药的热分解作用，储藏时间过长或因存药过多发生的化学性爆炸事故，以及熔炼金属时，废料处理不净，残存火药或炸药引起的爆炸事故。

（16）锅炉爆炸。即指锅炉发生的物理性爆炸事故。适用于使用工作压力大于0.7 MPa，以水为介质的蒸汽锅炉（以下简称锅炉），但不适用于铁路机车、船舶上的锅炉以及列车电站和船舶电站的锅炉。

（17）容器爆炸。容器（压力容器的简称）是指比较容易发生事故，且事故危害性较大的承受压力载荷的密闭装置。容器爆炸是压力容器破裂引起的气体爆炸，即物理性爆炸，包括容器内盛装的可燃性液化气在容器破裂后，立即蒸发，与周围的空气混合形成爆炸性气体混合物，遇到火源时产生的化学爆炸，也称容器的二次爆炸。

（18）其他爆炸。凡不属于上述爆炸的事故均列为其他爆炸事故，例如：可燃性气体（如煤气、乙炔等）与空气混合形成的爆炸；可燃蒸气与空气混合形成的爆炸性气体混合物（如汽油挥发气）引起的爆炸；可燃性粉尘以及可燃性纤维与空气混合形成的爆炸性混合物引起的爆炸；间接形成的可燃气体与空气相混合，或者可燃蒸气与空气相混合（如可燃固体、自燃物品受热、水、氧化剂的作用会迅速反应，分解出可燃气体或蒸气与空气混合形成爆炸性气体），遇火源爆炸的事故。炉膛爆炸、钢水包爆炸、亚麻粉尘爆炸，都属于其他爆炸。

（19）中毒和窒息。中毒即指人接触有毒物质，如误吃有毒食物或呼吸有毒气体引起的人体急性中毒事故。在废弃的坑道、暗井、涵洞、地下管道等不通风的地方工作，因为氧气缺乏，有时会发生人突然晕倒，甚至死亡的事故称为窒息。两种现象合为一体，称为中毒和窒息事故。不适用于病理变化导致中毒和窒息的事故，也不适用于慢性中毒的职业病导致的死亡。

（20）其他伤害。凡不属于上述伤害的事故均称为其他伤害，如扭伤、跌伤、冻伤、野兽咬伤、钉子扎伤等。

4　按伤害程度的不同，伤害事故可分为哪几类？

依据国家标准《企业职工伤亡事故分类标准》，按伤害程度分类，伤害事故可分为轻伤、重伤、死亡三种。

（1）轻伤。指损失工作日为 1 个工作日以上（含 1 个工作日），105 个工作日以下的失能伤害。

（2）重伤。指损失工作日为 105 个工作日以上（含 105 个工作日）的失能伤害，重伤的损失工作日最多不超过 6 000 日。

（3）死亡。其损失工作日定为 6 000 日。

此种分类是按伤亡事故造成损失工作日的多少来衡量的，而损失工作日是指受伤害者丧失劳动能力（简称失能）的工作日。各种伤害情况的损失工作日数，可按《企业职工伤亡事故分类标准》中的有关规定计算或选取。其中死亡的损失工作日是根据我国职工的平均退休年龄和平均死亡年龄计算出来的。

5 影响企业安全生产最常见的职工心理状态有哪几种？

企业职工的心理状态随着时代变迁而逐渐变化，不少心理现象对安全生产产生深刻影响。因此，研究这些现象，并采取相应对策，是保证安全生产的一项重要工作。就当前来说，影响企业安全生产最常见的职工心理状态大致有以下几种：

（1）自我表现心理。这种心理在青年工人身上较突出。他们虽然进厂年限短、工作经验不足，但常常表现得很自信，很有把握，在别人面前喜欢表现自己的能力。有的不懂装懂、盲目操作；有的一知半解充内行，生硬作业；甚至有的横充“好汉”，乱摸乱动。对这些好自我表现的心理，如果不及时加以纠正或制止，是很危险的。

（2）“经验”心理。持有这种心理状态的职工的特点是凭自己片面的“经验”办事，对别人合乎道理的劝告常常听不进去，经常说的话是“多少年来一直是这样干的，也没出事”。有的技术上有一套、工作热情很高的老工人发生事故，多数原因在于过分相信“自我经验”。

（3）侥幸心理。完成一些操作，往往可以采取几种不同的方法。但有些安全操作方法往往较为复杂。而存在侥幸心理的人从图省事出发，常把安全操作方法视为多余的，理由是“别的省事方法也不一定出事故”。把“不一定”这种“偶然”当作“一定”的“必然”。于是，对明明要注意的安全事项他不去注意，明令严禁的操作方法他照样去做。这种人常常是出了事故才后悔莫及。

（4）随众心理。这是一种较普遍的心理状态。绝大多数人在不同场合、不同环境下，都会有所表现。例如有一个铸工车间，多数人是赤膊工作，而少数穿衣服作业的人就会跟着赤膊；有一个机械加工工段，常有人戴手套操作机床，而且没有人去纠正，后来有这种违章现象的人越来越多。这就是不少单位有章不循，出现集体违章作业现象的原因。

（5）逆反心理。这种心理状态常常表现在被管理者对管理者的关系紧张的情况下。持这种心态的职工往往气大于理，他的指导思想常常是“你要我这样干，我非要那样做”。于是由于逆反而违章工作，以致发生事故也就不足为奇了。

（6）反常心理。人的情绪的形成通常受到生理、家庭、社会等方面因素刺激影响。反映这种心态的现象很多，例如，处于更年期的职工，有时会莫明其妙地表现得情绪烦躁、忘性大；夫妻间争吵后上班的职工，多数心情急躁或闷闷不乐；有孩子生病在家或家有牵肠挂肚之事的职工，在岗位上会心神不定，等等。俗话说“一心不能二用”，职工在反常心理状态得不到缓解的情况下工作，很容易出事故。

6 哪些行为属于不安全行为？

《企业职工伤亡事故分类标准》中规定的不安全行为如下：

（1）操作错误，忽视安全，忽视警告。未经许可开动、关停、移动机器；开动、关停机器时未给信号；开关未锁紧，造成意外转动、通电或泄漏等；忘记关闭设备；忽视警告标志、警告信号；操作错误（指按钮、阀门、扳手、把柄等的操作）；奔跑作业、供料或送料速度过快；机械超速运转；违章驾驶机动车；酒后作业；客货混载；冲压机作业时，手伸进冲压模；工件紧固不牢；用压缩空气吹铁屑；其他。

（2）造成安全装置失效。拆除了安全装置；安全装置堵塞失效；调整的错误，造成安全装置失效；其他。

（3）使用不安全设备。临时使用不牢固的设施；使用无安全装置的设备；其他。

（4）手代替工具操作。用手代替手动工具；用手清除切屑；不用夹具固定，用手拿工件进行机加工。

（5）物体（指成品、半成品、材料、工具、切屑和生产用品等）存放不当。

（6）冒险进入危险场所。冒险进入涵洞，接近漏料处（无安全设施）；采伐、集材、运材、装车时，未离危险区；未经安全监察人员允许进入油罐或井中；未"敲帮问顶"开始作业；冒进信号，调车场超速上下车，易燃易爆场合明火，私自搭乘矿车，在绞车道行走，未及时瞭望。

（7）攀、坐不安全位置（如平台护栏、汽车挡板、吊车吊钩）。

（8）在起吊物下作业、停留。

（9）机器运转时进行加油、修理、检查、调整、焊接、清扫等工作。

（10）有分散注意力行为。

（11）在必须使用个人防护用品用具的作业或场合中，忽视其使用。未戴护目镜或面罩；未戴防护手套；未穿安全鞋；未戴安全帽；未佩戴呼吸护具；未佩戴安全带；未戴工作帽；其他。

（12）不安全装束。在有旋转零部件的设备旁作业穿肥大服装；操纵带有旋转零部件的设备时戴手套；其他。

（13）对易燃、易爆等危险物品处理错误。

7 哪些状态属于不安全状态？

不安全状态包括：

（1）防护、保险、信号等装置缺乏或有缺陷：

①无防护：无防护罩，无安全保险装置，无报警装置，无安全标志，无护栏或护栏损坏，（电气）未接地，绝缘不良，无消声系统，噪声大，危房内作业，未安装防止“跑车”的挡车器或挡车栏；②防护不当：防护罩未在适当位置，防护装置调整不当，坑道掘进、隧道开凿支撑不当，防爆装置不当，采伐、集材作业安全距离不够，放炮作业隐蔽有缺陷，电气装置带电部分裸露。

（2）设备、设施、工具、附件有缺陷、设计不当、结构不符合安全要求，通道门遮挡视线，制动装置有缺陷，安全间距不够，拦车网有缺陷，工件有毛刺、毛边，设施上有锋利倒棱。

（3）强度不够：机械强度不够，绝缘强度不够，起吊重物的绳索不符合安全要求。

（4）设备在非正常状态下运行：带“病”运转、超负荷运转。

（5）维修、调整不当：设备失修，地面不平，保养不当、设备失灵。

（6）个人防护用品用具——防护服、手套、护目镜及面罩、呼吸器官护具、听力护具、安全带、安全帽、安全鞋等缺少或有缺陷：①无个人防护用品、用具；②所用防护用品、用具不符合安全要求。

（7）生产（施工）场地环境不良：①照明光线不良，照度不足，作业场地烟雾尘弥漫视物不清，光线过强；②通风不良，无通风，通风系统效率低，风流短路，停电停风时放炮作业，瓦斯排放未达到安全浓度时放炮作业，瓦斯浓度超限；③作业场所狭窄，作业场地杂乱，工具、制品、材料堆放不安全；采伐时，未开“安全道”，“迎门树”“坐殿树”“搭挂树”未作处理。

（8）交通线路的配置不安全，操作工序设计或配置不安全，地面滑，地面有油或其他液体，冰雪覆盖，地面有其他易滑物。

8 事故调查的程序是什么？

《企业职工伤亡事故调查分析规则》规定，企业职工伤亡事故调查的程序如下：

（1）现场处理。事故发生后，应救护受伤害者，采取措施制止事故蔓延扩大。认真保护事故现场，凡与事故有关的物体、痕迹、状态，不得破坏。为抢救受伤害者需要移动现场某些物体时，必须做好现场标志。

（2）物证搜集。现场物证包括：破损部件、碎片、残留物、致害物的位置等。在现场搜集到的所有物件均应贴上标签，注明地点、时间、管理者。所有物件应保持原样，不准冲洗擦拭。对健康有危害的物品，应采取不损坏原始证据的安全防护措施。

（3）事故事实材料的搜集。与事故鉴别、记录有关的材料主要包括：发生事故的单位、地点、时间；受害人和肇事者的姓名、性别、年龄、文化程度、职业、技术等级、工龄、本工种工龄、支付工资的形式；受害人和肇事者的技术状况、接受安全教育情况；出事当天，受害人和肇事者什么时间开始工作、工作内容、工作量、作业程序、操作时的动作（或位置）；受害人和肇事者过去的事故记录。

事故发生的有关事实材料：事故发生前设备、设施等的性能和质量状况；使用的材料，必要时进行物理性能或化学性能实验与分析；有关设计和工艺方面的技术文件、工作指令和规章制度方面的资料及执行情况；关于工作环境方面的状况，包括照明、湿度、温度、通风、声响、色彩度、道路工作面状况以及工作环境中的有毒、有害物质取样分析记录。

个人防护措施状况：应注意它的有效性、质量、使用范围；出事前受害人和肇事者的健康状况；其他可能与事故致因有关的细节或因素。

（4）证人材料搜集。要尽快向被调查者搜集材料。对证人的口述材料，应认真考证其真实程度。

（5）现场摄影。利用摄影或录像，以提供较完善的信息内容，如显示残骸和受害者原始存息地的所有照片；可能被清除或被践踏的痕迹，如刹车痕迹、地面和建筑物的痕迹、火灾引起损害的照片、冒顶下落物的空间等；事故现场全貌。

（6）事故图。报告中的事故图，应包括了解事故情况所必需的信息。如：事故现场示意图、流程图、受害者位置图等。

9 在进行事故责任分析时，确定事故责任者的基本原则是什么？

事故责任者是指对事故发生负有责任的人。其中包括直接责任者、主要责任者和领导责任者。其行为与事故发生有直接因果关系的，为直接责任者。对事故发生负有领导责任的，为领导责任者。一般从间接原因确定领导责任。在直接责任者和领导责任者中，对事故发生起主要作用的，为主要责任者。

确定事故责任者的原则是：

凡因下述原因造成的事故，应首先追究领导者的责任：

（1）工人没按规定进行安全教育和技术培训，或未经工种考试合格就上岗操作。

（2）缺乏安全技术操作规程或规程不健全。

（3）安全措施、安全信号、安全标志、安全用具、个体防护用品缺乏或有缺陷。

（4）设备严重失修或超负荷运转。

（5）对事故熟视无睹，不采取措施，或挪用安全技术措施经费，致使重复发生同类事故。

（6）对现场工作缺乏检查或指导错误。

凡因下述原因造成的事故，应追究肇事者或有关人员责任：

（1）违章指挥、违章作业、冒险作业。

（2）违反安全生产责任制，违反劳动纪律，玩忽职守。

（3）擅自开动机器设备，擅自更改、拆除、毁坏、挪用安全装置和设备。

10 预防事故的基本原则是什么？

预防事故发生的基本原则主要有以下四条：

（1）事故可以预防。在这种原则基础上，分析事故发生的原因和过程，研究防止事故发生的理论及方法。

（2）防患于未然。事故与后果存在着偶然性关系，积极有效的预防办法是防患于未然。只有避免了事故，才能避免事故造成的损失。

（3）根除可能的事故原因。任何事故的出现，总是有原因的。事故与原因之间存在着必然性的因果关系。为了使预防事故的措施有效，首先应当对事故进行全面的调查和分析，准确地找出直接原因、间接原因以及基础原因。所以，有效的事故预防措施，来源于深入的原因分析。

（4）全面治理。这是指在引起事故的各种原因之中，技术原因、教育原因以及管理原因是三种最重要的原因，必须全面考虑、缺一不可。预防这三种原因的相应对策为技术对策、教育对策及法制（或管理）对策。这是事故预防的三大支柱，发挥这三大支柱的作用，事故预防可以取得满意的效果。如果只是片面地强调某一根支柱，事故预防的效果就不好。

11 什么是“四不放过”原则？

国家要求企业一旦发生事故，在处理时实施“四不放过”原则。即对发生的事故原因分析不清不放过；事故责任者和群众没受到教育不放过；没有落实防范措施不放过；事故责任人没有受到处罚不放过。实施这条原则，是为了对发生的事故找出原因，惩前毖后，吸取教训，采取措施，防止事故再发生。坚持“四不放过”原则，虽然是“亡羊补牢”之举，但就防止事故再发生来说，同样体现了“预防为主”的精神。

12 什么是工伤保险?

工作保险是指劳动者因在生产经营活动中或在规定的某些特殊情况下，遭受意外伤害、职业病或因这两种情况造成死亡，在劳动者暂时或永久丧失劳动能力时，劳动者或其亲属能够从国家、社会得到必要的物质补偿。工伤保险费由企业按工资总额的一定比例缴纳，职工个人不缴费。

工伤保险有四个基本特点：一是强制性，它是指国家立法强制一定范围内的用人单位、职工必须参加。二是非营利性，工伤保险是国家对劳动者履行的社会责任，也是劳动者应该享受的基本权利。国家施行工伤保险，目的是为劳动者谋福利，提供所有与工伤保险有关的服务，均不以营利为目的。三是保障性，保障劳动者在发生工伤事故后，对劳动者或其近亲属发放工伤待遇，保障其生活。四是互助互济性，是指通过强制征收保险费，建立工伤保险基金，由社会保险机构在人员之间、地区之间、行业之间对费用实行再分配，调剂使用基金。

13 签订劳动合同时应注意哪些事项?

从业人员在上岗前应和用人单位依法签订劳动合同，建立明确的劳动关系，确定双方的权利和义务。关于劳动保护和安全生产，在签订劳动合同时应注意两方面的问题：第一，在合同中要载明保障从业人员劳动安全、防止职业危害的事项；第二，在合同中要载明依法为从业人员办理工伤保险的事项。遇有以下合同不要签：

（1）“生死合同”：在危险性较高的行业，用人单位往往在合同中写上一些逃避责任的条款，典型的如“发生伤亡事故，单位概不负责”。

（2）“暗箱合同”：这类合同隐瞒工作过程中的职业危害，或者采取欺骗手段剥夺从业人员的合法权利。

（3）“霸王合同”：有的用人单位与从业人员签订劳动合同时，只强调自身的利益，无视从业人员依法享有的权益，不容许从业人员提出意见，甚至规定“本合同条款由用人单位解释”等。

（4）“卖身合同”：这类合同要求从业人员无条件听从用人单位安排，用人单位可以任意安排加班加点，强迫劳动，使从业人员完全失去人身自由。

（5）“双面合同”：一些用人单位在与从业人员签订合同时准备了两份合同，一份合同用来应付有关部门的检查，一份用来约束从业人员。

14 从业人员工伤保险和工伤预防的权利主要有哪些？

从业人员工伤保险和工伤预防的权利主要有：

（1）有权获得劳动安全卫生的教育和培训，了解所从事的工作可能对身体健康造成的危害和可能发生的事故。

（2）有权获得保障自身安全、健康的劳动条件和劳动防护用品。

（3）有权对用人单位管理人员违章指挥、强令冒险作业予以拒绝。

(4) 有权对危害生命安全和身体健康的行为提出批评、检举和控告。

(5) 从事职业危害作业的从业人员有权获得定期健康检查。

(6) 发生工伤时，有权得到抢救治疗。

(7) 发生工伤后，从业人员或其近亲属有权向当地社会保险行政部门报告申请认定工伤和享受工伤待遇，报告申请要经企业签字，如企业不签字，可以直接报送。

(8) 工伤从业人员有权按时足额享受有关工伤保险待遇。

(9) 工伤致残，有权要求进行劳动能力鉴定和护理依赖鉴定及定期复查；对鉴定结论不服的，有权要求进行复查鉴定和再次鉴定。

(10) 因工致残尚有工作能力的从业人员，在就业方面应得到特殊保护。在合同期内用人单位对因工致残的从业人员不得解除劳动合同，并应根据不同情况安排适当工作；在建立和发展工伤康复事业的情况下，应当得到职业康复培训和再就业帮助。

(11) 工伤从业人员及其近亲属申请认定工伤和处理工伤保险待遇时与用人单位发生争议的，有权向当地劳动争议仲裁委员会申请仲裁，直至向人民法院起诉；对社会保险行政部门做出的工伤认定和待遇支付决定不服的，有权申请行政复议或行政诉讼。

15 从业人员工伤保险和工伤预防的义务主要有哪些？

从业人员在工伤保险和工伤预防方面的义务主要有：

(1) 从业人员有义务遵守劳动纪律和用人单位的规章制度，做好本职工作和被临时指定的工作，服从本单位负责人的工作安排和指挥。

（2）从业人员在劳动过程中必须严格遵守安全操作规程，正确使用劳动防护用品，接受劳动安全卫生教育和培训，配合用人单位积极预防事故和职业病。

（3）从业人员或其近亲属报告工伤和申请工伤待遇时，有义务如实反映发生事故或职业病的有关情况及工资收入、家庭有关情况；当有关部门调查取证时，应当给予配合。

（4）除紧急情况外，发生工伤的从业人员应当到工伤保险签订服务协议的医疗机构进行治疗，对于治疗、康复、评残要接受有关机构的安排，并给予配合。

（5）工伤从业人员经过劳动能力鉴定确认完全恢复或者部分恢复劳动能力可以工作的，应当服从用人单位的工作安排。

16 工伤保险待遇主要包括哪些？

《工伤保险条例》中规定的工伤保险待遇主要有：

（1）工伤医疗及康复待遇。

包括工伤治疗及相关补助待遇、工伤康复待遇、辅助器具的安装配置待遇等。

（2）停工留薪期待遇。

职工因工作遭受事故伤害或者患职业病需要暂停工作接受工伤医疗的，在停工留薪期内，原工资福利待遇不变，由所在单位按月支付。停工留薪期一般不超过 12 个月。伤情严重或者情况特殊，经设区的市级劳动能力鉴定委员会确认，可以适当延长，但延长期不得超过 12 个月。生活不能自理的工伤职工在停工留薪期需要护理的，由所在单位负责。

（3）伤残待遇。

根据工伤发生后劳动能力鉴定确定的劳动功能障碍程度和生活处理障碍程度的等级不同，工伤职工可享受相应的一次性伤残补助金、伤残津贴、一次性工伤医疗补助金、一次性伤残就业补助金及生活护理费等。

（4）工亡待遇。

职工因工死亡，其近亲属按照规定从工伤保险基金领取丧葬补助金、供养亲属抚恤金和一次性工亡补助金。

17 哪些情况可以认定为工伤或者视同工伤？

《工伤保险条例》第三章“工伤认定”中对工伤的认定主要涉及以下条款。

第十四条 职工有下列情形之一的，应当认定为工伤：

（1）在工作时间和工作场所内，因工作原因受到事故伤害的。

（2）工作时间前后在工作场所内，从事与工作有关的预备性或者收尾性工作受到事故伤害的。

（3）在工作时间和工作场所内，因履行工作职责受到暴力等意外伤害的。

（4）患职业病的。

（5）因工外出期间，由于工作原因受到伤害或者发生事故下落不明的。

（6）在上下班途中，受到非本人主要责任的交通事故或者城市轨道交通、客运轮渡、火车事故伤害时。

（7）法律、行政法规规定应当认定为工伤的其他情形。

第十五条 职工有下列情形之一的，视同工伤：

（1）在工作时间和工作岗位，突发疾病死亡或者在48小时之内经抢救无效死亡的。

（2）在抢险救灾等维护国家利益、公共利益活动中受到伤害的。

（3）职工原在军队服役，因战、因公负伤致残，已取得革命伤残军人证，到用人单位后旧伤复发的。

职工有前款第（1）项、第（2）项情形的，按照本条例的有关规定享受工伤保险待遇；职工有第（3）项情形的，按照本条例的有关规定享受除一次性伤残补助金以外的工伤保险待遇。

第十六条　职工符合本条例第十四条、第十五条的规定，但是有下列情形之一的，不得认定为工伤或者视同工伤：

（1）故意犯罪的。

（2）醉酒或者吸毒的。

（3）自残或者自杀的。

18　如何申请工伤认定？申请工伤认定要提交哪些材料？

《工伤保险条例》对申请工伤认定做了以下规定：

（1）职工发生事故伤害或者按照《职业病防治法》规定被诊断、鉴定为职业病，所在单位应当自事故伤害发生之日或者被诊断、鉴定为职业病之日起30日内，向统筹地区社会保险行政部门提出工伤认定申请。遇有特殊情况，经报社会保险行政部门同意，申请时限可以适当延长。

（2）用人单位未按前款规定提出工伤认定申请的，工伤职工或者其近亲属、工会组织在事故伤害发生之日或者被诊断、鉴定为职业病之日起1年内，可以直接向用人单位所在地统筹地区社会保险行政部门提出工伤认定申请。

（3）按照第（1）款规定应当由省级社会保险行政部门进行工伤认定的事项，根据属地原则由用人单位所在地的设区的市级社会保险行政部门办理。

用人单位未在第（1）款规定的时限内提交工伤认定申请，在此期间发生符合本条例规定的工伤待遇等有关费用由该用人单位负担。

《工伤保险条例》对申请工伤认定要提交的材料做了以下规定：

（1）工伤认定申请表；

（2）与用人单位存在劳动关系（包括事实劳动关系）的证明材料；

（3）医疗诊断证明或者职业病诊断证明书（或者职业病诊断鉴定书）。

工伤认定申请表应当包括事故发生的时间、地点、原因以及职工伤害程度等基本情况。

工伤认定申请人提供材料不完整的，社会保险行政部门应当一次性书面告知工伤认定申请人需要补正的全部材料。申请人按照书面告知要求补正材料后，社会保险行政部门应当受理。

19 职工应掌握哪些安全卫生知识和技能？

职工应首先要了解国家的政策、法律法规和企业安全生产责任制、规定及规程，能认清违章指挥、违章作业、违反劳动纪律就是违法，同时要逐步提高对知法、守法、执法、护法重要性和违法危害性的认识。依法规范劳动者的行为，自觉遵章守纪，抵制“三违”现象。其次要掌握了解劳动过程中的安全卫生知识和技能，诸如生产工艺过程，各种设备、设施性能，作业的危险区域和安全技术，岗位作业注意事项，生产中使用的有毒有害原材料及可能散发的有毒有害物质的安全防护基础知识，危险环境中的安全知识，现场紧急救护方法及措施，个体防护用品的正确使用方法，排除设备故障的技能和采用的方法等。同时，逐步了解科学管理的知识和方法，使劳动安全卫生知识和技能与安全生产管理融为一体，确保企业安全生产顺利进行。

20 什么叫“三不伤害”？开展“三不伤害”活动的目的是什么？

“三不伤害”是指“不伤害他人，不伤害自己，不被他人伤害”。开展“三不伤害”活动的核心和目的就是强化职工的自我保护意识，提高职工的自我保护能力。

开展“三不伤害”活动，要落实到实处，完善安全生产防护措施，根据措施要求，天天对照检查的工作，把安全责任和措施落实到每个岗位、每位职工。提高职工的安全意识和防范能力，使职工成为安全生产的责任者、安全工作的管理者和规章制度的执行者。

六、劳动防护用品与安全标志

1 劳动防护用品是如何分类的？各类防护用品的作用是什么？

根据《劳动防护用品分类与代码》的规定，我国实行以人体防护部位划分的分类标准：

（1）头部防护用品。

头部防护用品是为防御头部不受外来物体打击和其他因素危害而配备的个人防护装备。

根据防护功能要求，目前主要有一般防护帽、防尘帽、防水帽、防寒帽、安全帽、防静电帽、防高温帽、防电磁辐射帽和防昆虫帽九类产品。

（2）呼吸器官防护用品。

呼吸器官防护用品是为防御有害气体、蒸气、粉尘、烟、雾经呼吸道吸入，或直接向使用者供氧或清洁空气，保证尘、毒污染或缺氧环境中作业人员正常呼吸的防护用具。

呼吸器官防护用品按防护功能主要分为防尘口罩和防毒口罩（面罩），按形式又可分为过滤式和隔离式两类。

（3）眼面部防护用品。

预防烟雾、尘粒、金属火花和飞屑、热、电磁辐射、激光、化学飞溅等伤害眼睛或面部的个人防护用品称为眼面部防护用品。

眼面部防护用品种类很多，根据防护功能，大致可分为防尘、防水、防冲击、防高温、防电磁辐射、防射线、防化学飞溅、防风沙和防强光九类。

目前我国生产和使用比较普遍的有三种类型，即焊接护目镜和面罩、炉窑护目镜和面罩以及防冲击眼护具。

（4）听觉器官防护用品。

能够防止过量的声能侵入外耳道，使人耳避免噪声的过度刺激，减小听力损失，预防由噪声对人耳引起的不良影响的个体防护用品，称为听觉器官防护用品。听觉器官防护用品主要有耳塞、耳罩和防噪声头盔三大类。

（5）手部防护用品。

具有保护手和手臂的功能，供作业者劳动时戴用的手套称为手部防护用品，通常人们称为劳动防护手套。

手部防护用品按照防护功能分为十二类，即一般防护手套、防水手套、防寒手套、防毒手套、防静电手套、防高温手套、防X射线手套、防酸碱手套、防油手套、防振手套、防切割手套和绝缘手套。每类手套按照材质又能分为许多种。

（6）足部防护用品。

足部防护用品是防止生产过程中有害物质和能量损伤劳动者足部的护具，通常人们称劳动防护鞋。

足部防护用品按照防护功能分为防尘鞋、防水鞋、防寒鞋、防足趾鞋、防静电鞋、防酸碱鞋、防油鞋、防烫脚鞋、防滑鞋、防刺穿鞋、电绝缘鞋、防振鞋等，每类鞋根据材质不同又能分为许多种。

（7）躯干防护用品。

躯干防护用品就是我们通常讲的防护服。根据防护功能，防护服分为一般防护服、防水服、防寒服、防砸背心、防毒服、阻燃服、防静电服、防高温服、防电磁辐射服、耐酸碱服、防油服、水上救生衣、防昆虫服和防风沙服十四类产品，每一类产品又可根据具体防护要求或材质分为不同品种。

（8）护肤用品。

护肤用品用于保护皮肤免受化学、物理等因素的危害。

按照防护功能，护肤用品分为防毒、防腐、防射线、防油漆及其他类。

（9）防坠落用品。

防坠落用品是防止人体从高处坠落，通过绳带，将高处作业者的身体系接于固定物体上，或在作业场所的边沿下方张网，以防不慎坠落。这类用品主要有安全带和安全网两种。

2 使用劳动防护用品要注意哪些问题？

在工作场所必须按照要求佩戴和使用劳动防护用品。劳动防护用品是根据生产工作的实际需要发给个人的，每个职工在生产工作中都要好好地应用，以达到预防事故、保障个人安全的目的。使用劳动防护用品要注意的问题有：

（1）选择防护用品应针对防护目的，正确选择符合要求的用品，绝不能错选或将就使用，以免发生事故。

（2）对使用防护用品的人员应进行教育和培训，使其能充分了解使用目的和意义，并正确使用。对于结构和使用方法较为复杂的用品，如呼吸防护器，应进行反复训练，使人员能熟练使用。用于紧急救灾的呼吸器，要定期严格检验，并妥善存放在可能发生事故的地点附近，方便取用。

（3）要妥善维护保养防护用品，这样不但能延长其使用期限，更重要的是能保证用品的防护效果。耳塞、口罩、面罩等用后应用肥皂、清水洗净，并用药液消毒、晾干。过滤式呼吸防护器的滤料要定期更换，以防失效。防止皮肤污染的工作服用后应集中清洗。

（4）防护用品应有专人管理，负责维护保养，保证劳动防护用品充分发挥其作用。

（5）选择劳动防护用品要注意适用性，必须根据不同的工种和作业环境以及使用者的自身特点等选用合适的防护用品。如耳塞和防噪声帽（有大小型号之分），如果选择的型号太小，就不会很好地起到防噪声的作用。

3 如何正确佩戴安全帽?

(1) 首先检查安全帽的外壳是否破损(如有破损，其分解和削弱外来冲击力的性能就已减弱或丧失，不可再用)，有无合格帽衬(帽衬的作用是吸收和缓解冲击力，若无帽衬，则丧失了保护头部的功能)，帽带是否完好。

(2) 调整好帽衬顶端与帽壳内顶的间距(4～5 厘米)，调整好帽箍。

(3) 安全帽必须戴正。如果戴歪了，一旦受到打击，就起不到减轻对头部冲击的作用。

(4) 必须系紧下颌带，戴好安全帽。如果不系紧下颌带，一旦发生物件坠落打击事故，安全帽就容易掉下来，导致严重后果。

现场作业中，切记不得将安全帽脱下搁置一旁，或当坐垫使用。

4 如何正确使用安全带?

(1) 应当检查安全带是否经质检部门检验合格，在使用前应检查各部分构件有无破损。

(2) 安全带上的任何部件都不得私自拆换。

(3) 在使用过程中，安全带应高挂低用，并防止摆动、碰撞，避免尖刺，不得接触明火，不能将钩直接挂在安全绳上，应挂在连接环上。

(4) 严禁使用打结和续接的安全绳，以防坠落时腰部受到较大冲力伤害。

(5) 作业时应将安全带的钩、环挂在系留点上，各卡接扣紧，以防脱落。

(6) 在温度较低的环境中使用安全带时，要注意防止安全绳的硬化割裂。

（7）使用后，将安全带、绳卷成盘放在无化学试剂、避光处，切不可折叠。在金属配件上涂些机油，以防生锈。

5 什么叫安全色？

安全色是用来表达禁止、警告、指令、提示等安全信息含义的颜色。它的作用是使人们能够迅速发现和分辨安全标志，提醒人们注意安全，以防发生事故。

各种颜色具有各自的特性，它给人们的视觉和心理以刺激，从而给人们以不同的感受，如冷暖、进退、轻重、宁静与刺激、活泼与忧郁等各种心理效应。安全色就是根据颜色给予人们的不同感受而确定的。

我国安全色标准规定红、黄、蓝、绿四种颜色为安全色。同时规定安全色必须保持在一定的颜色范围内，不能褪色、变色或被污染，以免同别的颜色混淆，产生误认（见表1—1）。

表1—1　　安全色的含义及用途

颜色	含义	用途举例
红色	禁止 停止	禁止标志、停止信号：机器、车辆上的紧急停止手柄或按钮，以及禁止人们触动的部位
黄色	警告 注意	警告标志、警戒标志：如厂内危险机器和坑池边周围的警戒线，行车道中线，机械齿轮箱内部，安全帽
蓝色	指令必须遵守的规定	指令标志：如必须佩戴个人防护用具，道路上指引车辆和行人行驶方向的指令
绿色	提示 安全	提示标志：车间内的安全通道，行人和车辆通行标志，消防设备和其他安全防护设备的位置

注：（1）蓝色只有与几何图形同时使用时，才表示指令；

（2）为了不与道路两旁绿色行道树相混淆，道路上的提示标志用蓝色。

安全色只有在为了安全目的，表达安全含义时，才称安全色。如果目的是为了区别容器、管道中的介质或为了其他目的，即使使用了红、黄、蓝、绿，也不能称为安全色。

6 什么叫对比色？如何使用对比色？

对比色是为了使安全色更加醒目所用的反衬色。

对比色有黑色和白色两种颜色，白色用于与红、蓝、绿色对比，黑色用于与黄色对比。而黑、白两色互为对比色。对比色的使用要求如下：

（1）黑色用于安全标志的文字和图形符号、警告标志的几何图形和公共信息标志。白色则作为安全标志红、蓝、绿色安全色的背景色，也可用于安全标志的文字和图形符号，安全通道、交通的标线及铁路站台上的安全线等。

（2）红色与白色相间的条纹比单独使用红色更加醒目，表示禁止通行、禁止跨越等，用于公路交通等方面的防护栏杆及隔离墩。蓝色与白色相间的条纹比单独使用蓝色醒目，用于指示方向，多为交通指导性导向标。

（3）黄色与黑色相间的条纹比单独使用黄色更为醒目，表示要特别注意。用于起重吊钩、剪板机压紧装置、冲床滑块、压铸机的运动板、圆盘送料机的圆盘、低管道及坑口防护栏杆等。

7 什么是安全标志？安全标志的作用是什么？

由安全色、几何图形和图形符号构成的，用以表达特定安全信息的标记称为安全标志。

安全标志是一种国际通用的信息，不同国籍、不同民族、不同文化程度的人都容易理解。

安全标志的作用是提醒人们注意不安全因素，防止事故的发生，起到保障安全的作用。安全标志本身不能消除任何危险，也不能取代预防事故的相应措施。

航空、海运、内河航运上的安全标志，不属于这个范畴。

8　安全标志分为哪几类？其含义是什么？

安全标志分为禁止标志、警告标志、指令标志和提示标志四类。

（1）禁止标志的含义是禁止人们的不安全行为。其基本形式为带斜杠的圆形框。圆形和斜杠为红色，圆形符号为黑色。衬底为白色。圆形是不可分离的象征，在同样的面积下，圆形中画的图像显得大而且清楚。禁止标志图形如图 1—1 所示。

图 1—1　禁止标志图形

（2）警告标志的含义是提醒人们对周围环境引起注意，以避免可能发生的危险。其基本形式是正三角形边框。三角形边框及图形符号为黑色，衬底为黄色。三角形本身有着尖锐激烈的特点，容易引人注目，即使光线不佳时也比圆形清楚。国际标准草案中也把三角形作为警告标志的几何图形。警告标志图形如图 1—2 所示。

图 1—2　警告标志图形

(3) 指令标志的含义是强制人们必须做出某种动作或采用防范措施。标有“指令标志”的地方，就是要求人们到达这个地方，必须遵守“指令标志”的规定。例如施工工地，工地附近有“必须戴安全帽”的指令标志，则必须将安全帽戴上，否则就是违反了施工工地的安全规定。其基本形式是圆形边框。图形符号为白色，衬底色为蓝色。指令标志图形如图 1—3 所示。

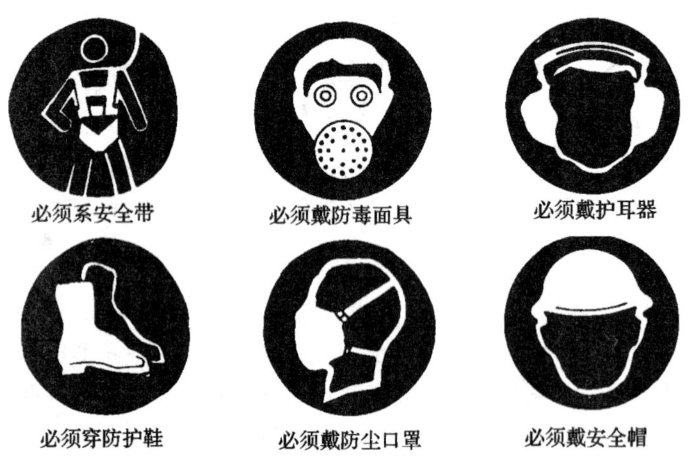

图 1—3　指令标志图形

(4）提示标志的含义是向人们提供某种信息（如标明安全设施或场所等）。一般提示标志是指安全通道和太平门的方向。如在有危险的生产车间，当发生事故时，要求操作人员迅速从安全通道撤离，这就需要在安全通道附近安设有指明安全通道方向的“提示标志”。其基本形式是正方形边框。图形符号为白色，衬底色为绿色。长方形具有重量感和显著性。另外，提示标志也需要有足够的地方书写文字和画出箭头，以提示必要的信息，所以用长方形是适宜的。提示标志图形如图 1—4 所示。

图 1—4　提示标志图形

有时候，为了对某一标志加以强调而增设补充标志。补充标志就是在每个安全标志的下方标有文字，补充说明安全标志的含义。补充的文字可以横写，也可以竖写。一般挂牌的补充文字横写。用杆竖立在特定地点的补充标志，文字竖写在标志的立杆上。

安全标志应设在醒目的地方，人们看到后有足够的时间来注意它所表示的内容。不能设在门、窗、架子等可移动的物体上，因为这些物体位置移动后安全标志将起不到作用。

七、女职工和未成年工的劳动保护

1 我国对女职工特殊劳动保护的一般规定有哪些？

《女职工劳动保护特别规定》于2012年4月18日国务院第200次常务会议通过，国务院令第619号公布施行。对女职工的特殊劳动保护做出以下要求：

（1）用人单位应当加强女职工劳动保护，采取措施改善女职工劳动安全卫生条件，对女职工进行劳动安全卫生知识培训。

（2）用人单位应当遵守女职工禁忌从事的劳动范围的规定。用人单位应当将本单位属于女职工禁忌从事的劳动范围的岗位书面告知女职工。

（3）用人单位不得因女职工怀孕、生育、哺乳降低其工资、予以辞退、与其解除劳动或者聘用合同。

（4）女职工在孕期不能适应原劳动的，用人单位应当根据医疗机构的证明，予以减轻劳动量或者安排其他能够适应的劳动。

对怀孕7个月以上的女职工，用人单位不得延长劳动时间或者安排夜班劳动，并应当在劳动时间内安排一定的休息时间。

怀孕女职工在劳动时间内进行产前检查，所需时间计入劳动时间。

（5）女职工生育享受98天产假，其中产前可以休假15天；难产的，增加产假15天；生育多胞胎的，每多生育1个婴儿，增加产假15天。

女职工怀孕未满4个月流产的，享受15天产假；怀孕满4个月流产的，享受42天产假。

（6）女职工产假期间的生育津贴，对已经参加生育保险的，按照用人单位上年度职工月平均工资的标准由生育保险基金支付；对未参加生育保险的，按照女职工产假前工资的标准由用人单位支付。

女职工生育或者流产的医疗费用，按照生育保险规定的项目和标准，对已经参加生育保险的，由生育保险基金支付；对未参加生育保险的，由用人单位支付。

（7）对哺乳未满1周岁婴儿的女职工，用人单位不得延长劳动时间或者安排夜班劳动。

用人单位应当在每天的劳动时间内为哺乳期女职工安排1小时哺乳时间；女职工生育多胞胎的，每多哺乳1个婴儿每天增加1小时哺乳时间。

（8）女职工比较多的用人单位应当根据女职工的需要，建立女职工卫生室、孕妇休息室、哺乳室等设施，妥善解决女职工在生理卫生、哺乳方面的困难。

（9）在劳动场所，用人单位应当预防和制止对女职工的性骚扰。

（10）用人单位违反有关规定，侵害女职工合法权益的，女职工可以依法投诉、举报、申诉，依法向劳动人事争议调解仲裁机构申请调解仲裁，对仲裁裁决不服的，依法向人民法院提起诉讼。

2 女职工禁忌从事的劳动范围有哪些？

女职工禁忌从事的劳动范围包括：

（1）女职工禁忌从事的劳动范围：

1）矿山井下作业。

2）体力劳动强度分级标准中规定的第四级体力劳动强度的作业。

3）每小时负重 6 次以上、每次负重超过 20 公斤的作业，或者间断负重、每次负重超过 25 公斤的作业。

（2）女职工在经期禁忌从事的劳动范围：

1）冷水作业分级标准中规定的第二级、第三级、第四级冷水作业。

2）低温作业分级标准中规定的第二级、第三级、第四级低温作业。

3）体力劳动强度分级标准中规定的第三级、第四级体力劳动强度的作业。

4）高处作业分级标准中规定的第三级、第四级高处作业。

（3）女职工在孕期禁忌从事的劳动范围：

1）作业场所空气中铅及其化合物、汞及其化合物、苯、镉、铍、砷、氰化物、氮氧化物、一氧化碳、二硫化碳、氯、己内酰胺、氯丁二烯、氯乙烯、环氧乙烷、苯胺、甲醛等有毒物质浓度超过国家职业卫生标准的作业。

2）从事抗癌药物、己烯雌酚生产，接触麻醉剂气体等的作业。

3）非密封源放射性物质的操作，核事故与放射事故的应急处置。

4）高处作业分级标准中规定的高处作业。

5）冷水作业分级标准中规定的冷水作业。

6）低温作业分级标准中规定的低温作业。

7）高温作业分级标准中规定的第三级、第四级的作业。

8）噪声作业分级标准中规定的第三级、第四级的作业。

9）体力劳动强度分级标准中规定的第三级、第四级体力劳动强度的作业。

10）在密闭空间、高压室作业或者潜水作业，伴有强烈振动的作业，或者需要频繁弯腰、攀高、下蹲的作业。

（4）女职工在哺乳期禁忌从事的劳动范围：

1）孕期禁忌从事的劳动范围的第一项、第三项、第九项。

2）作业场所空气中锰、氟、溴、甲醇、有机磷化合物、有机氯化合物等有毒物质浓度超过国家职业卫生标准的作业。

3 什么叫未成年工和未成年工特殊保护？为什么要对未成年工进行特殊保护？

我国《劳动法》第五十八条规定：未成年工是指年满十六周岁未满十八周岁的劳动者。

未成年工的特殊保护是针对未成年工处于生长发育期的特点，以及接受义务教育的需要，采取的特殊劳动保护措施。

未成年工处于生长发育期，身体机能尚未健全，也缺乏生产知识和生产技能，过重的紧张劳动、不良的工作环境、不适的劳动工种或劳动岗位，都会对他们产生影响，如果劳动中不进行特殊保护就会损害他们的身体健康。如未成年少女长期从事负重作业和立位作业，可影响骨盆正常发育，导致生育难产发病率增高；未成年工对生产性毒物敏感性较高，长期从事有毒有害作业易引起职业中毒，影响其生长发育。

未成年工是我国社会主义建设的后备军，为了保证他们具有良好的身体素质和业务素质，要对其进行特殊保护，除了不安排法规禁忌从事的劳动外，还要对其休息时间和职业培训时间给予保证。

4 用人单位不得安排未成年工从事哪些劳动？

《劳动法》第六十四条规定：不得安排未成年工从事矿山井

下、有毒有害、国家规定的第四级体力劳动强度的劳动和其他禁忌从事的劳动。

《中华人民共和国未成年人保护法》第二十八条规定：任何组织和个人依照国家有关规定招收已满十六周岁未满十八周岁的未成年人的，应当在工种、劳动时间、劳动强度和保护措施等方面执行国家有关规定，不得安排其从事过重、有毒、有害的劳动或者危险作业。

《未成年工特殊保护规定》第三条对用人单位不得安排未成年工从事的劳动范围作了如下具体规定：

(1)《生产性粉尘作业危害程度分级》国家标准中第一级以上的接尘作业。

(2)《有毒作业分级》国家标准中第一级以上的有毒作业。

(3)《高处作业分级》国家标准中第二级以上的高处作业。

(4)《冷水作业分级》国家标准中第二级以上的冷水作业。

(5)《高温作业分级》国家标准中第三级以上的高温作业。

(6)《低温作业分级》国家标准中第三级以上的低温作业。

(7)《体力劳动强度分级》国家标准中第四级体力劳动强度的作业。

(8) 矿山井下及矿山地面采石作业。

(9) 森林业中的伐木、流放及守林作业。

(10) 工作场所接触放射性物质的作业。

(11) 有易燃易爆、化学性烧伤和热烧伤等危险性大的作业。

(12) 地质勘探和资源勘探的野外作业。

(13) 潜水、涵洞、隧道作业和海拔 3 km 以上的高原作业(不包括世居高原者)。

(14) 连续负重每小时在 6 次以上并每次超过 20 kg，间断负重每次超过 25 kg 的作业。

(15) 使用凿岩机、捣固机、气镐、气铲、铆钉机、电锤的作业。

（16）工作中需要长时间保持低头、弯腰、上举、下蹲等强迫体位和动作频率每分钟大于50次的流水线作业。

（17）锅炉司炉。

同时，《未成年工特殊保护规定》第四条还规定，未成年工患有某种疾病或具有某些生理缺陷（非残疾型）时，用人单位不得安排其从事以下范围的劳动：

（1）《高处作业分级》国家标准中第一级以上的高处作业。

（2）《低温作业分级》国家标准中第二级以上的低温作业。

（3）《高温作业分级》国家标准中第二级以上的高温作业。

（4）《体力劳动强度分级》国家标准中第三级以上体力劳动强度的作业。

（5）接触铅、苯、汞、甲醛、二硫化碳等易引起过敏反应的作业。

上述所指的“某种疾病”或“某些生理缺陷（非残疾型）”在规定中也作了界定。

安全生产事故预防篇

一、电气事故预防

1 什么是电气事故？有哪些种类？

电气事故是由失去控制的电能作用于人体或电气系统内能量传递发生故障而导致的人身和设备的损坏。电气事故可分为触电事故、静电事故、雷电灾害、射频辐射危害和电路故障五类。

（1）触电事故。触电事故是由电流的能量造成的。触电是电流对人体的伤害。电流对人体的伤害可以分为电击和电伤。绝大部分触电伤亡事故都含有电击的成分。与电弧烧伤相比，电击致命的电流小得多，但电流作用时间较长，而且在人体表面一般不留下明显的痕迹。

（2）静电事故。静电指生产工艺过程中或工作人员操作过程中，由于某些材料的相对运动，接触与分离等原因而积累起来的相对静止的正电荷和负电荷。这些电荷周围的场中储存的能量不大，不会直接使人致命。但是，静电电压可能高达数万乃至数十万伏，可能在现场发生放电，产生静电火花。在火灾和爆炸危险场所，静电火花是一个十分危险的因素。

（3）雷电灾害。雷电是大气放电，是由大自然的力量分离和积累的电荷，也是在局部范围内暂时失去平衡的正电荷和负电荷。雷电放电具有电流大、电压高等特点。其能量释放出来可能产生极大的破坏力。雷击除可能毁坏设施和设备外，还可能直接伤及人、畜或引起火灾和爆炸。

（4）射频辐射危害。射频辐射危害即电磁场伤害。人体在高频电磁场作用下吸收辐射能量，使人的中枢神经系统、心血管系统等部件受到不同程度的伤害。射频辐射危害还表现为感应放电。

（5）电路故障。电路故障是由电能传递、分配、转换失去控制造成的。断线、短路、接地、漏电、误合闸、误掉闸、电气设备或电气元件损坏等都属于电路故障。电气线路或电气设备故障可能影响到人身安全。

2 什么是接触电压、跨步电压、相间电压？

（1）接触电压，是指人体某点触及带电体时，加于人体该点与人体接地点之间的电压。人的接触距离按 0.8 m 考虑。人离开接地点越远，可能承受的接触电压越大。

（2）跨步电压，是指人进入地面带电的区域时，加在人的两脚之间的电压。人紧靠接地体位置，承受的跨步电压最大；人离开了接地体，承受的跨步电压要小一些。

（3）相间触电，就是在人体与大地绝缘的时候，同时接触两根不同的相线或同时接触电气设备不同相的两个带电部分，这时电流由一根相线经过人体到另一根相线，形成闭合回路。这种情形称为相间触电，此时人体直接处在线电压作用之下，比单相触电的危险性更大。

3 触电事故分为哪几类？

（1）电击。按照发生电击时电气设备的状态，电击分为直接接触电击和间接接触电击。直接接触电击是触及正常状态下带电的带电体（如误触接线端子）发生的电击，也称为正常状态下的电击；间接接触电击是触及正常状态下不带电，而在故障状态下意外带电的带电体（如触及漏电设备的外壳）发生的电击，也称为故障状态下的电击。

按照人体触及带电体的方式和电流流过人体的途径，电击可分为单线电击、两线电击和跨步电压电击：单线电击是人体站在导电性地面或接地导体上，人体某一部位触及一相导体由接触电压造成的电击；两线电击是不接地状态的人体某两个部位同时触及两相导体由接触电压造成的电击；跨步电压电击是人体进入地面带电的区域时，两脚之间承受的跨步电压造成的电击。

（2）电伤。按照电流转换成作用于人体的能量的不同形式，电伤分为电弧烧伤、电流灼伤、皮肤金属化、电烙印、机械性损伤、电光眼等伤害。

电弧烧伤是由弧光放电造成的烧伤，是最危险的电伤。分为直接电弧烧伤和间接电弧烧伤。前者是带电体与人体之间发生电弧，有电流流过人体的烧伤；后者是电弧发生在人体附近对人体的烧伤，包含熔化了的炽热金属溅出造成的烫伤。电弧温度高达8 000℃，可造成大面积、大深度的烧伤，甚至烧焦、烧毁四肢及其他部位。高压电弧和低压电弧都能造成严重烧伤。高压电弧的烧伤更为严重。

4 人体触电时的危险性与哪些因素有关？

人体触电时的危险性与以下因素有关：

（1）通过人体电流的大小。根据电击事故分析得出：当工频电流为0.5～1 mA时，人就有手指、手腕麻或痛的感觉；当电流增至8～10 mA时，针刺感、疼痛感增强，发生痉挛而抓紧带电体，但终能摆脱带电体；当接触电流达到 20～30 mA 时，会使人迅速麻痹，不能摆脱带电体，而且血压升高，呼吸困难；电流为 50 mA 时，就会使人呼吸麻痹，心脏开始颤动，数秒钟后就可致命。通过人体电流越大，人体生理反应越强烈，病理状态越严重，致命的时间就越短。

（2）通电时间的长短。电流通过人体的时间越长，后果越严重。这是因为时间越长时，人体的电阻就会降低，电流就会增大。同时人的心脏每收缩、扩张一次，中间有 0.1 s 的间隙期。在这个间隙期内，人体对电流作用最敏感。所以触电时间越长，与这个间隙期重合的次数就越多，从而造成的危险也就越大。

（3）电流通过人体的途径。当电流通过人体的内部重要器官时，后果就严重。例如通过头部，会破坏脑神经，使人死亡。通过脊髓，就破坏中枢神经，使人瘫痪。通过肺部会使人呼吸困难。通过心脏，会引起心脏颤动或停止跳动而死亡。这几种伤害中，以心脏伤害最为严重。根据事故统计可以得出：通过人体的途径中最危险的是从手到脚，其次是从手到手，危险最小的是从脚到脚，但可能导致二次事故的发生。

（4）电流的种类。电流可分为直流电、交流电。交流电可分为工频电和高频电。这些电流对人体都有伤害，但伤害程度不同。人体忍受直流电、高频电的能力比工频电强。所以工频电对人体的危害最大。

（5）触电者的健康状况。电击的后果与触电者的健康状况有关。根据实践资料统计，认为肌肉发达者、成年人比儿童，男性比女性摆脱电流的能力强。电击对患有心脏病、肺病、内分泌失调及精神病等患者最危险，他们的触电死亡率最高。另外，对触电有心理准备的，触电伤害轻。

5 什么是感知电流？

在一定概率下，通过人体引起人的任何感觉的最小电流称为感知电流。人对电流最初的感觉是轻微麻感和微弱针刺感。大量试验资料表明，对于不同的人，感知电流是不相同的。感知电流与个体生理特征、人体与电极的接触面积等因素有关。对应于概率 50％ 的感知电流成年男子约为 1.1 mA，成年女子约为 0.7 mA。感知阈值定为 0.5 mA，并与时间因素无关。

感知电流一般不会对人体造成伤害，但当电流增大时感觉增强，反应变大，可能导致坠落等二次事故。由于感知电流为 1 mA左右，可以建议小型携带式电气设备的最大泄漏电流为 0.5 mA，重型移动式电气设备的最大泄漏电流为 0.75 mA。

6 什么是摆脱电流？

通过人体的电流超过感知电流时，肌肉收缩增加，刺痛感觉增强，感觉部位扩展，至电流增大到一定程度，触电者因肌肉收缩、产生痉挛而紧抓带电体，不能自行摆脱电极。人触电后能自行摆脱电极的最大电流称为摆脱电流。对于不同的人，摆脱电流值也不相同。摆脱电流值与个体生理特征、电极形状、电极尺寸等因素有关。

对应于概率 50％的摆脱电流成年男子约为 16 mA，成年女子约为 10.5 mA，对应于概率 99.5％的摆脱电流则分别为 9 mA和 6 mA。由此可见，摆脱阈值约为 10 mA。儿童的摆脱阈值较小。

摆脱电流是人体可以忍受而一般不致造成不良后果的电流。电流超过摆脱电流以后，触电者会感到异常痛苦、恐慌和难以忍受；如时间过长，则可能造成昏迷、窒息、甚至死亡。当触电电流略大于摆脱电流，触电者中枢神经麻痹及呼吸停止时，立即切断电源，即可恢复呼吸并无不良影响。

摆脱电源的能力是随着触电时间的延长而减弱的。这就是说，一旦触电者不能摆脱电源时，后果将是十分严重的。

7 什么是最小致命电流？

在较短时间内危及生命的电流称为致命电流。电击致死的原因是比较复杂的。通过人体数十毫安以上的工频交流电流，既可能引起心室颤动或心脏停止跳动，也可能导致呼吸中止。但是，由于心室颤动的出现比呼吸中止早得多，因此，引起心室颤动是主要的。如果通过人体的电流只有 20～25 mA，一般不能直接引起心室颤动或心脏停止跳动。但如时间过长，仍可导致心脏停止跳动。这时，心室颤动或心脏停止跳动主要是由呼吸中止导致肌体缺氧引起的。但当通过人体的电流超过数安时，由于刺激强烈，也可能先使呼吸中止。数安的电流通过人体，还可能导致严重烧伤甚至死亡。在电流不超过数百毫安的情况下，电击致命的主要原因是电流引起心室颤动。因此，可以认为室颤电流是最小致命电流。

室颤电流即通过人体引起心室发生纤维性颤动的电流。室颤电流除决定于电流持续时间、电流途径、电流种类等电气参数外，还决定于机体组织、心脏功能等人体生理特征。室颤电流与电流持续时间有很大关系。

8 电流流经人体的途径与危害有哪些关系？

人体在电流的作用下，没有绝对安全的途径。电流通过心脏会引起心室纤维性颤动乃至心脏停止跳动而导致死亡；电流通过中枢神经及有关部位，会引起中枢神经强烈失调而导致死亡；电流通过头部，会使人昏迷，严重损伤大脑，使人不醒而死亡；电流通过脊髓会使人截瘫；电流通过人的局部肢体也可能引起中枢神经强烈反射导致严重后果。

心脏是最薄弱的环节。因此，流过心脏电流越大，且电流路线越短的途径是电击危险性越大的途径。

9 电流种类不同对人体危害有哪些不同之处？

（1）频率 100 Hz 以上交流电流的作用。随着频率升高，频率因数明显增大，电击的危险性减小。

（2）直流电流的作用。直流感知阈值约为 2 mA。300 mA 以上的直流电流，能使人昏迷。电流持续时间超过心脏搏动周期时，直流室颤电流为交流的数倍；电流持续时间 200 ms 以下时，直流室颤电流与交流大致相同。

（3）冲击电流的作用。冲击电流系指作用时间 0.1～10 ms 的电流。冲击电流有感知界限、疼痛界限和室颤界限，没有摆脱界限。

10 触电事故有哪些主要规律？

（1）错误操作和违章作业造成的触电事故多。其主要原因是由于安全教育不够、安全制度不严和安全措施不完善，一些人缺乏足够的安全意识。

（2）中、青年工人、非专业电工、合同工和临时工触电事故多。其原因是这些人是主要操作者，经常接触电气设备。而且，这些人经验不足，比较缺乏用电安全知识，其中有的人责任心还不够强，以致触电事故多。

（3）低压设备触电事故多。其主要原因是低压设备远远多于高压设备，与之接触的人比与高压设备接触的人多得多，而且多数是比较缺乏电气安全知识的非电气专业人员。

（4）移动式设备和临时性设备触电事故多。其主要原因是这些设备是在人的紧握之下运行的，不但接触电阻小，而且一旦触电就难以摆脱电源。同时，这些设备需要经常移动，工作条件差，设备和电源线都容易发生故障或损坏。

（5）电气连接部位触电事故多。很多触电事故发生在接线端子、缠接接头、压接接头、焊接接头、电缆头、灯座、插头、插座等电气连接部位。主要是由于这些连接部位机械牢固性较差、接触电阻较大、绝缘强度较低，容易出现故障的缘故。

（6）6—9月触电事故多。主要原因是这段时间天气炎热、人体多汗且衣着单薄，触电危险性较大；而且这段时间多雨、潮湿，地面导电性增强、电气设备的绝缘电阻降低，容易构成电流回路；其次，这段时间农村是农忙季节，农村用电量增加，触电事故增多。

（7）潮湿、高温、混乱、多移动式设备、多金属设备环境中的触电事故多。例如，冶金、矿业、建筑、机械等行业容易存在这些不安全因素，乃至触电事故较多。

11 使用手持电动工具应当注意哪些安全要求？

（1）辨认铭牌，检查工具或设备的性能是否与使用条件相适应。

（2）检查其防护罩、防护盖、手柄防护装置等有无损伤、变形或松动。不得任意拆除机械防护装置。

（3）检查电源开关是否失灵、是否破损、是否牢固、接线有无松动。

（4）检查设备的转动部分是否灵活。

（5）电源线应采用橡皮绝缘软电缆：单相用三芯电缆、三相用四芯电缆；电缆不得有破损或龟裂、中间不得有接头；电源线与设备之间的防止拉脱的紧固装置应保持完好。设备的软电缆及其插头不得任意接长、拆除或调换。

（6）Ⅰ类设备应有良好的接零（或接地）措施。使用Ⅰ类手持电动工具应配用绝缘用具或采取电气隔离及其他安全措施。

（7）绝缘电阻合格，带电部分与可触及导体之间的绝缘电阻Ⅰ类设备不低于 2 MΩ、Ⅱ类设备不低于 7 MΩ。长期未使用的设备，在使用前必须测量绝缘电阻。

（8）根据需要装设漏电保护装置或采取电气隔离措施。

（9）非专职人员不得擅自拆卸和修理手持电动工具。Ⅱ类和Ⅲ类手持电动工具修理后不得降低原设计确定的安全技术指标。

（10）用毕及时切断电源，并妥善保管。

12　充油电气设备如何灭火？

充油电气设备的油，闪点多在 130～140℃之间，有较大的危险性。如果只在设备外部起火，可用二氧化碳、干粉灭火器带电灭火。如火势较大，应切断电源，并可用水灭火。如油箱破坏，喷油燃烧，火势很大时，除切断电源外，有事故贮油坑的应设法将油放进贮油坑，坑内和地面上的油火可用泡沫扑灭；要防止燃烧着的油流入电缆沟而顺沟蔓延，电缆沟内的油火用泡沫覆盖扑灭。

发电机和电动机等旋转电机起火时，为防止轴和轴承变形，可令其慢慢转动，用喷雾水灭火，并使其均匀冷却；也可用二氧化碳或蒸汽灭火，但不宜用干粉、沙子或泥土灭火，以免损伤电气设备的绝缘。

13 如何防止电气火灾事故？发生火灾后怎么办？

首先，在安装电气设备的时候，必须保证安装质量，并应满足安全防火的各项要求。要用合格的电气设备。破损的开关、灯头和破损的电线都不能使用。电线的接头要按规定连接法牢靠连接，并用绝缘胶带包好。对接线桩头、端子的接线要拧紧螺钉，防止因接线松动而造成接触不良。电工安装好设备后，并不意味着可以一劳永逸，用户在使用过程中，如发现灯头、插座接线松动（特别是移动电器插头接线容易松动），接触不良或有过热现象，要找电工及时处理。

此外，不要在低压线路和开关、插座、熔断器附近放置油类、棉花、木屑、木材等易燃物品。发生电气火灾前，一般都会出现不正常现象，要特别引起重视，就是电线因过热首先会烧焦绝缘外皮，散发出一种烧胶皮的难闻气味。所以，当闻到此气味时，应首先想到可能是电气故障方面原因引起的，如查不到其他原因，应立即拉闸停电，直到查明原因，妥善处理后，才能合闸送电。

一旦发生火灾，不管是不是电气原因引起的，首先要迅速切断火灾范围内的电源。因为，如果火灾是电气原因引起的，切断了电源，也就切断了起火的火源；如果火灾不是电气原因引起的，也会烧坏导线的绝缘，若不切断电源，烧坏的导线会造成碰线短路，引起更大范围的导线着火。发生电气火灾后，应使用盖土、盖沙或灭火器的方法灭火，但决不能使用泡沫灭火器，因为其灭火剂是导电的。

14 电气设备发生火灾，切断电源要注意哪些问题？

发生电气火灾时，首先要切断电源，而后再扑救，以防人身触电。切断电源时应注意以下几点：

（1）停电时，应按规程所规定的程序进行操作，严防带负荷拉刀闸。在火场内的开关和刀闸，由于烟熏火烤，其绝缘性能可能降低或被破坏，因此，操作时应戴绝缘手套，穿绝缘靴并使用相应电压等级的绝缘工具。

（2）切断带电线路导线时，切断点应选择在电源侧的支持物附近，以防导线断落后触及人体或造成短路。切断低压多股绞线时，应分相剪断且应使用有绝缘手柄的电工钳。

（3）在剪断电源线时，火线和地线应在不同部位剪断，防止发生线路短路。

（4）如果线路上带有负荷，应先切除负荷再切断现场电源。

（5）夜间发生电气火灾、切断电源时，应考虑临时照明问题，以利于进行火灾扑救。

（6）需要电力部门切断电源时，应迅速进行电话联系，向电力部门说明情况。切断电源后的电气火灾，多数情况下可按一般性火灾扑救。

15 带电灭火应注意哪些安全事项？

发生电气火灾，如果由于情况危急，为抓住灭火时机，或因其他原因不允许和无法及时切断电源时，就要带电灭火。为防止人身触电，应注意以下几点：

(1) 扑救人员及所使用的导电消防器材与带电部分应保持安全距离。

(2) 高压电气设备或线路发生接地时，室内扑救人员不得进入距故障点 4 m 以内的范围；室外扑救人员不得接近故障点 8 m 以内的范围。若必须进入上述范围内，扑救人员必须穿绝缘靴，接触设备的外壳和架构时，应戴绝缘手套。

(3) 扑救架空线路的火灾时，人体与带电线之间的仰角不应大于 45°，并应站在线路外侧，以防导线断落后触及人体。

(4) 应使用不导电的灭火剂灭火，例如二氧化碳、四氯化碳和化学干粉等灭火剂。因泡沫灭火剂导电，在带电灭火时严禁使用。

(5) 使用水枪带电灭火时，扑救人员应穿绝缘靴，戴绝缘手套并应将水枪金属喷嘴接地。接地线可采用截面为 2.5～6 mm^2、长 20～30 m 的编织软导线，接地极采用暂时打入地下的长 1 m 左右的角钢、钢管或铁棒。接地线和接地体之间应连接可靠。有条件时带电灭火应穿均压服。

(6) 未穿绝缘鞋的扑救人员，要防止因地面有水而触电。

16 什么是电弧？电弧为什么会具有极高的温度？

电弧或弧光是气体放电的一种形式。在正常状态下，气体具有良好的电气绝缘性能。但当在气体间隙的两端加上足够大的电场时，就可以引起电流通过气体，这种现象称为放电。放电现象与气体的种类和压力、电极的材料和几何形状、两极间距离以及加在间隙两端的电压等因素有关。

电弧是气体自持放电的一种形式，并且可以认为是放电的最终形式。

那么，电弧为什么会具有极高的温度呢？

电弧的温度具有普遍的意义，在电弧产生中，可能在几个微秒的时间内达到大约 4 000～5 000 K 的高温。

电场是电弧放电的电能基本来源，在电场作用下，电子和离子得到加速和能量，因而温度上升，得到加速的电子与中性分子撞击，因此使分子的振荡运动加强，互撞频繁而使气体的温度增高；加速的电子也与原子撞击而使原子激发，由于受激原子撞击次数的增加，它们的温度也上升。这个过程是在高强度、瞬间完成的，因此致使电弧具有极高的温度。

17 什么是接地？为什么要接地？

接地指与大地的直接连接，电气装置或电气线路带电部分的某点与大地的连接、电气装置或其他装置正常时不带电部分某点与大地的人为连接都被叫作接地。

接地分为正常接地和故障接地。正常接地即人为接地，包括工作接地和安全接地。工作接地主要指用作电流回路的接地，如弱电工作接地和一些直接工作接地。工作接地也包括提高系统安全运行可靠性的接地，如 110 kV 及以上高压系统的工作接地和 0.23/0.4 kV 三相四线系统的工作接地。安全接地是用于在正常状态下和故障状态下保障人身安全和保证设备安全运行的接地，如保护接地、防雷接地、防静电接地和电磁屏蔽接地。故障接地指电气装置或电气线路的带电部分与大地之间意外的连接，如电力线路接地、电气设备漏电等。

18 什么是接地电流、接地短路电流？

自接地点流入地下的电流即为接地电流。电流流入地下后，自接地点或接地体向四周流散即形成所谓流散电流。就一套接地装置而言，流散电流总是与接地电流相等。

在接地系统中，一相接地较大，可能构成系统短路。这时的接地电流叫作接地短路电流。在高压接地系统中，接地短路电流可能很大。接地短路电流在 500 A 及 500 A 以下者称为小接地短路电流系统，接地短路电流在 500 A 以上者称为大接地短路电流系统。

19 什么是保护接地？保护接地的工作原理是什么？

为了防止电气设备外露的不带电导体意外带电造成危险，将该导体经保护接地线与埋在地下的接地体或接地的保护干线紧密连接的做法和措施叫作保护接地。

保护接地的作用是当设备金属外壳意外带电时，将其故障对地电压限制在规定的安全范围以内或在允许的时间内切断电源，消除电击的危险；保护接地还能消除感应电的危险。

20 哪些作业场所应保护接地？

保护接地适用于不同类型、不同电压等级的不接地或经高阻抗接地的配电网，构成 IT 系统。此外，在额定电压为 0.23 kV/0.4 kV、低压中性点直接接地的三相四线配电网中，如装有漏电保护装置，也可采用保护接地措施，构成 TT 系统。

在上述系统中，对正常时不带电而故障时可能带危险电压（包括感应电）的金属导体均应采取保护接地措施。例如，电动机、变压器、开关设备、移动式电气设备的金属外壳或构架、电气设备的传动装置、配电装置的金属构架、控制台的金属接头盒及金属外皮、架空线路的金属杆塔、电压互感器和电流互感器的二次线圈等均应采取保护接地措施。

21 什么是保护接零？保护接零的工作原理是什么？

保护接零是将电气设备外露的不带电导体（金属外壳）经接零线与配电网的保护零线（保护导体，包括 PE 线和 PEN 线）紧密连接起来的做法和措施。其工作原理是使漏电形成单相短路，由短路电流促使线路上的过电流保护装置迅速动作以切断该漏电设备的电源。

22 哪些作业场所应保护接零？

我国绝大多数地面的低压配电网都采取低压中性点直接接地的运行方式。保护接零就适用于这种配电电压 0.23 kV/0.4 kV、低压中性点直接接地三相四线配电网。

在上述系统中，对正常时不带电而故障时可能带危险电压（包括感应电）的金属导体均应采取保护接零措施。例如，电动机、变压器、开关设备、移动式电气设备的金属外壳或构架、电气设备的传动装置、配电装置的金属构架、控制台的金属框架及靠近带电部分的金属遮栏、配线的金属管、电缆金属接头盒及金属外皮、架空线路的金属杆塔、电压互感器和电流互感器的二次线圈等均应采取保护接零措施。

23 什么是绝缘？

绝缘就是使用不导电的物质将带电体隔离或包裹起来，以对触电起保护作用的一种安全措施。良好的绝缘对于保证电气设备与线路的安全运行，防止人身触电事故的发生是最基本的和最可靠的手段。

绝缘通常可分为气体绝缘、液体绝缘和固体绝缘三类。在实际应用中，固体绝缘仍是使用最为广泛，且最为可靠的一种绝缘物质。

在强电作用下，绝缘物质可能被击穿而丧失其绝缘性能。在上述三种绝缘物质中，气体绝缘物质与液体绝缘物质被击穿后，一旦去掉外界因素（强电场）后即可自行恢复其固有的电气绝缘性能；而固体绝缘物质被击穿以后，则不可逆地完全丧失了其电气绝缘性能。因此，电气线路与设备的绝缘选择必须与电压等级相配合，而且须与使用环境及运行条件相适应，以保证绝缘的安全作用。

此外，由于腐蚀性气体、蒸汽、潮气、导电性粉尘以及机械损伤等原因，均可能使绝缘物质的绝缘性能降低甚至破坏。而且，日光、风雨等环境因素的长期作用，也可以使绝缘物质老化而逐渐失去其绝缘性能。

各种线路与设备在不同条件下所应具备的绝缘电阻大致如下：

一般情况下，新装或大修后的低压线路与设备，其绝缘电阻不应低于 0.5 MΩ；运行中的低压线路与设备，其绝缘电阻不应低于 1 000 Ω/V；在潮湿场合下的设备与线路，其绝缘电阻不应低于 500 Ω/V；控制线路的绝缘电阻一般不应低于 1 MΩ，而高压线路与设备的绝缘电阻一般不应低于 1 000 MΩ。

24 绝缘工具是如何分类的？如何进行防触电保护？

电动工具按其绝缘结构不同分为Ⅰ、Ⅱ、Ⅲ类。

Ⅰ类工具是指采用普通基本绝缘的电动工具，在防触电保护方面不仅依靠其基本绝缘，而且还应附加一个安全预防措施，即对正常情况下不带电，而在其基本绝缘损坏时变为带电体的外露可导电部分作保护接零。为了可靠，保护接零应不少于两处，并且还要附加漏电保护，同时要求操作者使用绝缘防护用品。

Ⅱ类工具是指采用双重绝缘或加强绝缘的电动工具，在防触电保护方面不仅依靠其基本绝缘，而具有将其正常情况下的带电部分与可触及的不带电的可导电部分作双重绝缘或加强绝缘隔离措施，相当于将操作者个人绝缘防护用品以可靠的、有效的方式设计制作在工具上。

Ⅲ类工具是指采用安全特低电压供电的电动工具，在防触电保护方面依靠安全隔离变压器供电。

25 如何正确使用绝缘安全用具？

绝缘安全用具包括绝缘杆、绝缘夹钳、绝缘靴、绝缘手套、绝缘垫和绝缘站台。绝缘安全用具分为基本安全用具和辅助安全用具，前者的绝缘强度能长时间承受电气设备的工作电压，能直接用来操作带电设备；后者的绝缘强度不足以承受电气设备的工作电压，只能加强基本安全用具的保护作用。

（1）绝缘杆和绝缘夹钳。绝缘杆和绝缘夹钳都是基本安全用具。绝缘夹钳只用于 35 kV 及 35 kV 以下的电气操作。绝缘杆和绝缘夹钳都由工作部分、绝缘部分和握手部分组成。握手部分和绝缘部分用浸过绝缘漆的木材、硬塑料、胶木或玻璃钢制成，其间由护环分开。配备不同工作部分的绝缘杆，可用来操作高压隔离开关，操作跌落式保险器，安装和拆除临时接地线，安装和拆除避雷器，以及进行测量和试验等项工作。绝缘夹钳主要用来拆除和安装熔断器及其他类似工作。考虑到电力系统内部过电压的可能性，绝缘杆和绝缘夹钳的绝缘部分和握手部分的最小长度应符合要求。绝缘杆工作部分金属钩的长度，在满足工作需要的情况下，不宜超过 5～8 cm，以免操作时造成相间短路或接地短路。

（2）绝缘手套和绝缘靴。绝缘手套和绝缘靴用橡胶制成。二者都作为辅助安全用具，但绝缘手套可作为低压工作的基本安全用具。绝缘手套的长度至少应超过手腕 10 cm。

（3）绝缘垫和绝缘站台。绝缘垫和绝缘站台可作为辅助安全用具。绝缘垫用厚度 5 mm 以上、表面有防滑条纹的橡胶制成，其最小尺寸不宜小于 0.8 m×0.8 m。绝缘站台用木板或木条制成。相邻板条之间的距离不大于 2.5 cm，以免鞋跟陷入。站台不得有金属零件；台面板用支持绝缘子与地面绝缘，支持绝缘子高度不得小于 10 cm；台面板边缘不得伸出绝缘子以外，以免站台翻倾，人员摔倒。绝缘站台最小尺寸不宜小于 0.8 m×0.8 m，但为了便于移动和检查，最大尺寸也不宜大于 1.5 m×1.0 m。

26 手持电动工具容易发生触电事故的原因是什么？

手持电动工具触电事故多的原因如下：

（1）手持电动工具是在人的紧握之下运行的，人与工具之间的电阻小。一旦工具外露部分带电，将有较大的电流通过人体，容易造成严重后果。

（2）手持电动工具是在人的紧握之下运行的，一旦触电，由于肌肉收缩而难以摆脱带电体，容易造成严重后果。

（3）手持电动工具有很大的移动性，其电源线容易受拉、磨而漏电，电源线连接处容易脱落而使金属外壳带电，导致触电事故。

（4）手持电动工具有很大的移动性，运行时移动大，而且可能在恶劣的条件下运行，容易损坏而使金属外壳带电，导致触电事故。

（5）小型手持电动工具采用 220 V 单相交流电源，由一条相线和一条工作零线供电。如错误地将相线接在金属外壳上或错误地将保护零线断路，均会造成金属外壳带电，导致触电事故。

27 新工人安全用电的要求有哪些？

工厂里用电设备很多，每个工人接触电气设备的机会也多。但作为新工人必须掌握如下用电安全基本知识：

（1）车间内的电气设备，不要随便乱动。自己使用的设备、工具，如果电气部分出了故障，不得私自修理，也不能带故障运行，应立即请电工检修。

（2）自己经常接触和使用的配电箱、配电板、闸刀开关、按钮开关、插座、插销以及导线等，必须保持完好、安全，不得有破损或将带电部分裸露出来。

（3）在操作闸刀开关、磁力开关时，必须将盖盖好，防止万一短路时发生电弧或熔丝熔断飞溅伤人。

（4）使用的电气设备，其外壳按有关安全规程，必须进行防护性接地或接零。对于接地或接零的设施要经常进行检查。一定要保证连接牢固，接地或接零的导线不得有任何断开的地方。否则接地或接零就不起任何作用。

（5）需要移动某些非固定安装的电气设备，如电风扇、照明灯、电焊机等时，必须先切断电源再移动。同时要收拾好导线，不得在地面上拖来拖去，以免磨损。如果导线被物体轧住时，不要硬拉，防止将导线拉断。

（6）在使用手电钻、电砂轮等手用电动工具时，由于这些工具操作人员需要直接用手把握，同时又是到处移动，极不安全，很容易造成触电事故。为此必须注意如下事项：

1）必须安设漏电保护器，同时工具的金属外壳应进行防护性接地或接零。

2）对于使用单相的手用电动工具，其导线、插销、插座必须符合单相三眼的要求；对于使用三相的手用电动工具，其导线、插销、插座必须符合单相四眼的要求。其中有一项用于防护接零。同时严禁将导线直接插入插座内使用。

3）操作时应戴好绝缘手套并站在绝缘板上。

4）注意不得将工件等重物压在导线上，防止轧断导线发生触电。

（7）工作台、机床上使用的局部照明灯，其电压不得超过 36 V。

（8）使用的行灯要有良好的绝缘手柄和金属护罩。灯泡的金属灯口不得外露。引线要采用有护套的双芯软线，并装有 T 形插头，防止插入高电压的插座上。行灯的电压在一般场所，不得超过 36 V，在特别危险的场所，如锅炉、金属容器内、潮湿的地沟处等，其电压不得超过 12 V。

（9）在一般的情况下，禁止使用临时线。如必须使用时，必须经过机动部门和安技部门批准。临时线应按有关安全规定装好，不得随便乱拉乱拽。同时应按规定时间拆除。

（10）在进行容易产生静电火灾、爆炸事故的操作时（如使用汽油洗涤零件、擦拭金属板材等），必须有良好的接地装置，以便及时导除聚集的静电。

（11）在雷雨天，不要走近高压电杆、铁塔、避雷针的接地导线周围 20 m 之内，以免雷击时发生雷电流入地下产生跨步电压触电。

（12）在遇到高压电线断落到地面时，导线断落点周围 10 m 以内，禁止人员入内，以防跨步电压触电。如果此时已有人在 10 m 之内，为了防止跨步电压触电，不要跨步奔走，应用单足或并足跳离危险区。

（13）发生电气火灾时，应立即切断电源，用黄沙、二氧化碳、四氯化碳等灭火器材灭火。切不可用水或泡沫灭火器灭火，因为它们有导电的危险。救火时应注意自己身体的任何部分及灭火器具不得与电线、电气设备接触，以防发生触电。

（14）在打扫卫生、擦拭设备时，严禁用水去冲洗电气设施，或用湿抹布去擦拭电气设施，以防发生短路和触电事故。

28 高压电场对人体有哪些影响?

通过试验得知，当人体处于电场强度为 200～250 kV/m 的情况下，人体皮肤就会出现风吹的感觉。当电场强度升到 500～700 kV/m 时，皮肤就有麻木和刺痛的感觉。当电场强度高达一定的数值时，甚至可能发生弧光放电。因此认为，在正常情况下，控制人体表面的电场强度不超过 200 kV/m 是合适的。

在我国 44～300 kV 的变电所，当巡视维护人员站在带电设备下面举手时，按照 2 m 高度考虑，人体表面的电场强度也不超过 150 kV/m，个别 330 kV 的变电所，最高电场强度也不超过 150 kV/m。330 kV 输电线路在跨越公路，导线对地距离为 8 m 时，人的体表场强为 40 kV/m。因此无论在变电所或输电线路下面，均不会有不舒服的感觉。当人体场强超过 200 kV/m 时，可穿均压服或采取其他屏蔽措施。

29 在进行施工作业时，如何避免邻近电力线路对作业造成危害？

（1）在建工程不得在邻近电力线路下方施工、搭设作业棚、建造暂时性设施，以及堆放物品等。

（2）在建工程外侧边缘与邻近电力线路之间应保持足够的安全操作距离。其中，距 1 kV 以下线路不小于 4 m，距1～10 kV 线路不小于 6 m，距 35～110 kV 线路不小于 8 m，距 154～220 kV线路不小于 10 m，距 330～500 kV 线路不小于 15 m。

（3）施工现场机动车道与电力线路交叉时，线路距地面应保证最小垂直距离。其中 1 kV 以下线路为 6 m，1～10 kV 以上线路为 7 m。

（4）起重机任何部分（包括吊绳）与 10 kV 以下架空电力线路边线的最小距离不得小于 2 m。

（5）开挖非热管道沟槽时，沟槽边缘与埋地外电电缆沟槽边缘之间的距离不得小于 0.5 m。

（6）不能保证安全操作距离时，应通过增设屏障、遮栏、围栏、保护网等进行防护隔离，并悬挂醒目的警告标志牌。

（7）不能保证安全操作距离，也无法增设防护隔离设施时，则应考虑迁移外电线路或改变在建工程位置。

（8）施工作业时应保证不损伤电力线路、不破坏电力线路的有关设施。

30 静电与电流相比有哪些特点？

静电与电流相比，具有以下特点：

（1）静电电量小但静电电位很高。

（2）绝缘体上静电消散很慢。

（3）静电能使不带电的导体感应起电。

（4）静电具有电晕放电、刷形放电和火花放电三种主要放电形式。

电晕放电发生在带电体尖端附近或其他曲率半径很小处附近的局部区域。较强的电晕放电伴有嘶嘶声和淡紫色光。其放电能量较小，如不继续发展，则没有引燃危险。

刷形放电是火花放电的一种，是由于两极间的空气因击穿成为放电通道而形成的。这种放电伴有声光，易发生在绝缘体上。虽放电的火花能量比较分散，但对引燃能量较低的爆炸性混合物，仍有危险性。

火花放电指放电通道集中的火花放电，即电极上有明显放电集中点的放电。火花放电时有短促的爆裂声和明亮的闪光。火花放电多发生在导体之间。由于放电能量集中，引燃危险性较大。

除上述几种放电形式外，对于静电，还可能发生沿面放电和云状放电。

31 消除静电的方法有哪些？

（1）静电接地。接地是消除静电危害最简单、最基本的方法，主要用来消除导电体上的静电，而不宜用来消除绝缘体上的静电。单纯为了消除导体上的静电，接地电阻 1 000 Ω 即可。静电接地必须牢靠，并有足够的机械强度。

（2）增湿。增湿就是提高空气的湿度以消除静电荷的积累。有静电危险的场所，在工艺条件允许的情况下，可以安装空调设备、喷雾器或采用挂湿布条等方法，增加空气的相对湿度。从消除静电危害的角度考虑，保持相对湿度在 70%以上较为适宜。对于有静电危险的场所，相对湿度不应低于 50%。

（3）加抗静电添加剂。抗静电添加剂是特制的辅助剂，一般只需加入千分之几或万分之几的微量，即可显著消除生产过程中的静电。

磺酸盐、季铵盐等可用做塑料和化纤行业的抗静电添加剂，油酸盐、环烷酸盐可用做石油行业的抗静电添加剂，乙炔碳墨等可用作橡胶行业的抗静电添加剂等。

采用抗静电添加剂时，应以不影响产品的性能为原则。此外，还应注意防止某些添加剂的毒性和腐蚀性。

（4）静电中和器。静电中和器又称静电消除器，按照工作原理和结构的不同，大体上可分为感应式中和器、高压中和器、放射线中和器和离子流中和器。

（5）工艺控制法。工艺控制是指从工艺上采取适当的措施，限制静电的产生和积累。工艺控制的方法很多，主要有以下几种：适当选用导电性较好的材料，降低摩擦速度或流速，改变注油方式（如装油时最好从底部注油，或沿罐壁注入）和注油管口的形状，清除油罐或管道等中混入的杂质，降低爆炸性混合物的浓度。

32 雷电的种类及其危害有哪些？

雷电是大气中的雷云放电现象，雷云是产生雷电的基本条件。随着电荷的积累，雷云的电位逐渐升高。当带不同电荷的雷云与大地凸出物相互接近到一定距离时，会发生激烈放电，同时出现强烈闪光，由于放电时温度升高，空气受热急剧膨胀，随之发生爆炸的轰鸣声，这就是电闪与雷鸣。

雷电大体可以分为直击雷、雷电感应、球雷、雷电侵入波等。雷电有很大的破坏力，可损坏设备或设施，危及人的生命安全。雷电有三方面的破坏作用，表现形式为雷击。

（1）电性质的破坏作用。雷电产生的数十万伏至数百万伏的冲击电压，可能损坏电气设备的绝缘，烧断电线或劈裂电杆，造成火灾或爆炸事故。电气设备的绝缘损坏还会造成高压窜入低压，而引起触电事故。巨大的雷电电流流入地下时，可能造成跨步电压或接触电压。

（2）热性质的破坏作用。巨大的雷电流通过导体，在极短时间内会产生大量热能，造成易燃易爆物燃烧或爆炸，或者由于金属熔化飞溅而引起火灾或爆炸事故。

（3）机械性质的破坏作用。当雷电通过被击物时，在被击物缝隙中的气体剧烈膨胀，缝隙中的水分剧烈蒸发，致使被击物破坏或爆炸。此外，雷击时所产生的静电斥力、电磁推力以及雷击时的气浪都有相当大的破坏作用。

易遭受雷击的建筑物和构筑物有：

（1）高耸建筑物的尖形屋顶、金属屋面、砖木结构建筑物。

（2）空旷地区的孤立物体，河、湖边及土山顶部的建筑物。

（3）露天的金属管道和室外堆放大量金属物品的仓库。

（4）山谷风口的建筑物。

（5）建筑物群中高于 25 m 的建筑物和构筑物。

（6）地下水露头处、特别潮湿处、地下有导电矿藏处或土壤电阻率较小处的建筑物。

（7）烟囱排出烟气含有大量的导电物质和游离分子团的建筑物。

33 矿井下发生电气事故的因素有哪些？

在煤矿井下的生产环境中，电气设备和线路的安全运行存在着很多的危害因素。它主要体现在以下几个方面：

（1）井下的地下水的渍浸作用，使环境十分潮湿。因而，更易促使电气设备和线路的绝缘下降，造成漏电事故。

（2）井下各种有害气体对电气设备和线路都有不同程度的腐蚀作用，从而导致绝缘材料更易老化和结构上的受损。

（3）井下的地质条件复杂，顶板岩石的移位或坠落对电气设备和线路存在着挤压、砸坏等危险，从而导致电气事故的发生。

（4）井下的瓦斯、煤尘等易燃易爆气体和粉尘，在电气火花诱发下会引起爆炸。同时，某些设备和线路的漏电事故也会引起电雷管的失控引爆。

（5）井下各种生产设备一般功率大、启动频繁且负荷波动量大，有的还具有移动运行的特点，因而容易发生过流、过载、短路等电气事故。

34 如何预防矿井下电气事故的发生？

由于电气事故具有突发性，且产生的后果往往很严重，轻则造成生产中断，重则会造成设备的重大损失和人员伤亡事故。因此，对电气事故必须重在预防，这对于井下安全生产尤为重要。井下电气事故的预防措施从总体上讲，应包括以下内容：

（1）对井下各电气线路和设备应当建立技术档案，对设备的型号、用途、参数以及发生事故的时间、性质和维修试验的情况均应详细记录，以科学的方法进行管理和监督。

（2）对电气设备的技术性能应定期检查和测试，发现不正常或不合格时应及时加以调整或检修，必要的情况下还应进行试验，待证明其性能恢复正常后，方可投入使用。绝不能存在任何侥幸心理，让设备带病运行，以防止酿成更大的事故。

（3）必须裸露的电气线路，应置于人体不能触及的高度以上，以防止人员无意中触及，造成触电伤亡事故。

（4）各电气设备和线路的接头，必须使用专门的接线盒将电气接头封隔在坚固的隔爆外壳内，以防止受到外界危害因素的侵蚀，同时也杜绝了因电气接头不良产生的高温或电火花对外部瓦斯煤尘的引爆。所有电气接头都必须使用专用的接头件并拧紧后加上防滑螺母，以保证其可靠的电气接触。严禁用简单的缠绕方式加绝缘包裹处理的连接方法。

（5）专门的配电开关、磁力启动器、大型生产机械的电控箱的隔爆金属外壳与电路之间，以及控制开关与生产设备之间应加设可靠的“闭锁”装置，以保证在设备带电的情况下无法打开检修，要检修只能在设备完全不带电的情况下方可进行，同时也保证了在设备外壳已经打开失去隔爆功能的情况下，对设备无法进行送电。这就保障了检修人员的人身安全和根除了电气火花对设备外部瓦斯煤尘的引爆所引起的事故的可能性。

（6）井下所有的电气设备以及生产机械的不带电的金属外壳和构架必须有可靠的接地，以防止在发生漏电事故时，危及操作人员的人身安全。

（7）手持式电动工具除了必须具有良好的绝缘且要定期测试之外，还必须采用低压 127 V 供电。对于手动电控电路的供电电压必须采用国家规定的安全电压值 36 V，以消除操作人员的触电危险。

（8）井下三相电网的中性点严禁接地，以保证井下电网对大地电气隔离。这样做的目的是为了减小在发生对地触电事故时流过人体的触电电流，从而大大减轻对地触电的危险程度。

（9）井下电网中必须加装漏电保护装置，以便在发生漏电事故时，漏电保护装置能及时地发出信号并自动切断电路，从而防止漏电事故的持续和扩大。

（10）井下的电网以及动力设备所使用的电力电缆的耐压程度和电流容量都必须具有足够的余量，以便提高其在事故状态下的承受能力和适应生产发展的增容需要。因此，在对电缆的选用、安装时要有充分的、周密的考虑，要求严格符合有关的安全技术规定。

35 试电笔有何用途？怎样使用？

凡从事电气工作的人员均有一支自己较熟悉的试电笔，它可以对常用电气设备进行安全检查。在使用试电笔之前应将试电笔在带电设备上确认良好后方可进行验电，以避免触电事故的发生。试电笔在使用中有很多用法，现介绍如下：

（1）区别相线和零线。在交流电路里，用试电笔触及导线时，试电笔发亮的是相线，不发亮的是零线。

（2）判断相线或零线断路。在单相电路中，试电笔测单相电源回路相线和零线，氖管均发亮说明零线断路，氖管都不发亮则说明相线断路。

（3）区别交流电和直流电。交流电通过试电笔时，氖管里的两个极同时发亮；直流电通过时，氖管里两个极只有一个发亮。

（4）区别直流电的正负极。将试电笔连接在直流电的正负极之间，发亮的一端为负极，不发亮的一端为正极。

（5）区别直流电接地的是正极还是负极。发电站和电网的直流系统是对地绝缘的，人站在地上，用试电笔去触及正极或负极，氖管是不应发亮的，如果发亮，则说明直流系统有接地现象。如果发亮在靠近笔尖的一端，则是正极有接地现象，如发亮在靠近手指的一端，则是负极有接地现象。当然接地现象微弱，达不到氖管启动电压时，虽有接地现象，氖管是不会发亮的。

（6）区别电压的高低。用自己经常使用的试电笔，根据氖管发光的强弱来估计电压高低的约略数值。

（7）相线碰壳。用试电笔触及电气设备外壳（如电机、变压器壳体），若氖管发亮，则是相线与壳体相接触，有漏电现象。如壳体安全接地，氖管是不会发亮的。

（8）相线接地。用试电笔触及三相三线制星形接法的交流电路，若有两根比通常稍亮，而另一根的亮度要弱一些，则表示这根亮度弱的导线有接地现象，但还不太严重；如两相很亮，而另一相不亮，则是一相完全接地。三相四线制，当单相接地以后，中心线上用试电笔测量时也会发亮。

（9）设备（电机、变压器）各相负荷不平衡或内部匝间、相间短路。三相交流电路的中性点移位时，用试电笔测量中性点，就会发亮。这说明该设备（电机、变压器）的各相负荷不平衡，或者内部匝间或相线短路，以上故障较为严重时才能反映出来，且要达到试电笔的启动电压时氖管才发亮。

（10）线路接触不良或电气系统互相干扰。当试电笔触及带电体，而氖灯光线有闪烁时则可能因线头接触不良而松动，也可能是两个不同的电气系统互相干扰。

掌握以上几种检查方法可给电气工作人员在检查、维修时带来一些方便，从事电气工作的人员要特别注意安全，不要忽视试电笔的这些作用。

36 怎样预防由雷击、静电火花及电力线与广播线、电话线碰线等引起的火灾？

（1）为了避免雷击引起火灾，在工厂、仓库等建筑物上安装避雷针，电气设备要装置避雷器等防雷设施。

（2）雷雨季节是电气防火的关键时期。在雷雨季节之前，要对避雷设施进行检查，没有用的线路或天线应及时拆除，免遭雷击起火。

（3）静电放电是容易导致易燃、易爆物品燃烧和爆炸的一个因素。预防的基本方法是把与流动、振荡、喷雾液体相接触的金属部分（储油罐等）安装接地线。

（4）油槽车灌装时，因油料向罐内冲击，会加剧油料与空气、油料与罐壁的摩擦和撞击而产生静电。因此，灌装时，一定要将油管插到罐底，同时，要把容器和设备全部接地，运油汽车尾部应装拖地线。

(5) 电线穿过墙壁或楼板，接近水管、暖气管、蒸汽管等金属体，或者与管线交叉时，电线上必须装绝缘套管，普通电线不得嵌进建筑结构或设备之间，以免受机械损伤破坏绝缘层。

(6) 广播线、电话线不要和电力线同杆架设或同管进户。广播线、电话线与电力线交叉跨越时，应保持 1.25 m 的垂直距离，交叉处应用绝缘材料隔离。

(7) 使用携带型火炉或喷灯时，火焰与带电部分的距离为：电压在 10 kV 及以下者，不得小于 1.5 m；电压在 10 kV 以上者，不得小于 3 m；不得在带电导线、带电设备、变压器、油路器等充油设备附近使用火炉或喷灯点火。

37 什么是安全电压？

在一些具有触电危险的场所使用移动的或手持的电气设备时，为了预防触电事故，可用低电压电源。根据欧姆定律，电压越低电流越小。因此，把可能加在人身上的电压限制在某一范围之内，使得在这种电压下，通过人体的电流不超过允许的范围，这一电压就叫作安全电压，也叫作安全特低电压或安全超低电压。

我国规定，工频安全电压的上限值，即在任何情况下，两导体间或任一导体与地面之间均不得超过的工频电压有效值为 50 V。我国规定，工频有效值 42 V、36 V、24 V、12 V、6 V 为安全电压的额定值。如无特殊安全结构或安全措施，应采用 42 V 或 36 V 安全电压；金属容器内，隧道、矿井等工作地点狭窄、行动不便以及周围有大面积接地导体的环境，应采用 24 V 或 12 V 的安全电压。当电气设备采用 24 V 以上的安全电压时，必须采取直接接触电击的防护措施。

38 什么是跨步电压触电、相间触电？

当带电设备发生某相接地时，接地电流流入大地，在距接地点不同距离的地面各点上呈现不同电位，距离接地点越远电位越低。当人的两只脚同时踩在不同电位的地表面两点时，会引起跨步电压触电。如果遇到这种危险场合，应双脚合拢跳离接地处20 m之外，以保障人身安全。

相间触电，就是在人体与大地绝缘的时候，同时接触两根不同的相线或同时接触电气设备不同相的两个带电部分，这时电流由一根相线经过人体到另一根相线，形成闭合回路。这种情形称为相间触电，此时人体直接处在线电压作用之下，比单相触电的危险性更大。

39 为什么不能用铜丝、铁丝代替熔丝？

通常家庭的配电盘上都装有熔断器，熔断器中装有熔丝，熔丝是用铅锡、铅锑合金材料制作的，具有熔点低、电阻大、发热多的特点。当通过电线和用电器具的电流超过允许的安全数值时，电流的热效应会使熔丝发热，一旦达到熔丝的熔断电流（即熔丝的温度达到熔点），它便立即熔断，从而起到切断电源的作用。由此可见，熔丝具有保护电源线和用电器具不致起火或烧坏的重要作用。所以人们给它起了个名字——“保险丝”。通常熔丝的熔断电流是额定电流的1.5～2.0倍。熔丝在运行中的温度不超过80～100℃。当电流超过熔丝额定电流5倍时，熔丝就会立即熔断。如果使用的熔丝直径过粗，或用铜丝、铁丝代替，一旦遇到漏电、短路或超负荷时，会因其熔断电流太大而不能及时熔断，也就无法达到保护电源线路和用电器具的目的。长时间不正常运行，将导致电源线路和用电器具发热起火或被烧毁，进而引燃可燃物甚至酿成火灾。

40 带电作业有哪些安全要求？

（1）人员要求：

1）带电作业人员应身体健康，无妨碍作业的生理和心理障碍；应具有电工原理和电力线路的基本知识，掌握带电作业的基本原理和操作方法，熟悉作业工具的适用范围和使用方法；通过专门的培训，考试合格并具有上岗证。

2）熟悉《电业安全工作规程》《送电线路带电作业技术导则》和《配电线路带电作业技术导则》，掌握紧急救护法、触电解救法和人工呼吸法。

3）工作负责人（包括安全监护人）应具有 3 年以上的带电作业实际工作经验，熟悉设备状况，具有一定组织能力和事故处理能力，经领导批准后，负责现场的安全监护。

（2）气象条件要求：

1）作业应在良好的天气下进行。如遇雷、雨、雪、雾天气，不得进行带电作业；风力大于 5 级时，一般不宜进行作业。

2）在特殊情况下，若必须在恶劣气候下带电抢修，工作负责人应针对现场气象和工作条件，组织有关人员进行充分讨论，制定可靠的安全措施，经领导审批后方可进行带电抢修。

3）夜间抢修作业应有足够的照明设施。

4）带电作业过程中若遇天气突然变化，有可能危及人身或设备安全时，应立即停止工作，尽快恢复设备正常状况或增加临时安全措施。

（3）其他要求：

1）带电作业的新项目、新工具必须经过技术鉴定合格，通过在模拟设备上实际操作，确认切实可行，并制定出相应的操作程序和安全技术措施，经本单位总工程师批准后方可在运行设备上进行作业。

2）凡是比较重大或比较复杂的作业项目，必须组织有关技术人员、作业人员研究讨论，制定出相应的操作工艺方案和安全技术措施，经本部门技术负责人审核，本单位总工程师批准后方可执行。

二、焊接（切割）安全

1 焊接生产可能发生的伤害事故有哪些？

在焊接过程中，焊工要经常接触易燃易爆气体、压力容器和电机电器等危险物质和装置，以及焊接时产生的有毒气体、有害粉尘、弧光辐射、噪声、射线、高频电磁场等。上述一系列的不安全因素可能导致焊接现场发生爆炸、火灾、烫伤、中毒、触电和高空坠落等工伤事故。焊工在作业中也可能受到各种伤害，引起矽肺病、血液疾病、慢性中毒、电光性眼病和皮肤病等职业病。由上可知，如果不注意焊接作业的安全和劳动保护，对人体可能造成巨大的伤害。因此，焊工属于特种作业人员，必须经过安全培训并考试合格后方允许独立操作。

2 焊接方法可分为哪几类？各类方法中分别要注意哪些安全问题？

焊接方法有几十种，一般可归纳为以下三大类：

（1）熔化焊：利用某种热源，将焊件的连接处加热到熔化状态并加入填充金属，然后在自由状态下冷凝结晶，使之焊合在一起。气焊、电弧焊、电渣焊等均属此类。

从安全方面讲，气焊时要注意防火、防爆炸、防烧伤、防焊接烟尘、防形成焊接缺陷等；电焊时要注意防弧光、防烟尘、防触电、防短路烧毁设备、防产生焊接缺陷等。

（2）压力焊：对焊件施加一定的压力，使接合面相互紧密接触并产生一定的塑性变形，有的加热，有的不加热，使焊件结合在一起。加热者如接触焊（又名电阻焊）、锻焊、摩擦焊等，不加热者如冷压焊等。

从安全方面讲，接触焊要注意防止绝缘损坏发生触电，要防止熔化金属溢出发生烧伤，锻焊时要注意防止飞溅的火星发生烫伤人的事故。各种焊接方法都要正确掌握工艺，保证质量，防止产生焊接缺陷，以保证焊缝的安全可靠，防止焊件在使用过程中发生事故。

（3）钎焊：将熔点低于焊件的焊料合金（称钎料），放在焊件的结合处，与焊件一起加热到钎料熔化并渗透填充到连接的缝隙中，通过熔化的钎料与未熔化的焊件表面间的相互熔解和扩散作用，从而使焊件凝结在一起。

为了保证钎焊的质量，确保焊件的使用安全，必须选用对焊件有良好润湿性的钎料，钎料的熔点必须要比焊件基体金属的熔点低40～100℃，必须采取措施，保证钎焊后焊件具有足够的机械强度和必要的物理性能。

3　使用焊炬和割炬时要注意哪些安全事项？

在使用焊炬和割炬时，要注意下述安全事项：

（1）按照工件厚薄，选用一定大小的焊、割炬。然后按焊、割炬的喷嘴大小，配备氧气和乙炔的压力和气流量。

（2）喷嘴与金属板不能相碰。

（3）喷嘴发生堵塞时，应将喷嘴拆下，从内向外用捅针捅开。

（4）注意垫圈和各环节的阀门等是否漏气。

（5）使用前应将皮管内的空气排出。然后分别开启氧气和乙炔阀门，畅通后才能点火试焊。

（6）焊、割炬的各部分不得沾污油脂。

（7）如焊、割炬喷嘴的温度超过400℃，应用水冷却。

(8) 点火时应先开乙炔阀门，点着后再开氧气。这样做的目的在于放出乙炔空气混合气，便于点火和检查乙炔是否畅通。

(9) 乙炔和氧气阀如有漏气现象，应及时修理。

(10) 使用前，在乙炔管道上应装置岗位回火防止器。

(11) 离开工作岗位时，禁止把点燃着的焊炬放在操作台上。

(12) 交接班或停止焊接时，应关闭氧气和回火防止器阀门。

(13) 皮管要专用，乙炔管和氧气管不能对调使用，皮管要有标记以便区别，乙炔皮管是红色，氧气皮管耐压强度高，一般都是蓝色的。

(14) 发现皮管冻结时，应用温水或蒸汽解冻，禁止用火烤，更不允许用氧气去吹乙炔管道。

(15) 氧气、乙炔用的皮管，不要随便乱放，管口不要贴住地面，以免进入泥土和杂质发生堵塞。

4 什么是焊割作业中的回火现象？应如何防止回火现象的发生？

回火，是指可燃混合气体在焊炬、割炬内发生燃烧，并以很快的燃烧速度向可燃气体导管里蔓延扩散的一种现象，其结果可以引起气焊和气割设备燃烧爆炸。

防止回火的主要原理是利用阻火介质将倒回的火焰和可燃气体进行隔开，使火焰不能进一步蔓延，防止回火。在操作过程中应做到：焊（割）炬不要过分接近熔融金属，焊（割）嘴不能过热，焊（割）嘴不能被金属熔渣等杂物堵塞；焊（割）炬阀门必须严密，以防氧气倒回乙炔管道；乙炔发生器阀门不能开得太小，如果发生回火，要立即关闭乙炔发生器和氧气阀门，并将胶管从乙炔发生器或乙炔瓶上拔下。如乙炔瓶内部已燃烧（白漆皮变黄、起泡），要用自来水冲浇降温灭火。

5 焊割生产中存在的火灾和爆炸危险性主要有哪些？

（1）气焊、气割所使用的乙炔是易燃易爆气体，一些使用设备、器具如乙炔发生器等本身受高压时就有较大危险，另有一些高温焊渣飞溅，容器内残留汽油，在焊接工地存放的可燃、易燃物品，种种原因都造成了易发生火灾的重大危险性。

（2）电石遇水、遇撞击或抵触性物质都易发生化学反应或爆炸，如果电石桶包装不严，电石中混有有害杂质，积存的电石粉没有及时清扫和处理，或者是仓库通风不良等也可能引起火灾或爆炸。

（3）在焊、割过程中经常会遇到回火，回火也能造成乙炔发生器发生强烈爆炸，存在着很大的火灾危险性。

（4）如果用电焊时，则会产生电弧，电弧的热传导、热扩散也具有火灾危险性。

（5）在焊接中，如不了解内部结构，盲目焊接，易发生意外事故。对于大型油罐、可燃液体容器、煤气柜等进行焊、割时处理不当，也会因不小心而引起燃烧和爆炸。对于临时进行焊接、切割的现场没有进行认真清理，也可能引起火灾。另外在稻草、软木等易燃物旁，一些焊接电路乱接或者是焊接后的火种没熄灭，都潜伏着极大的火灾危险。

6 对旧容器进行焊补时要注意哪些安全事项？

用火焊补储存过汽油、煤油、松香、烧碱、硫黄、甲苯、香蕉水、酒精等物的容器，以及冻结或封闭的管段或停用很久的乙炔发生器桶体等，必须根据具体情况，严格注意下列九点安全事项：

(1) 被焊物必须经过反复多次清洗。

(2) 将被焊物所有的孔盖打开。

(3) 乙炔管道、回火防止器如果是安装在坑道里面、加盖的明沟下或者地坑的井沟内，由于这些部位都有滞留乙炔—空气混合气的可能性，所以在动火作业前，一定要切断气源，探明有无易燃、易爆混合气存在。

(4) 作业中还必须考虑到操作工人的行动有无障碍，必须有人监护。

(5) 当班动火未能完工，下一回或次日再动火时，必须从头重新探明，并采取安全措施。

(6) 探查有无易爆混合气体存在时，探查人员应有所警惕和隐蔽，确定无危险时，再开始焊补。

(7) 操作人员严禁站在动火容器的两端。

(8) 焊补完后，在很热的情况下，也不能马虎大意。如果急着把易燃物装进去，就有着火爆炸的危险。

(9) 为了保证安全，可以把被焊容器灌满水或充满氮气后点火焊补。

7 气焊过程中发生事故时应采取哪些紧急处理措施?

气焊过程中发生事故时应采取如下紧急处理措施：

(1) 当焊、割炬的混合室内发出“嗡嗡”声时，立即关闭焊、割炬上的乙炔—氧气阀门，稍停后，开启氧气阀门，将枪内(混合室)的烟灰吹掉，恢复正常后再使用。

(2) 乙炔皮管爆炸燃烧时，应立即关闭乙炔瓶或乙炔发生器的总阀门或回火防止器上的阀门，切断乙炔的供给。

（3）乙炔瓶的减压器爆炸燃烧时，应立即关闭乙炔瓶的总阀门。

（4）氧气皮管燃烧爆炸时，应立即关紧氧气瓶总阀门，同时，把氧气皮管从氧气减压器上取下。

（5）换电石时如发气室发生着火爆炸事故，处理办法如下：

中压乙炔发生器的发气室着火，应立即用二氧化碳灭火器进行灭火，或者将加料口盖紧隔绝空气，火焰就会熄灭。

横向加料式乙炔发生器，在发气室着火爆炸且把加料口对面或上方的卸压膜冲破时，最好用二氧化碳灭火器灭火。如这种条件不具备，就要想办法尽早使电石离开水停止产气或把电石篮取出，使电石尽快脱离发气室，火焰很快就能熄灭。

（6）加料时在发气室中发生的着火爆炸事故，常常是由于电石含磷过多遇水着火或者因电石篮碰撞等产生的火花而引起的。事故发生后应立即使电石与水脱离接触停止产气。如果发气室已与大气连通，最好用二氧化碳灭火器灭火，然后再打开加料口门孔压盖取出电石篮。无此类灭火器材，又无法隔绝空气时，要等火熄灭或者火苗很小时，操作人员站在加料口的侧面慢慢松动加料口压盖螺钉，随后再想办法把电石篮取出。

（7）当发现发气室的温度过高时，应立即使电石与水脱离接触停止产气，并应采取必要的措施把温度降下来，才能打开加料口压盖，否则，空气从加料口进去遇高温就会发生燃烧爆炸。

（8）如发生枪嘴堵塞又忘记关闭乙炔—氧气阀门，或因其他缘故使氧气倒入乙炔皮管和发生器内，都应立即关闭氧气阀门，并设法把乙炔皮管和乙炔发生器内的乙炔—氧气混合气体放净，才能进行点火，否则，就会发生爆炸。

（9）浮桶式乙炔发生器，如因浮桶漏气等原因在漏气处燃着火焰时，严禁去拔浮桶，也不要去堵，一般处理办法是将浮桶蹬倒。

8 使用乙炔发生器要遵守哪些安全规程？

为了保证安全，使用乙炔发生器要遵守以下安全规程：

（1）操作人员必须经过培训，熟练地掌握乙炔发生器设备的操作规程、安全技术规程和防火知识，并经考试合格，取得安全操作合格证后，方可独立操作。

（2）禁止在超负荷或超过最高工作压力和供水不足的条件下使用乙炔发生器。

（3）乙炔发生器安放位置应与明火、散发火花点以及高压电源线的距离保持在 5 m 以上。

（4）乙炔发生器和回火防止器冬季使用时，如发生冻结，只允许用热水或蒸汽加热解冻，禁止用明火或者用烧红的铁去加热，更不准用容易产生火花的金属物体敲击。

（5）乙炔着火，宜采用干黄沙、二氧化碳灭火剂或干粉灭火器灭火，禁止用水、泡沫灭火器、四氯化碳灭火剂灭火。

（6）接于乙炔管路的焊（割）枪或一台乙炔发生器要配制两把以上焊（割）枪使用时，每把焊（割）枪都必须配置一只岗位回火防止器，禁止共同使用一只岗位回火防止器。使用时要检查，保证安全可靠。

（7）使用乙炔气时，当管路中压力下降过低时，应及时关闭焊（割）矩，然后对乙炔发生器和乙炔管路进行认真检查，采取相应措施妥善处理。

（8）乙炔发生器所使用的电石尺寸应符合标准，严禁将尺寸小于 2 mm 及大于 80 mm 的电石装入料斗。排水式（移动式的）乙炔发生器所使用电石尺寸应在 25～80 mm 范围之内；滴水式乙炔发生器和大型投入式乙炔发生器所使用的尺寸应在 8～80 mm 范围之内。

（9）乙炔发生器每次装电石后，使用前都应将发生器内留存的混合气体（乙炔与空气）排出，使用时，装足规定的水量，及时排出发气室积存的灰渣。

9 乙炔气瓶在使用、运输和储存过程中分别要注意哪些安全问题？

乙炔气瓶在使用、运输和储存过程中要注意以下安全问题：

（1）乙炔气瓶在使用时应防止乙炔瓶内活性炭下沉，禁止敲击、碰撞和剧烈震动。另外要防止受高温影响，防止漏气，防止丙酮渗漏，防止接触有害杂质等。

（2）乙炔气瓶在运输时应严禁拖动、滚动，用小车运送，做到轻装轻卸。乙炔气瓶必须直放装车，严禁横向装运，并严禁暴晒、遇明火，禁止和互相抵触的物质混放。另外还要严禁与氧气瓶、氯气瓶等可燃、易燃物品同车运输。

（3）乙炔气瓶储存时不准储存在地下室或半地下室等比较密闭的场所，不准与氧气瓶、氯气瓶等同库储存。储存量不得超过5瓶，超过5瓶时，应采用不燃材料或难燃材料隔成单独的储存间，超过20瓶时，应建造乙炔气瓶仓库，在仓库的醒目地方应设置警示标志。

10 如何防止在电弧焊作业过程中发生事故？

为防止电弧焊作业过程中发生伤害事故，应注意以下几点：

（1）为了防止触电事故，电焊所用的工具必须安全绝缘，所用设备必须有良好的接地装置，工人应穿绝缘胶鞋，戴绝缘手套。如要照明，应该使用36 V的安全照明灯。

（2）为了防止焊接过程中发生火灾，电焊现场附近不能有易燃、易爆物品。如电焊和气焊在同一地点使用时，电焊设备和气焊设备、电缆和气焊胶管都应该分离开，相互间最好有 5 m 以上的安全距离。

（3）为了防止电焊中的辐射伤人，操作工人都必须戴防护面罩，穿防护衣服。

（4）为了防止有害气体和烟尘的危害，操作工人都应戴防护口罩，操作现场应加强通风。

11 手工电弧焊接作业过程中要注意哪些安全技术问题？

手工电弧焊按焊接的位置不同可分为平焊、立焊、横焊和仰焊四大类。进行手工电弧焊接作业在安全技术方面有如下基本要求：

（1）电焊机的外壳和工作台，必须有良好的接地。

（2）电焊机空载电压应在 60～90 V 之间。

（3）电焊设备应使用带电保险的电源刀闸，并应装在密闭箱内。

（4）焊机使用前必须仔细检查其一、二次导线绝缘是否完整，接线是否绝缘良好。

（5）当焊接设备与电源网路接通后，人体不应接触带电部分。

（6）在室内或露天现场施焊时，必须在周围设挡光屏，以防弧光伤害工作人员的眼睛。

（7）焊工必须配备有合适滤光板的面罩，干燥的帆布工作服、手套，橡胶绝缘和清渣防护白光眼镜等安全用具。

（8）焊接绝缘软线不得少于 5 m，施焊时软线不得搭在身上，地线不得踩在脚下。

（9）严禁在起吊部件的过程中，边吊边焊。

（10）施焊完毕后应及时拉开电源刀闸。

12 电焊钳在使用中应注意哪些问题？

电焊钳在使用中应注意的问题有：

（1）电焊钳应保证在任何斜度下都能夹紧焊条，并能使焊工不必接触导电体部分即能迅速更换焊条。

（2）焊钳手柄必须包有良好的绝缘隔热层，保持良好的绝缘性能和隔热能力，还应保持干燥。

（3）焊钳应结构简易、轻便，重量不应超过 400～700 g。

（4）橡套电缆与焊钳的连接应牢固，铜芯不得外露，以防触电和短路。焊钳上的弹簧失效时，应立即调换。

（5）钳口要保持整洁。

（6）操作间隙不准把焊钳直接放在操作台或焊件上，应挂放在比较安全的地方。

13 在高处或室内焊、割作业时，有哪些安全要求？

在高处或室内焊、割作业时的安全要求如下：

（1）登高焊、割的安全要求：高空焊、割时除必须严格遵守登高作业安全操作规程和注意人身安全外，还必须防止火花落下或飞散，如果风力很大时应停止高处作业。如果高处焊、割作业下方有易燃、可燃物时，应移开或者用水喷淋。如有可燃气体管道，应用湿麻袋、石棉板等隔热材料覆盖。禁止用盛装过易燃、易爆物质的容器作为登高垫脚物。对于焊接设备应远离动火点，并由专人看管。如在楼上进行作业，应防止火星沿一些孔洞和裂缝落到下面去。落下的熔热金属要妥善处理。

电焊机与高处焊补作业点的距离要大于 10 m，焊机应有专人看管，以备紧急时立即拉闸断电。

(2) 室内焊、割的安全要求：在密室内作业时，必须对作业场所内外情况调查清楚，乙炔发生器、氧气瓶、电焊机均不准放在动火焊、割的室内。进行焊、割作业时，场所必须干燥，严格检查绝缘防护装备是否符合安全要求。凡在易燃、易爆车间动火焊补，或者采用带压不置换动火法，在容器管道裂缝大、气体泄漏量大的室内焊补时，必须分析动火点周围不同部位滞留的可燃物含量，确保安全可靠时才能施焊。

在焊接时，应打开门窗进行自然通风，必要时采用机械通风，降低可燃气体浓度，防止形成可燃性混合气体。

14 焊工在焊接时应注意哪些安全事项?

焊工在焊接时应注意的安全事项有：

(1) 防止飞溅金属造成灼伤和火灾。

(2) 防止电弧光辐射对人体的危害。

(3) 防止某些有害气体中毒。

(4) 在焊接压力容器时，要防止发生爆炸。

(5) 高处作业时，要系安全带和戴安全帽。

(6) 注意避免发生触电事故。

15 焊工应遵守的“十不焊割”规定是什么?

“十不焊割”的规定是：

(1) 焊工未经安全技术培训考试合格、领取操作证，不能焊割。

（2）在重点要害部门和重要场所，未采取措施，未经单位有关领导、车间、安全、保卫部门批准和办理动火证手续，不能焊割。

（3）在容器内工作没有 12 V 低压照明和通风不良及无人在场监护不能焊割。

（4）未经领导同意，车间、部门擅自拿来的物件，在不了解其使用情况和构造情况下，不能焊割。

（5）盛装过易燃、易爆气体（固体）的容器管道，未经碱水等彻底清洗和处理消除火灾爆炸危险的，不能焊割。

（6）用可燃材料充作保温层、隔热、隔音设备的部位，未采取切实可靠的安全措施，不能焊割。

（7）有压力的管道或密闭容器，如空气压缩机、高压气瓶、高压管道、带压锅炉等，不能焊割。

（8）焊接场所附近有易燃物品，未作清除或未采取安全措施，不能焊割。

（9）在禁火区内（防爆车间、危险品仓库附近）未采取严格隔离等安全措施，不能焊割。

（10）在一定距离内，有与焊割明火操作相抵触的工种（如汽油擦洗、喷漆、灌装汽油等工作会排出大量易燃气体），不能焊割。

16　电焊引起火灾的原因是什么？怎样预防？

电焊引起火灾的原因是焊花飞溅到易燃物上引起火灾。

进行电焊作业时，应根据现场情况采取下列防火措施：

（1）电焊作业应选在安全地点进行。作业前应清除周围的易燃物品，若易燃物无法清除，则必须用水喷湿，或者盖上石棉板、石棉被或湿麻袋等，以隔离飞溅的火星；作业地点与可燃建筑构件应保持适当距离，或用不燃隔板隔开；在脚手架上进行高处焊接时，必须用不燃隔板遮住脚手架，或装设接火盘。在特别重要的场所进行焊接作业时，应设专人看护，并准备必要的灭火工具。

（2）焊接工具必须完好。电焊机和电源线的绝缘应可靠，破损的绝缘线应及时修理或更换；导线应有足够大的截面，并用符合要求的熔断器保护，熔体连接要可靠。

（3）电焊若和气焊在同一地点进行，电焊用的导线与气焊用的管线不得敷设在一起，应保持 10 m 以上的距离，以免相互影响而发生危险。

（4）不得利用与易燃、易爆设备有联系的金属构件（如输油、输气管线等）作为电焊机的接地线，以防止在电气通路上电阻较大的地点产生高温或火花而引起火灾或爆炸。

（5）在积存有可燃气体的管沟、深坑、下水管等处及其附近，在未消除危险因素之前，不得进行电焊作业。

（6）在有可燃隔热层的空心墙壁附近、简易建筑和仓库中以及易燃物堆垛附近，不宜进行电焊作业；必须进行时，应设专人监护，且在焊接作业结束后必须留有一定查看时间，经检查确无引起火灾的危险因素才可离开。

（7）在下列地点，若无可靠的安全措施，不得进行电焊作业：

1）制作、加工和储存易燃、易爆物品的房间内。

2）储存易燃、易爆物品的管线和容器上。

3）带电设备上。

4）刚涂过油漆的建筑构件或设备上。

5）储存过易燃、易爆液体和其他易燃物品而未进行清洗或处理的容器上。

17 焊接作业的个人防护措施有哪些？

焊接作业的个人防护措施主要是对头、面、眼睛、耳、呼吸道、手、身躯等方面的人身防护，主要有防尘、防毒、防噪声、防高温辐射、防放射性、防机械外伤和脏污等。焊接作业除穿戴一般防护用品（如工作服、手套、眼镜、口罩等）外，针对特殊作业场合，还可以佩戴空气呼吸器（用于密闭容器和不易解决通风的特殊作业场所的焊接作业），防止烟尘危害。

对于剧毒场所紧急情况下的抢修焊接作业等，可佩戴隔绝式氧气呼吸器，防止急性职业中毒事故的发生。

为保护焊工眼睛不受弧光伤害，焊接时必须使用镶有特别防护镜片的面罩，并按照焊接电流的强度不同来选用不同型号的滤光镜片。同时，也要考虑焊工视力情况和焊接作业环境的亮度。

为防止焊工皮肤受电弧的伤害，焊工宜穿浅色或白色帆布工作服。同时，工作服袖口应扎紧，扣好领口，皮肤不外露。

对于焊接辅助工和焊接地点附近的其他工作人员受弧光伤害问题，工作时要注意相互配合，辅助工要戴颜色深浅适中的滤光镜。在多人作业或交叉作业场所从事电焊作业，要采取保护措施，设防护遮板，以防止电弧光刺伤焊工及其他作业人员的眼睛。

此外，接触钍钨棒后应以流动水和肥皂洗手，并注意经常清洗工作服及手套等。戴隔音耳罩或耳塞，防护噪声危害。这些都是有效的个人防护措施。

18 焊接（切割）工作完成后应进行哪些方面的安全检查？

焊、割作业中的火灾爆炸事故，有些往往发生在工程的结尾阶段，或在焊、割作业结束后。原因在于结尾阶段容易放松警惕，制定的各项安全措施没能自始至终地执行，还有因焊、割作业结束后，留下的火种没有熄灭造成的。因此，认真抓好焊、割作业后的安全检查，是焊、割作业防火防爆全过程中不可缺少的一个重要组成部分。一般情况下，应做好以下几项工作：

（1）坚持工程后期阶段的防火防爆措施。特别要注意焊、割作业已经结束，安全设施已经撤离，如果发现某一部位还需要进行一些很微小工作量的焊、割时，绝不能麻痹大意，要坚持焊、割工作大小一个样，安全措施不落实，绝不动火焊、割。

（2）各种设备、容器进行焊接后，要及时检查焊接质量是否达到要求，对漏焊、假焊等缺陷应立即修补好，不要待使用时再发现上述质量问题，那时处理起来难度就大了。焊接过的受压设备、容器管道要经过水压或气压试验合格后，才能使用。凡是经过焊、割或加热后的容器，要待完全冷却后才能进料。

（3）焊、割作业结束后，必须及时彻底清理现场，清除遗留下来的火种。关闭电源、气源，把焊、割炬安放在安全的地方，取出乙炔发生器内未使用完的电石，存放进电石铁桶内，排除电石污染，并把乙炔发生器冲洗干净，加好清水，待下一次使用。

（4）焊、割作业场所，往往留下不容易发现的火种，因此除了作业后要进行认真检查外，下班时要主动向保卫人员或下一班人员交代，以便加强巡逻检查。

（5）焊工所穿的衣服下班后也要彻底检查，看是否有阴燃的情况；有一些火灾往往是由焊工穿过的衣服挂在更衣室内，经几小时阴燃后而起火的。

三、机械安全事故预防

1 机械设备造成的伤害事故有哪些？

机械事故造成的伤害主要有以下几种：

（1）机械设备零、部件做旋转运动时造成的伤害。例如机械设备中的齿轮、带轮、滑轮、卡盘、轴、光杠、丝杠、联轴节等零、部件都是做旋转运动的。旋转运动造成人员伤害的主要形式是绞伤和物体打击伤。

（2）机械设备的零、部件做直线运动时造成的伤害。例如锻锤、冲床、切钣机的施压部件，牛头刨床的床头，龙门刨床的床面及桥式吊车大、小车和升降机构等，都是做直线运动。做直线运动的零、部件造成的伤害事故主要有压伤、砸伤、挤伤。

（3）刀具造成的伤害。例如车床上的车刀、铣床上的铣刀、钻床上的钻头、磨床上的磨轮、锯床上的锯条等都是加工零件用的刀具。刀具在加工零件时造成的伤害主要有烫伤、刺伤、割伤。

（4）被加工的零件造成的伤害。机械设备在对零件进行加工的过程中，有可能对人身造成伤害。这类伤害事故主要有：①被加工零件固定不牢被甩出打伤人，例如车床卡盘夹不牢，在旋转时就会将工件甩出伤人。②被加工的零件在吊运和装卸过程中，可能砸伤人。

（5）电气系统造成的伤害。工厂里使用的机械设备，其动力绝大多数是电能，因此每台机械设备都有自己的电气系统。主要包括电动机、配电箱、开关、按钮、局部照明灯以及接零（地）和馈电导线等。电气系统对人的伤害主要是电击。

（6）手用工具造成的伤害。

（7）其他的伤害。机械设备除去能造成各种伤害外，还可能造成其他一些伤害。例如有的机械设备在使用时伴随着发出强光、高温，还有的放出化学能、辐射能，以及尘毒危害物质等，这些对人体都可能造成伤害。

2 为预防机械事故，对操作人员的基本安全要求有哪些？

要保证机械设备不发生工伤事故，不仅机械设备本身要符合安全要求，而且更重要的是要求操作者严格遵守安全操作规程。机械设备的安全操作规程因其种类不同而内容各异，但其基本安全守则为：

（1）必须正确穿戴个人防护用品。该穿戴的必须穿戴，不该穿戴的就一定不要穿戴。例如机械加工时要求女工戴防护帽，如果不戴就可能将头发绞进去。同时要求不得戴手套，如果戴了，机械的旋转部分就可能将手套绞进去，将手绞伤。

（2）操作前要对机械设备进行安全检查，而且要空车运转一下，确认正常后，方可投入运行。

（3）机械设备在运行中也要按规定进行安全检查。特别是检查紧固的物件是否由于振动而松动，以便重新紧固。

（4）机械设备严禁带故障运行，千万不能凑合使用，以防出事故。

（5）机械设备的安全装置必须按规定正确使用，更不准将其拆掉不使用。

（6）机械设备使用的刀具、工夹具以及加工的零件等一定要装卡牢固，不得松动。

（7）机械设备在运转时，严禁用手调整，也不得用手测量零件，或进行润滑、清扫杂物等。如必须进行时，则应首先关停机械设备。

(8) 机械设备运转时，操作者不得离开工作岗位，以防发生问题时，无人处置。

(9) 工作结束后，应关闭开关，把刀具和工件从工作位置退出，并清理好工作场地，将零件、工夹具等摆放整齐，搞好机械设备的卫生。

3 金属冷加工车间如何防止工伤事故?

金属冷加工车间各种机床很多，只要妥善布置工作场所，设置必要的防护装置、保险装置，并严格遵守安全操作规程，就可以有效地防止工伤事故。

(1) 机床平面布置要求：

1) 不使零件或切屑甩出伤人。

2) 操作者不受日光直射而产生目眩。

3) 搬运成品、半成品及清理金属切屑方便。

4) 车间应设安全通道，使人员及车辆行驶畅通无阻。

(2) 防护装置要求：

1) 防护罩：隔离外露的旋转部件。

2) 防护栏杆：在运转时容易伤害人的机床部位，以及不在地面上操作的机床，均应设置高度不低于1 m的防护栏杆。

3) 防护挡板：防止磨屑、切屑和冷却液飞溅。

(3) 保险装置要求：

1) 超负荷保险装置：超载时自动脱开或停车。

2) 行程保险装置：运动部件到预定位置能自动停车或返回。

3) 顺序动作连锁装置：在一个动作未完成之前，下一个动作不能进行。

4) 意外事故连锁装置：在突然断电时，补偿机构能立即动作或机床停车。

5) 制动装置：避免在机床旋转时装卸工件；发生突然事故

时，能及时停止机床运转。

4 对机械设备的基本安全要求有哪些？

（1）机械设备的布局要合理，应便于操作人员装卸工件、加工观察和清除杂物；同时也应便于维修人员的检查和维修。

（2）机械设备的零、部件的强度、刚度应符合安全要求，安装应牢固，不得经常发生故障。

（3）机械设备根据有关安全要求，必须装设合理、可靠、不影响操作的安全装置。例如：

1）对于做旋转运动的零、部件应装设防护罩或防护挡板、防护栏杆等安全防护装置，以防止绞伤。

2）对于超压、超载、超温度、超时间、超行程等能发生危险事故的零、部件，应装设保险装置，如超负荷限制器、行程限制器、安全阀、温度继电器、时间继电器等，以便当危险发生时，由于保险装置的作用而排除险情，防止事故的发生。

3）对于某些动作需要对人们进行警告或提醒注意时，应安设信号装置或警告牌等。如电铃、扬声器、蜂鸣器等声音信号，还有各种灯光信号、各种警告标志牌等都属于这类安全装置。

4）对于某些动作顺序不能颠倒的零、部件应装设连锁装置。即某一动作，必须在前一个动作完成之后，才能进行，否则就不可能动作。这样就保证了不致因动作顺序搞错而发生事故。

（4）每台机械设备应根据其性能、操作顺序等制定出安全操作规程和检查、润滑、维护等制度，以便操作者遵守。

5 对机械设备的电气装置的安全要求有哪些？

（1）供电的导线必须正确安装，不得有任何破损或露铜的地方。

（2）电动机绝缘应良好，其接线板应有盖板防护，以防直接接触。

（3）开关、按钮等应完好无损，其带电部分不得裸露在外。

（4）应有良好的接地或接零装置，连接的导线要牢固，不得有断开的地方。

（5）局部照明灯应使用 36 V 的电压，禁止使用 110 V 或 220 V电压。

6 对机械设备的操纵手柄及脚踏开关的安全要求有哪些？对机械设备作业现场的要求有哪些？

（1）重要的手柄应有可靠的定位及锁紧装置。同轴手柄应有明显的长短差别。

（2）手轮在机动时能与转轴脱开，以防随轴转动打伤人员。

（3）脚踏开关应有防护罩或藏入床身的凹入部分内，以免掉下的零部件落到开关上，启动机械设备而伤人。

对机械设备作业现场的要求是：

机械设备的作业现场要有良好的环境，即照度要适宜，湿度与温度要适中，噪声和振动要小，零件、工夹具等要摆放整齐。因为这样能使操作者心情舒畅，专心无误地工作。

7 金属切削加工过程中常发生的伤害事故有哪些？其原因是什么？

（1）在金属切削加工过程中常发生的伤害事故。

1）刺割伤：操作人员使用的较为锋利的工具刃口，如金工车间里的切屑及正在工作着的车、铣、刨、钻、圆盘锯等，都如同快刀一样，能对人体未加防护的部位造成伤害。

2）物体打击：高处落物及工件或砂轮高速旋转时沿切线方向飞出的碎片，往复运动的冲床、剪床等，都可导致人员受到伤害。

3）绞伤：旋转的带、齿轮及正在工作的转轴都可导致绞伤。

4）烫伤：加工切削下来的高温切屑迸溅到人体的暴露部位上导致人员烫伤。

（2）造成以上几种伤害事故的原因。

1）人的不安全行为：工作时操作人员注意力不集中、思想过于紧张或对机器结构及所加工工件性能缺乏了解，操作不熟练及操作时不遵守安全操作规程，没有正确使用个人防护用品和设备的安全防护装置。

2）设备的不安全状态：机床设计和制造存在着缺陷，机床部件、附件和安全防护装置的功能退化等，机床的这些不安全状态，均能导致伤害事故。

3）环境的不安全因素：如工作场地照明不良、温度或湿度不适宜、噪声过高、设备布局不合理、备件摆放零乱等，都容易造成事故。

8 切屑有哪些危害？有哪些防护措施？

切屑的体积是工件加工余量的 2～9 倍，它对操作安全的危害很大，例如锋利的切屑能对人体未加防护的部位造成刺割伤，高速飞出的切屑碎片对人体造成打击伤，高温切屑迸溅到人体的暴露部位可导致人员烫伤，带状切屑还可导致缠绕伤人。

切屑的危害性与其形状、清除和运输方式有关，可从以下几方面进行防护：

（1）控制切屑的形状，使带状切屑折断成小段卷状，不致缠绕伤人。具体措施有：改变刀具的角度、安设断屑装置等。

（2）在刀具附近安装排屑器，控制切屑流向，使切屑按预定方向排出，不飞崩。

（3）在机床上安装透明防护挡板，不但可防切屑伤人，而且不影响工人的观察与操作。

9 在开始切削加工工作前应做哪些准备工作?

开始切削加工工作前应做以下准备工作：

（1）穿工作服，扎紧袖口，头发压在工作帽内。戴护目镜，防止飞崩的切屑和飞溅的切削液伤眼。

（2）检查工作地，了解前班中机床使用情况。

（3）检查脚踏板状态。

（4）检查手工工具状态。

（5）布置工作场地，按左、右手习惯放置工具、刀具等，毛坯、零件要堆放好。

（6）检查本机床专用起重设备状态。

（7）检查机床状况：固定式防护装置的牢固性，电机导线、操作手把、手轮、冷却润滑软管等是否和机床运动件及回转刀具相碰等。

（8）合闸，接上电源，打开照明灯。

（9）空车检查启动和停止按钮、手把、润滑冷却系统。进一步根据加工工艺要求调好机床。

（10）大型机床需两人以上操作时，必须明确主操作人员，由其负责统一指挥、互相配合。

10 切削加工工作中应遵守哪些安全操作规程?

为保证安全，切削加工应遵守如下安全操作规程：

(1) 被加工件的质量、轮廓尺寸应与机床的技术性能数据相适应。

(2) 被加工件质量大于 20 kg 时，应使用起重设备。

(3) 在工件回转或刀具回转的情况下，禁止戴手套操作。

(4) 紧固工件、刀具或机床附件时要站稳，勿用力过猛。

(5) 每次开动机床前都要确认对任何人都无危险，机床附件、加工件以及刀具均已固定可靠。

(6) 当机床已在工作时不能变动手柄和进行测量、调整以及清理等工作。操作者应观察加工进程。

(7) 如果在加工过程中形成飞崩的切屑，为安全起见，应放防护挡板。从工作地和机床上清除切屑，防止切屑缠绕在被加工件或刀具上，不能直接用手，也不能用压缩空气吹，而要用专门的工具。

(8) 正确地安放被加工件，不要堵塞机床附近通道，要及时清扫切屑，工作场地特别是脚踏板上，不能有冷却液和油。

(9) 当用压缩空气作为机床附件驱动力时，废气排放口应对着远离机床的方向。

(10) 经常检查零件在工作地点或库房内堆放的稳固性，当将这些零件移到运箱中时，要确保它们位置稳定以及运箱本身稳定。

(11) 当离开机床时，甚至是短时间离开，也一定要关电门停车。

(12) 当出现电绝缘发热有气味、运转声音不正常时，要迅速停车检查。

11 车床操作工应遵守哪些安全操作规程?

为保证车床加工的安全，操作者应做到：

(1) 操作人员必须经过培训，持证上岗；未能取得上岗证的人员不能单独操作车床。

（2）操作者要穿紧身防护服，袖口扎紧，长发者要戴防护帽，操作时不能戴手套。切削工件和磨刀时必须戴防护眼镜。

（3）开机前，首先检查油路和转动部件是否灵活正常，夹持工件的卡盘、拨盘、鸡心夹的凸出部分最好使用防护罩，如无防护罩，操作时应注意距离，不要靠近，以免绞住衣服及身体的其他部位。开机时要观察设备是否正常。

（4）车刀要夹牢固，切削深度不能超过设备本身的负荷，刀头伸出部分不要超出刀体高度的1.5倍，垫片的形状尺寸应与刀体形状尺寸相一致，垫片应尽可能少而平。转动刀架时要把车刀退回到安全的位置，防止车刀碰撞卡盘。在机床主轴上装卸卡盘应在停机后进行，不可借用电动机的力量取下卡盘。

（5）装卸大型工件时，床面上要垫木板。用吊车配合装卸工件时，夹盘未夹紧工件不允许卸下吊具，并且要把吊车的全部控制电源断开。工件夹紧后车床转动前，须将吊具卸下。

（6）使用砂布磨工件时，砂布要用硬木垫，车刀要移到安全位置，刀架面上不准放置工具和零件，划针盘要放牢。加工内孔时，不可用手指摁住砂布，应用木棍代替，同时速度不宜太快。

（7）变换转速应在车床停止转动后方可以进行，以免碰伤齿轮。开车时，车刀要慢慢接近工件，以免屑末崩伤人或损坏工件。

（8）除车床上装有运转中自动测量装置外，均应停车测量工件，并将刀架移动到安全位置。

（9）工作时间不能随意离开工作岗位，禁止玩笑打闹，有事离开必须停机断电。工作时思想要集中，不能在运转中的车床附近更换衣服。禁止把工具、夹具或工件放在车床床身上和主轴变速箱上。

（10）工作场地应保持整齐、清洁。工件码放要稳妥，不能堆放过高，铁屑应用钩子及时清除，严禁用手拉。电器发生故障时应马上断开总电源，及时通知电工检修，不能擅自乱动。

12 钻削加工经常发生哪些伤害事故？发生这些事故的原因是什么？

在钻床上进行切削加工时，主要危险来自：旋转的主轴、钻头和装夹钻头用的夹具及随钻头一起旋转的长螺旋形钻屑。

钻削时，发生伤害事故的原因主要是以下几个方面：

（1）旋转的主轴、钻头夹具、钻头卷住操作者的衣服。

（2）由排屑螺旋槽排出的带状钻屑，随钻头一起旋转，极易割伤操作者的手。

（3）工件装夹不牢，当用手握住钻孔时，钻削过程中工件松动歪斜，甚至随钻头一起转动打伤人。

（4）使用钝钻头、修磨角度不良的钻头或钻削进给量过大等原因，使钻头折断而造成伤害事故。

（5）钻削过程中用手摸钻头或用手清除长钻屑而发生伤害事故。

（6）卸钻头时，钻头脱落而砸伤脚。

（7）操作者没有穿戴合适的防护用品。

13 钻床操作工应遵守哪些安全操作规程？

为了确保钻削加工的安全，钻床操作工应遵守以下操作规程：

（1）开机前检查电器、传动机构及钻杆起落是否灵活好用，防护装置是否齐全，润滑油是否充足，钻头夹具是否灵活可靠。

（2）钻孔时钻头要慢慢接近工件，用力均匀适当，钻孔快穿透时，不要用力太大，以免工件转动或钻头折断伤人。精铰深孔、拔锥棒时，不可用力过猛，以免手撞在刀具上。

（3）根据工件的大小，钻孔时必须夹紧，尤其是轻体零件必须牢固夹紧在工作台上，严禁用手握住工件。钻薄板孔时要用木板垫底，钻厚工件时钻孔够一定深度后应清出铁屑，并加乳化液冷却，以免折断钻头，停钻前应从工件中退出钻头。

（4）使用自动走刀时，要选好进给速度，调整好行程限位块。手动进刀时，逐渐增加压力或逐渐减小压力，以免用力过猛造成事故。

（5）使用摇臂钻时，横臂回转范围内不准站人，不准有障碍物，工作时横臂必须夹紧。

（6）严禁戴手套操作，钻出的铁屑不能用手拿、口吹，须用刷子及其他工具清扫。横臂及工作台上不准堆放物件。

（7）磨钻头时一定要戴眼镜，钻头、钻夹脱落时，必须停机才能重新安装，开机后不准用手摸钻头、对样板、量尺寸等。

（8）工作结束时，要将横臂降到最低位置，主轴箱靠近主轴，并且要夹紧。

（9）工作场地要清洁整齐，工件不能堆放在工作台上，以防掉落伤人。

14 刨床操作工应遵守哪些安全操作规程？

为了确保刨削加工时的安全操作，操作工必须遵守下列规程：

（1）工作时应穿工作服，戴工作帽，头发应塞在工作帽内。

（2）开机前必须认真检查机床电气机构与转动机构是否良好、可靠，油路是否畅通，润滑油是否加足。

（3）工作时的操作位置要正确，不得站在工作台前面，防止切屑及工件落下伤人。

（4）工件、刀具及夹具必须装夹牢固，刀杆及刀头尽量缩短使用，以防工件“走动”，甚至滑出，使刀具损坏或折断，甚至造成设备事故和人身伤害事故。

（5）刨床安全保护装置，均应保持完好无缺，灵敏可靠，不得随意拆下，并要随时检查，按规定时间保养，保持机床运转良好。

（6）机床运行前，应检查和清理遗留在机床工作台面上的物品，机床上不得随意放置工具或其他物品，以免机床开动后意外伤人。并应检查所有手柄和开关及控制旋钮是否处于正确位置。暂时不使用的其他部分，应停留在适当位置，并使其操纵或控制系统处于空挡位置。

（7）机床运转时，禁止装卸工件、调整刀具、测量检查工件和清除切屑。机床运行时，操作者不得离开工作岗位。观测切削情况，头部和手在任何情况下都不能进入刀的行程之内，以免碰伤。

（8）不准用手触摸工件表面，不得用手清除切屑，以免伤人及切屑飞入眼内，切屑要用专用工具清扫，并应在停车后进行。

（9）牛头刨床工作台或龙门刨床刀架作快速移动时，应将手柄取下或脱开离合器，以免手柄快速转动损坏或飞出伤人。

（10）装卸大型工件时，应尽量用起重设备。工件起吊后，操作工不得站在工件的下面，以免发生意外事故。工件卸下后，要将工件放在合适位置，且要放置平稳。

（11）工作结束后，应关闭机床电气系统和切断电源。所有操作手柄和控制旋钮都扳到空挡位置，然后再做清理工作，并润滑机床。

15 铣削加工时有哪些不安全因素？应如何防止事故发生？

铣床工作时，在一般情况下，铣床刀具都作快速旋转运动，工件作缓慢的直线运动，即进给运动。因此不安全因素主要是高速旋转的铣刀和铣削时产生的切屑。另外，由于铣削是多刃切削，受力不均时易产生振动和噪声。

高速旋转的刀具和刀轴可能将操作工人的手或衣服卷入铣刀和工件之间，造成伤害事故。为防止此类事故，可在旋转的铣刀上安装防护罩。除了安装防护装置外，还应严格避免工人的手靠近转动的铣刀。为此，切削液导管上应装有手柄，手柄应放置在危险区域以外。

铣床工作时所产生的切屑，一般都是针状的宽螺旋形碎块，切屑飞出时易伤人。特别是在卧式铣床上由上向下铣时，或立式铣床上铣刀位置较高时，危险性较大。在这种情况下，为了防止切屑飞溅伤人，操作工应戴防护眼镜或在铣床上装防护罩。

16 铣床操作工应遵守哪些安全操作规程？

在铣床上工作时必须严格遵守下列安全规程：

（1）工人应穿紧身工作服，袖口扎紧；女工要戴防护帽；高速铣削时要戴防护镜；铣削铸铁件时应戴口罩。操作时，严禁戴手套，以防将手卷入旋转刀具和工件之间。

（2）操作前应检查铣床各部件、电气部分及安全装置是否安全可靠，检查各个手柄是否处于正常位置，并按规定对各部位加注润滑油，然后开动机床，观察机床各部位有无异常现象。

（3）工作时，先开动主轴，然后作进给运动，在铣刀还没有完全离开工件时不应先停止主轴旋转。机床运转时，不得调整、测量工件和改变润滑方式，以防手触及刀具碰伤手指。

（4）作一个方向进给时，最好把另两个移动方位的紧固手柄销紧，以减小工作时的振动，有利于提高加工精度。

（5）在机动快速进给时，要把手轮离合器打开，以防手轮快速旋转伤人。在铣刀旋转未完全停止前，不能用手去制动。

（6）铣削中不要用手清除切屑，也不要用嘴吹，以防切屑损伤皮肤和眼睛。

（7）装卸工件时，应将工作台退到安全位置，使用扳手紧固工件时，用力方向应避开铣刀，以防扳手打滑时撞到刀具或夹具。将沉重的工件和夹具搬上工作台时，一定要轻放，不许撞击，并且不要在台面上作任何敲击动作。

（8）把工件、夹具和附件安装在工作台时，必须清除和擦净台面以及夹具附件安装面上的铁屑和脏物，以免影响加工精度，同时应经常换位置，以使丝杆和导轨磨损均匀。

（9）装拆铣刀时要用专用衬垫垫好，不要用手直接握住铣刀。在卧式铣床上安装铣刀时，应尽量使它靠近主轴，以减小心轴和横梁的变形。

（10）注意选择合适的铣削用量，铣削用量应和机床使用说明书所推荐的数据相适应。

（11）工作完毕后，应清洗机床、加油，检查手柄位置，以及对机床夹具、刀具等作一般性检查，发现问题要及时调整或修理，不能自行解决时应向班长反映情况。

17 镗削加工时可能发生哪些伤害事故？其原因是什么？

镗削加工时，发生的伤害事故及其原因有以下几方面：

（1）镗床旋转着的主轴和平旋盘上的凸出部分卷拉操作者的衣服或撞击操作者身体，造成人员伤亡。

（2）在检查、测量工件时，虽已停车，但没有把刀具退到安全位置，以至于刀具碰伤操作者。

（3）工件装夹不牢固，以至于在镗削中工件松动，致使刀轴弯曲，甚至折断伤人。

（4）在装夹大型工件时，操作不当，把手挤压在工具与夹具之间。

18 镗床操作工应遵守哪些安全操作规程？

为了确保镗削加工的安全，操作者应注意以下事项：

（1）工作前应认真检查夹具及锁紧装置是否完好正常。

（2）调整镗床时应注意：升降镗床主轴箱之前，要先松开立柱上的夹紧装置，否则会使镗杆弯曲及夹紧装置损坏而造成伤害事故，装镗杆前应仔细检查主轴孔和镗杆是否有损伤，是否清洁，安装时不要用锤子和其他工具敲击镗杆，迫使镗杆穿过尾座支架。

（3）工件夹紧要牢固，工作中不应松动。

（4）工作开始时，应用手动给进，当刀具接近加工部位时，再用机动给进。

（5）当工具在工作位置时不要停车或开车，待其离开工作位置时，再开车或停车。

（6）机床运转时，切勿将手伸过工作台；在检验工件时，如手有碰刀具的危险，应在检查之前将刀具退到安全位置。

（7）大型镗床应设有梯子或台阶，以便于工人操作和观察。梯子坡度不应大于50°，并设有防滑脚踏板。

19 磨削加工的特点是什么？在加工中易造成什么伤害？

磨削加工是应用较为广泛的切削加工方法之一。与其他切削加工方式（如车削、铣削、刨削等）比较，其具有以下特点：

（1）磨削速度很高，每秒可达 30～50 m；磨削温度较高，可达 1 000～1 500 ℃；磨削过程历时很短，只有万分之一秒左右。

（2）磨削加工可以获得较高的加工精度和很小的表面粗糙度值。

（3）磨削加工不但可以加工软材料，如未淬火钢、铸铁和有色金属等，而且还可以加工淬火钢及其他刀具不能加工的硬质材料，如瓷件、硬质合金等。

（4）磨削时的切削深度很小，在一次行程中所能切除的金属层很薄。

磨削加工中易造成的伤害主要有以下几方面：

（1）当磨削加工时，会从砂轮上飞出大量细的磨屑，从工件上飞溅出大量的金属屑。磨屑和金属屑都会使操作者的眼部受到损伤，粉尘吸入肺部也会对身体造成伤害。

（2）由于砂轮质量不良、保管不善、规格型号选择不当、安装出现偏心，或给进速度过大等原因，磨削时可能造成砂轮的碎裂，从而导致操作者遭受严重的伤害。

（3）在靠近转动的砂轮进行手工操作时，如磨工具、清洁工件或砂轮修正方法不正确时，工人的手可能碰到砂轮或磨床的其他运动部件而受到伤害。

（4）磨削加工时产生的噪声最高可达 110 dB 以上，如不采取降低噪声的措施，也会影响操作者身体健康。

20 磨削机械管理和维护要注意哪些安全问题？

磨削机械管理和维护要注意以下安全问题：

（1）所有砂轮和砂瓦均属易碎品，搬运时应小心，防止跌落或碰撞，不准滚动砂轮。使用车辆搬运时应采用有充气轮胎的车辆。

(2) 存储砂轮的仓库应保持干燥，防止受冻和过热，砂轮需仔细放置于货架之上或箱匣内。

(3) 砂轮应在有效期内使用，树脂和橡胶黏合剂砂轮存储一年后必须再经回转试验，合格者方可使用。

(4) 磨削机械的砂轮主轴转速应定期检查，并做记录。

(5) 砂轮主轴安装砂轮部位应定期检查，有磕碰现象不准使用。

(6) 未经总工程师批准严禁改变磨削机械的结构和性能。

(7) 磨削机械更换或检修电动机应做记录。

(8) 所有砂轮卡盘必须定期检查，有下列情况之一者应维修或更换：

1) 压紧面上不平整；

2) 在直径或厚度上过量磨损；

3) 丧失精度（偏摆）；

4) 平衡块螺纹损坏；

5) 压紧螺钉联结副损坏。

(9) 发生砂轮破坏事故后，必须检查砂轮防护罩是否有损伤，砂轮卡盘有无变形或不平衡，砂轮主轴端部螺纹和压紧螺母有无损坏，合格后方可使用。

(10) 磨削机械的除尘装置应定期检查和维修，以保持其除尘能力。

21 磨床操作工应遵守哪些安全操作规程？

为确保安全生产，磨床操作工应遵守以下安全操作规程：

(1) 操作内圆磨、外圆磨、平面磨、工具磨、曲轴磨等都必须遵守金属切削机械的安全操作规程。工作时要穿工作服，戴工作帽。

（2）工件加工前，应根据工件的材料，硬度，精、粗磨等情况，合理选择适用的砂轮。

（3）更换砂轮时，要用声响检查法检查砂轮是否有裂纹，并校核砂轮的圆周速度是否合适，切不可超过砂轮的允许速度运转。必须正确安装和紧固砂轮，砂轮装完后，要按规定尺寸安装防护罩。安装砂轮时，须经平衡试验，开空车试 5～10 min，确认无误后方可使用。

（4）磨削时，先将纵向挡铁调整紧固好。人不准站在正面，应站在砂轮的侧面。

（5）进给时，不准将砂轮快速接触工件，要留有空隙，缓慢地进给，以防砂轮突然受力后爆裂而发生事故。

（6）砂轮未退离工件时，不得中途停止运转。装卸工件、测量精度时均应停车，将砂轮退到安全位置以防磨伤手。

（7）用金刚钻修整砂轮时，要用固定的托架，湿磨的机床要用冷却液冲，干磨的机床要开启吸尘器。

（8）干磨的工件，不准突然转为湿磨，防止砂轮碎裂。湿磨工作冷却液中断时，要立即停磨。工作完毕应将砂轮空转 5 min，将砂轮上的冷却液甩掉。

（9）平面磨床一次磨多个工件时，加工件要靠紧垫妥，防止工件飞出或砂轮爆裂伤人。

（10）外圆磨用两顶针加工的工件，应注意顶针是否良好。用卡盘加工的工件要夹紧。

（11）用内圆磨床磨削内孔时，进行塞规或仪表测量时，应将砂轮退到安全位置上，待砂轮停转后方能进行。

（12）工具磨床在磨削各种刀具、花键、键槽等有断续表面工作时，不能使用自动进给，进刀量不宜过大。

（13）万能磨床应注意油压系统的压力，不得低于规定值。油缸内有空气时，可移动工作台于两端，排出空气，以防液压系统失灵造成事故。

（14）不是专门用的端面砂轮，不准磨削较宽的平面，防止碎裂伤人。

（15）需经常调换冷却液，防止污染环境。

22 操作砂轮机要遵守哪些安全操作规程？

砂轮机的安全操作规程如下：

（1）根据砂轮使用说明书，选择与砂轮机主轴转数相符合的砂轮。

（2）新砂轮要有出厂合格证，或检查试验标志。安装前如发现砂轮的质量、硬度、粒度和外观有裂缝等缺陷时，不能使用。

（3）安装砂轮时，砂轮的内孔与主轴配合的间隙不宜太紧，应按松动配合的技术要求，一般间隙控制在 0.05～0.10 mm 之间。

（4）砂轮两面要装有法兰盘，其直径不得少于砂轮直径的1/3，砂轮与法兰盘之间应垫好衬垫。

（5）拧紧螺母时，要用专用的扳手，不能拧得太紧，严禁用硬的东西锤敲，防止砂轮受击碎裂。

（6）砂轮装好后，要装防护罩、挡板和托架。挡板和托架与砂轮之间的间隙，应保持在 1～3 mm 内，并要略低于砂轮的中心。

（7）新装砂轮启动时，不要过急，先点动检查，经过 5～10 min试转后，才能使用。

（8）初磨时不能用力过猛，以免砂轮受力不均而发生事故。

（9）禁止磨削紫铜、铅、木头等东西，以防砂轮嵌塞。

（10）磨削时，人应站在砂轮机的侧面，戴好防护眼镜，不准两人同时在一块砂轮上磨削。

（11）磨削时间较长的工件，应及时进行冷却，防止烫手。

（12）经常修整砂轮表面的平衡度，保持良好的状态。

（13）吸尘器必须完好有效，如发现故障，应及时修复。

23 钳工常用的手工具在使用过程中经常出现哪些事故？发生这些事故的原因是什么？

钳工常用的手工具种类很多，如手砂轮、手电钻、锉刀、錾子、手锯、刮刀、锤子、钳子、旋具、扳手等。手工具结构简单，操作方便，只要正确使用，一般不会发生伤害事故。但如果忽略安全操作，随意滥用，结果往往造成意外伤害事故，如被飞屑和折断的工具刺伤、崩伤，被切削工具切断手指，被震动工具震裂手指等。

使用手工具发生伤害事故的原因如下：

（1）工具选择不当。如用规格不适合的扳手去拧紧螺母，用无柄锉刀锉工件，用小楔角的錾子錾削冷硬铸铁，用旋具代替撬具等，这些都可能造成工具的滑出或折断，使操作者受伤。

（2）工具检查、维修和管理不当。如用锤头松动或锤柄有裂纹的锤子继续敲打，用刃口已钝的手锯继续锯削，使用绝缘破裂的电动工具，以及将有锋利刃口的錾子、刮刀等随意乱放，造成意外伤害事故。

（3）不按操作规程使用工具。如用扳手拧紧螺母时，不是拉而是推扳手，为了省力，在扳手手柄上加接过长的管头，用锤子敲打扳手等。

（4）缺乏必要的安全防护措施。如錾削时工作台上没有防护网，致使飞屑崩伤对面的工人；在多层和交叉作业时没戴防护帽，而被落下物体砸伤。

24 手砂轮有什么特点？使用时应注意哪些安全问题？

手砂轮是一种简单、轻便的手持式电动磨削工具，一般用来磨削一些不便在磨床上或砂轮机上加工的零件。由于砂轮转速很高，用手握持，所以稳定性较差，如果操作和掌握不当，极易发生伤害事故。

在使用手砂轮过程中，要注意以下安全问题：

（1）操作者需戴护目镜及绝缘手套，干磨时需戴口罩。

（2）使用前应检查砂轮有无破损和裂纹，检查电气系统的绝缘和保护装置是否完好。然后进行空转实验，无问题方可使用。

（3）磨削时两手要拿稳并缓慢接触工件，避免撞击。要用砂轮正面磨削，禁止使用砂轮侧面，防止砂轮破碎伤人。砂轮未停止转动前不得用手触摸其转动部分或用手强制停转，转动的砂轮不准随意放置。使用中如发现手砂轮有不正常的声响，应立即断电检查，不得继续使用。

（4）使用完毕后，要关闭开关，拉断电源，将手砂轮放回指定地点，并由专人保管。

25 使用手电钻时，要注意哪些安全问题？

手电钻是一种手握电动钻孔工具，在使用时应注意以下安全问题：

（1）使用前必须检查电气部分是否完好。然后接通电源进行空转试验，如运转正常且无漏电现象，就可装夹钻头。钻头要夹正、夹紧，防止打滑。

（2）钻孔时，应先启动，再缓慢接触工件，钻孔时钻头要扶正，防止倾斜，不得用力过猛，不要把身体直压在上面，防止钻头折断或扭伤手臂。移动电钻时应断电。

(3) 作业过程中如发现钻头打滑，手电钻有异响、异味、漏电、冒烟等情况时应停钻，检查并排除故障后方可使用。

(4) 使用完后应切断电源，将手电钻放回指定地点，并由专人保管，定期检查，注意防潮。

26 钳工应遵守哪些安全操作规程？

钳工应遵守如下安全操作规程：

(1) 工作前应严格检查工器具是否完整、可靠，工作单位的安全设施是否齐备、牢固。

(2) 钳工工作台上应设置铁丝防护网，錾凿时应注意对面工作者的安全，严禁使用高速钢做錾子。使用的各种錾头不能淬火并不可用锤直接打击工件，应用木或软金属垫着打击。

(3) 使用大锤、手锤时应检查锤头是否牢固，打锤时不准戴手套，前后、左右、上下在大锤运动的范围内严禁站人，不许用大锤打小锤，也不许用小锤打大锤。

(4) 使用手持电动工具时，应检查是否有漏电现象，工作时应接上漏电开关，并且注意保护导电软线，避免发生触电事故，使用电钻时严禁戴手套工作。

(5) 用手锯锯割工件时，锯条应适当拉紧，以免锯条折断伤人。

(6) 不准将手伸入两件工件连接的通孔内，以防工件移位挤伤手指。

(7) 检修具有易燃易爆危险的设备时，一定要事先办好检修许可证和动火证。

(8) 设备试机前，必须详细检查各转动部件、电气部件是否符合安装要求，并对在场人员发出警示，然后按书面说明书要求进行试机。

(9) 电气设备故障修理必须找维修电工，不准擅自将插座、插头拆卸不用，不准直接将电线插入插座内使用。

(10) 在交叉和多层作业时，应戴安全帽，并注意统一指挥。登高作业要先检查梯子是否结实，系好安全带，工具材料不准直接放在人字梯等可移动的设施上，以免坠落伤人。安装、拆卸大型机械设备时，要和起重工密切配合。

(11) 设备检修完毕，所有的安全防护装置、声光信号、安全阀、爆破片等均应使其恢复到正常状态。

(12) 工作场地要清洁、整齐，拆卸零件要存放好，搞好文明生产。

27 冲压加工经常发生哪些伤害事故？发生这些事故的原因是什么？

因冲压加工的操作多用人工，例如用手或脚去操纵设备，用手工甚至用手伸进模内上下料，在这种周而复始的枯燥的工作条件下，人很容易做出失误动作，因而在冲压生产中往往发生断指伤害事故。

发生事故的主要原因有：

(1) 手工送料或取件时，由于频繁的简单劳动容易引起操作者精神和体力的疲劳而发生误操作。特别是采用脚踏开关的情况下，手脚难以协调，更易做出失误动作。操作失误还与时间有关系，如在接近下班时，操作者体力已消耗很大，身体十分疲劳，这时又急于完成工作，或精力不集中，更易做出失误动作而酿成事故。

(2) 由于室温不适、噪声过大、旁人打扰或操作条件不舒适等劳动环境的因素，导致操作者因观察错误而误操作。

（3）在多人操作时，由于缺乏严密的统一指挥，操作动作互相不协调而发生事故。

（4）手在上下模具之间工作时，因设备故障而发生意外动作。如离合器失灵而发生连冲，调整模具时滑块自动下滑，传动系统防护罩意外脱落，敞开式脚踏开关被误踏等故障，均易造成意外事故。

（5）违反操作规程、冒险作业或由于定额过高、加班操作等生产组织上的原因，而造成事故的发生。

28 冲压作业的各道工序中分别存在哪些不安全因素？

冲压作业包括送料、定料、操纵设备完成冲压、出件、清理废料、工作点的布置等操作动作。这些动作常常互相联系，不但对制件的质量、作业的效率有直接影响，操作不正确还会危害人身安全。

（1）送料：将坯料送入模内的操作称为送料。送料操作是在滑块即将进入危险区之前进行的，所以必须注意操作的安全。如操作者不需用手在模区内操作，这时是安全的。但当进行尾件加工时或手持坯件入模进料时，手要进入模区，一旦发生失误，具有较大的危险性，因此要特别注意。

（2）定料：将坯料限制在某一固定位置上的操作称为定料。定料操作是在送料操作完成后进行的，它处在滑块即将下行的时刻，因此比送料操作更具有危险性。由于定料的方便程度直接影响到作业的安全，所以决定定料方式时要考虑其安全程度。

（3）操纵：指操纵者控制冲压设备动作的方式。常用的操纵方式有两种，即按钮开关和脚踏开关。当单人操作按钮开关时，一般不易发生危险，但多人操作时，会因注意不够或配合不当，造成伤害事故，因此多人作业时，必须采取相应的安全措施。脚踏开关虽然容易操作，但也容易引起手脚配合失调，发生失误，造成事故。

（4）出件：出件是指从冲模内取出制件的操作。出件是在滑块回程期间完成的。对行程次数少的压机来说，滑块处在安全区内，不易直接伤手；对行程次数较多的开式压机，则仍具有较大危险。

（5）清除废料：指清除模区内的冲压废料。废料是分离工序中不可避免的。如果在操作过程中不能及时清理，就会影响作业正常进行，甚至会出现复冲和叠冲，有时也会发生废料、模片飞弹伤人的现象。

29 冲压机械常用的安全防护装置有哪几类？各有什么功能特点？

冲压机械目前常用的安全防护装置有：安全启动装置、机械防护装置和自动保护装置。

（1）安全启动装置：其功能特点是当操作者的肢体进入危险区时，冲压机的离合器不能合上，或者滑块不能下行，只有当操作者的肢体完全退出危险区后，冲压机才能被启动工作。这种装置包括双手柄结合装置和双按钮结合装置。这种设施的原理是在操作时，操作者必须用双手同时启动开关，冲压机才能接通电源开始工作，从而保证了安全。

（2）机械防护装置：其功能特点是在滑块下行时，设法将危险区与操作者的手隔开，或用强制的方法将操作者的手拉出危险区，以保证安全生产。这类防护装置包括：防护板、推手式保护装置、拉手安全装置。机械式防护装置结构简单、制造方便，但对作业干扰影响大。

（3）自动保护装置：其功能特点是在冲模危险区周围设置光束、气流、电场等，一旦手进入危险区，通过光、电、气控制，使压力机自动停止工作。目前常用的自动保护装置是光电式保护装置。其原理是在危险区设置发光器和受光器，形成一束或多束光线。当操作者的手误入危险区时，光束受阻，使光信号通过光电管转换成电信号，电信号放大后与启动控制线路闭锁，使冲压机滑块立即停止工作，从而起到保护作用。

30 冲压安全操作规程的主要内容是什么？

在冲压设备上进行操作时，操作人员应遵守以下安全操作规程：

（1）开始操作前，必须认真检查防护装置是否完好，离合器制动装置是否灵活和安全可靠。应把工作台上的一切不必要的物件清理干净，以防工作时震落到脚踏开关上，造成冲床突然启动而发生事故。

（2）冲小工件时，不得用手，应该用专用工具，最好安装自动送料装置。

（3）操作者对脚踏开关的控制必须小心谨慎，装卸工件时，脚应离开脚踏开关。严禁外人在脚踏开关的周围停留。

（4）如果工件卡在模子里，应用专用工具取出，不准用手拿，并应将脚从脚踏板上移开。

31 常用的木工机械有哪些？它们的共同特点是什么？

从原木到成品的生产过程中，常使用的木工机械有带锯机、圆锯机、平刨机、压刨机、木工钻床、木工铣床、木工磨床等。

这些机械所具有的共同特点是：转速高（如平刨机可达 6 000 r/min），多刀多刃且刃口锋利，经常需由手工直接推送木料进行切削，容易发生人身伤害事故；由于转速高，又是多刀多刃，因此刀具在空转时产生的空气动力噪声很大，在负载时噪声更大；切削时，木屑向四周飞散，造成粉尘悬浮在空气中，这些都将影响工人的身心健康。

32 木工机械引起伤害事故的因素有哪些？造成事故的主要原因是什么？

为完成对木材的加工，木工机械要具有比一般金属切削机床更高的切削速度和更锋利的刃口。但木工机械又尚无令人满意的防护装置，所以木工机械作业是危险的，它比金属切削机床更容易引起伤害事故。

木工机械最不安全点是在刀具与木材的接触处，使用中操作者多用手扶持木材送料，而且两手又与刀具较近，所以危险性大，极易发生伤手、断指的事故。

在各种木工机械中，发生事故最多的是平刨机和带锯机。归纳起来，木工机械加工引起伤害事故的原因主要有：

（1）木工机械的转速高。一般转速都要达到 2 500～5 000 r/min，最高可达 10 000 r/min，因而转动惯性大，难以制动。操作人员为使其在电动机停转后尽快停转，往往用手或木棒去制动，极易造成伤手。又由于木材切削时抗力小，为提高加工效率和精度，在主轴或刀盘上装了许多刀片或刀齿，就更容易造成伤害事故。

（2）噪声大。因木工机械转速高、送进快，木质软硬不均，又加之木材传声快，所以加工时产生较大的噪声，操作人员长时间在此环境中工作，易感到烦躁和疲劳，注意力不集中，易发生工伤事故。

(3) 粉尘大。由于木屑高速飞扬，微小的粉尘大量悬浮在空气中，极易被操作者吸入，危害健康。

(4) 木工机械的制造精度低，木质不均，工件大小及形状多样，故手工操作比重大，又缺乏必要的安全防护装置或防护装置失灵，容易发生伤害事故。

(5) 操作人员不熟悉木工机械性能和安全操作技术，或不按安全操作规程操作。

33 对木工机械安全操作的基本要求有哪些？

各类木工机械均应设置有效的制动装置和必要的防护装置，将高速旋转的刀轴和锋利的刃口保护起来。具体的安全操作要求有：

(1) 木工机械启动前，操作者应仔细检查刀轴是否固定，防护罩、制动装置等是否处于完好状态。

(2) 操作时不应戴手套，在有可能被木材伤脚的作业点，操作者应穿防砸工作鞋。

(3) 为了减轻操作时的体力消耗，应设置台面装有轳轮的辅助工作台，其高度与机床工作台面相一致，以使移动木料省力，操作也安全。

(4) 在刨削厚度小于 76 mm 或长度不足 450 mm 的薄、短木料或工件时，应采用推（压）料器等工具送料，以免人手接触刀轴而受伤，操作者应站在木料的一侧，防止木料滑出伤人。

(5) 不允许用木工机械切割、磨削石棉板、玻璃纤维板等材料，除非装有符合要求的吸尘净化装置。

(6) 木材加工产生的尘屑量大，应及时清理，以免堆塞在工作地点，易发生火灾。各类木工机械都应装有吸尘装置，并应避免吸尘装置内的尘屑堆积在电动机外壳上；厂房中还应有良好的通风排气装置。

(7) 木工车间的室温应保持在 13 ℃以上。

(8) 操作地点采用混合照明，光照度应不低于 300 lx，其中一般照明的光照度不低于 30 lx。

(9) 每台木工机械都应有独立的电源开关，并在操作方便的部位装设紧急停车和重新启动的开关。刀轴应与电气机构有连锁，避免在拆装或更换刀具时，误触电钮使刀具突然旋转而造成伤害。

(10) 在木材有回弹危险的地方，应设防弹装置并要经常检查它的可靠性。

(11) 机械周围要经常清理，防止工人被碎木绊倒或被木屑、刨花滑倒。

(12) 新工人上机前，必须先进行培训，操作上要达到一定的熟练程度，同时要了解各种伤害的可能性和防护方法。

(13) 工作完毕或临时停止工作进行维护检修时，都应切断电源，以免机床意外转动。

34 平刨床的主要危险是什么？

木工平刨床分为手压平刨床和直角平刨床两种，常用的是手压平刨床。木工手压平刨床普遍采用手工操作，即利用刀轴的高速旋转，使刀架获得 25 m/s 以上的切削速度，此时用手把持木料并推动木料紧贴工作台面进料，使它通过刀轴，而木料在复合运动中受到刨削，因此在平刨上断手指的事故率是很高的，在木工机械事故中占首位。历来被操作工人称为“老虎口”。

35 平刨床的安全防护装置主要有哪几种？分别有什么特点？

木工平刨床的安全防护装置的主要作用是防止手触及刨刀，发生事故，主要有以下几种类型：

（1）护板式防护装置：这种装置是在刨刀轴的全长上用防护板遮盖，使人手无法接触刨刀轴。工作时工件推进移开此板，一旦工件离开台面，护板迅速回到原位。这种装置防护面积大，制造简单，但影响劳动效率，且容易被卡住。

（2）护罩式防护装置：这种装置是在刀轴与工作台间加圆弧护罩，工作时利用工件或其他动力打开此罩，一旦工件离开台面，护罩自行闭合。采用这一装置对加工效率影响较小，但它不能防止木料侧倒时伤手事故的发生。

（3）护指键式防护装置：该装置是以均匀分布于刀轴全长的数只护指键遮盖刀轴，可根据工件宽度而开闭，以防工件侧倒伤手。此装置制造较难，闭合速度不快，易被木屑堵塞，且噪声很大。

（4）自动进料式防护装置：该装置是利用机械力自动送料，使手远离刀轴危险区，避免刨手事故。这种安全防护装置主要用在加工中等程度零件的木工机械上，它对于重料、薄料及过长、过短的木料，不能有效地发挥作用。

36 平刨的安全操作要注意哪些问题？

平刨的安全操作要注意以下问题：

（1）操作时，根据工件刨削面的要求，调整好工作台，前台面比后台面略低，高度之差即刨削厚度，一般控制在1～2.5 mm

之间。

（2）开动机器，待刀轴运转正常后方可对工件进行刨削。刨削的吃刀量不宜太大，刨削速度也应适当控制，使刀轴保持正常运转。

（3）刨削时，应根据工件材质的软硬、加工面的木材纤维纹理方向和宽度等因素来调整刨削量。一般在不影响刀轴正常运转和进料速度的情况下，如工件质软、宽度较窄的纵向刨削时，切削深度可大一些；反之切削深度应小一些。当将要刨到所需尺寸时，应再减小切削深度。

（4）在刨削装合工件时，首先应检查是否会刨着圆钉或螺钉等金属件，若有则应用钉铳将圆钉铳下或用旋凿旋入再进行刨削。同时还要边刨边检查，以免损坏刀具。

（5）在正常操作刨削工件的情况下，应使用防护罩，以保证安全。

（6）当刨削长 400 mm、厚 30 mm 以下的短件时要用推辊送料，刨削长 400 mm、厚 30 mm 以下的薄板要用推板送料，以免伤手。长 300 mm、厚 20 mm 以下的木料，不应在平刨机上刨削，而应将短工件、小工件配制成倍数的长料、大料，待刨光后再截取，以确保安全。

（7）操作时，人要站在工作台的左侧中间，两手一前一后，左手按压木料，右手均匀推送木料。当右手离刨口 15 cm 时即应脱离料面，靠左手推送。若两人操作时，应密切配合，上手台前送料要稳准，下手台后接料要慢拉，待木料过刨口 30 cm 后方可去拉接。

（8）刨削过程中遇有节疤、纹理不顺或材质较硬时，应放慢进料速度。在一般情况下，进料速度应控制在 4～15 m/min。

（9）刨刀磨损变钝应及时更换，因为钝的刨刀不但刨削效率不高，而且刨到节子等较硬处时，木料常被拨退跳动，手指易被刨伤。

37 使用压刨床时要注意哪些安全问题？

压刨床是一种自动进料，生产效率较高的木工机械。主要用于已经刨过两个基准面的板材或方材，再加工其相对面。为保证安全，在操作压刨床时应注意以下几点：

（1）操作前应认真检查机械的各部分及安全装置是否良好。按木料加工要求调整机床，调整好后，试运转 1～2 min，待转速平稳后才能进料，每次吃刀深度不超过 2 mm。

（2）操作时，可由两人共同操作，由一人进料，一人接料，但两人要配合好。要站在刨床左右两侧或稍后，以防工件飞出伤人。进料时手指不要放在工件下面，接料工人应等工件离开出料滚筒后再接料，不得硬拉；上手送料时，手要远离滚筒。

（3）刨削组合件时，应检查铁钉子、木螺钉等金属件有无被刨到的可能，如有，应用冲头冲下去，以免损坏刨刀。

（4）在刨削过程中，遇有木料不动，可用安全棒推进，无效时，应先停进料滚筒，再停刀轴，待停稳后，将工作台降低，取出工件，排除故障。

（5）厚度差距大于 2 mm 以上的几个工件不许同时刨削，以防止薄工件因压不紧而弹回伤人。

（6）操作过程中，应经常清除塞在下滚筒与台面之间的木渣、木屑和粘在台面与滚筒上的树脂。清除时应停车或降低工作台面，用木棒拨出。

（7）更换刨刀应在关机并待刀轴自然停止转动后进行，不可人为强制使刀轴停转。

38 使用纵向圆锯机时要注意哪些安全问题？

纵向圆锯机主要用于纵向锯割板材和小方材。在使用时应注意以下问题：

（1）圆锯片应装防护罩，防止木屑碎片飞出伤人。

（2）操作前应先检查锯片是否有断齿或裂口现象，锯片安装应牢固，不应左右晃动。锯片上的杂物只可在停机时用刷子或木棒清理，不可用手清理。

（3）操作时，要两人同时配合进行，上手推料入锯，下手接拉锯料，距离锯片 30 cm 外就要撒手，严禁用胸腹顶料。下手回送木料时，要防止木料碰撞锯片，以免弹射伤人。

（4）加工短料，一人操作，应用工具送料，以防伤手。

（5）圆锯运转时噪声较大，应采取消声措施，如在锯片上开消声槽，在防护罩上开排气槽孔，在机身上装吸声材料等。

39 横截圆锯机的安全操作要注意哪些问题？

横截圆锯机的安全操作要注意以下问题：

（1）开机前做好全面检查。首先检查锯片是否上牢，锯片由锯轴上的法兰、螺母紧固，螺纹的旋转方向应与锯片的旋转方向相反。上锯片时应使用扳手，不可用锤击。然后检查机械各部件及电器设备是否良好。

（2）开机前还应清理工作场地，将工作台面上及锯片两边的碎木、树皮及其他杂物用木棍清除干净。

（3）使用带推车的横截圆锯机时，操作人员应一手按木料，一手推车匀速进料，身体站稳且不要正对锯口。当截长料时，上料与接料人员应配合好，并使长料与工作台或推车保持正确的相对位置。

（4）当锯完一个锯程时，应使剩余木料离开锯口，防止倒车时木料碰撞锯片。

40 使用带锯机时要注意哪些安全问题？

在操作带锯机时应注意以下几点：

(1) 开机前应详细检查机械各部件及安全防护装置是否良好；检查锯条有无损伤及裂口，有毛病的锯条应及时更换；检查木料上有无铁钉、铅丝头或其他杂物。无问题后方可开机。

(2) 开机后，待锯条达到最高转速时，方可进料，进料速度应根据材质软硬、有无节子、裂纹和锯割材料厚度等控制选择。进料时要注意观察锯口，入锯时要稳而慢，切不可过猛，以防锯条损坏伤人。

(3) 锯割中，要随时观察锯条运转中的情况，如锯条发生前后窜动，发出破碎声及其他异常现象时，应立即停机，以防锯条折断伤人。

(4) 操作时，手和锯条的距离不得小于 50 cm，且不许将手伸过锯条，以防受伤。

(5) 不允许边锯割边调整导轨，锯条运转时也不允许调整锯卡，以防发生事故。

(6) 下手在往回送木料时，应注意木料与锯条的位置，以免木料碰撞或顶脱锯条。锯割中若出现夹锯现象，应由下手将木料锯口分开，切勿倒退，以防锯条脱落。当工作台面上锯条通路有碎木时，应用木棍拨离，必要时停机排除，切不可用手清除。

(7) 卸锯条时，一定要切断电源，等锯条停转后进行。换锯条时，手要拿稳，防止锯条弹跳伤人。

41 木工铣床的安全操作要注意哪些问题？

木工铣床的安全操作要注意以下问题：

（1）操作者应思想集中，两人同机工作时要配合默契，上手送料、按料不得将手伸过刀口，应在离刀口 20 cm 左右放手，下手接料时不要过猛，应缓慢拉接。

（2）推料速度不宜太快，要与铣刀回转速度、材质软硬等相适应。如遇到工件局部逆纹或节子时，应将木料压紧，减慢送进速度，以防工件打回伤人。

（3）在铣削过程中，工件不可随意退回，否则容易发生事故，如遇特殊情况，非退回不可，应做好退回准备。

（4）要选择刚性好，刃口锋利且平衡对称的铣刀。尽量选用圆柱形刀轴，刀轴上禁止使用单片铣刀，安装时要保证精确牢固。铣削过程中，要随时注意铣刀的平衡状态，以防发生意外。

（5）采用样模铣削较大的曲线型工件时，挡环最好安装在刀口的上方。

（6）应经常用长柄刷子清除工作台上的木渣和木屑。

42 木工磨光机有什么特点？使用时要注意哪些安全问题？

磨光机的工作特点是：磨削速度极高（达 20～25 m/s），磨削时产生的木屑粉尘很大。目前使用的磨光机主要有盘式磨光机、带式磨光机、鼓式磨光机及联合式磨光机四种。

（1）磨光机的安全要求：

1）磨光机应有安全防护装置，将动力传递机构及其他运转部件罩起来，对未进入工作点的砂带也应罩上，防止工人接触。

2）为保证工人的操作安全和身体健康，磨光机必须安装良好的吸尘装置，及时排除磨削产生的木粉，保持作业环境的空气清新。

（2）操作时的安全注意事项：

1）操作人员应戴护目镜和防尘面罩。

2）所有手工送料的磨光机必须有工作支架。

3）操作时要专心，尤其是无工作台型磨光机，靠工人手感来控制磨削压力时更要小心。

4）砂带在使用之前，要进行检查，发现砂带有裂纹、擦破或严重磨损应及时更换。操作时，手不要靠近砂带，以免伤手。

43 木工车床的作用是什么？使用时要注意哪些问题？

木工车床是将木料加工成圆形木制品的机床，它与金属切削机床相似，工件旋转，刀具做直线运动。

在使用时要注意以下问题：

（1）由于木材材质较软，一般要采用爪形顶尖。若采用锥形顶尖，则木料往往会裂开，不但伤人，而且还会损伤木料。如果一定要使用锥形顶尖，必须在木料的相应部位，牢固地装上3～5 mm的铁板，将顶尖顶在铁板的孔里，加油润滑后，方可进行加工。

（2）为了防止工件飞出和防止重型胶合件劈裂，在加工前，要仔细检查胶接强度。车削时，在床身导轨和床头箱上禁止摆放刀具或其他工具，以免因车床的振动而落下伤人。

（3）木工车床在开机前，应先用手转动工件，检查其是否夹紧，未有松动的现象方可开机。

四、起重与厂内运输事故预防

1 起重机械是如何分类的?

起重机械大体上分为四大类:

(1) 轻、小型起重设备，包括千斤顶、绞车、滑车、环链手拉葫芦等。相对轻便、操作简单、结构紧凑是此类起重设备的特点。

(2) 桥式起重机，包括:①通用桥式起重机;②堆垛桥式起重机;③冶金桥式起重机;④龙门起重机;⑤装卸桥。

此类起重机械的特点是通过各种取物装置将重物在一定的高度内由起升机构实现垂直升降;由大、小车在一定的空间范围内实现水平移动。

(3) 臂架式起重机，包括:①运行臂架式旋转起重机(塔式起重机、汽车起重机、门座起重机、履带起重机、铁路起重机、浮式起重机等);②固定臂架式起重机(悬臂起重机、桅杆起重机);③壁行起重机。

此类起重机械的特点和桥式起重机近似，只不过它的水平移动多数是通过臂架旋转实现的。

(4) 升降机，包括:①电梯;②升降机;③升船机。

此类起重机械的特点是通过导轨实现人员或重物的升降。

2 起重伤害事故的主要类型有哪些?

起重伤害事故的主要类型有以下几种:

(1) 坠落事故。在作业中，人、吊具、吊载的重物从空中坠落所造成的人身伤亡或设备损坏事故。

（2）触电事故。从事起重作业或其他作业人员，因违章操作或其他原因遭受的电气伤害事故。

（3）挤伤事故。作业人员被挤压在两个物体之间造成的挤伤、压伤、击伤等人身伤亡事故。

（4）机毁事故。起重机机体因为失去整体稳定性而发生倾覆翻倒，造成起重机机体严重损坏以及人员伤亡事故。

（5）其他事故。包括因误操作，起重机之间的相互碰撞、安全装置失效，野蛮操作、突发事件、偶然事件等引起的事故。

3 起重机械常用的安全保护装置有哪几类？

起重机械常用的安全保护装置有：

（1）限制起重量或起重力矩的装置：起重量限制器，起重力矩限制器。

（2）限制工作范围界限的装置：起升高度限制器，行程限制器。

（3）保证正常起重工作的装置：制动器，极限力矩限制器，起重机防碰撞装置，运行偏斜指示与调整装置，缓冲器，防滑装置，安全开关，紧急开关等。

4 起重机安全操作有哪些规定？

《起重机械安全规程》对安全操作做了以下规定：

（1）司机接班时，应对制动器、吊钩、钢丝绳和安全装置进行检查。发现性能不正常时，应在操作前排除。

（2）开车前，必须鸣铃或报警。操作中接近人时，亦应给以断续铃声或警报。

（3）操作应按指挥信号进行。对紧急停车信号，不论何人发出，都应立即执行。

（4）当起重机上和其周围确认无人时，才可以闭合主电源。当电源电路装置上加锁或有标牌时，应由有关人员除掉后才可闭合主电源。

（5）闭合主电源前，应使所有的控制器手柄置于零位。

（6）工作中突然断电时，应将所有的控制器手柄扳回零位。在重新工作前，应检查起重机工作是否都正常。

（7）在轨道上露天作业的起重机，当工作结束时，应将起重机锚定住，当风力大于 6 级时，一般应停止工作，并将起重机锚定住。对于在沿海工作的起重机，当风力大于 7 级时，应停止工作，并将起重机锚定住。

（8）司机进行维护保养时，应切断主电源并挂上标志牌或加锁。如存在未消除的故障，应通知接班司机。

5 使用桥式起重机应注意哪些安全事项？

使用桥式起重机应注意以下安全事项：

（1）行车必须处于正常状态，特别是安全装置，如制动机构、声光、信号、连锁装置等都必须灵敏完好。

（2）工作过程中操作人员要集中精力，起吊前先空转，然后起吊，吊物离地 100～150 mm；如发现起吊物捆缚不紧时，应重新捆缚。开车前应先发出信号铃；吊物不得从人头上越过，天车开动时，严禁修理、检查、加油和擦拭机件，在运行中如发现故障必须立即停车。

（3）工作终止时，要把天车停在停车线上，把吊钩升到位，吊钩上不得悬挂重物。把所有的控制器、操纵杆放到零位上，并拉掉电源开关，锁上驾驶室门。

（4）桥式起重机必须装设可靠灵敏的安全装置。一般设有缓冲器、限位器（行程限位器、起升限位器）、起重限制器、防风夹轨钳等。

（5）起重机所有带电部分的外壳，均应可靠接地，以免发生操作人员的意外触电事故。小车轨道不是焊接在主梁上时，亦应采取焊接接地，降变压器应按规定在低压侧接地。

（6）桥式起重机在下列情况下不得起吊：

1）无人指挥或指挥信号不明确。

2）行车设备有缺陷或安全装置失灵。

3）超负荷起吊或设备重量不清楚。

4）人站在起吊物上或起吊物下，用吊车挂钩吊人。

5）光线阴暗，视物不清。

6）起吊物有尖锐棱角或斜拉斜拽，没有采取安全措施。

6　使用塔式起重机应注意哪些安全事项？

使用塔式起重机应注意的安全事项有：

（1）精力集中，相互配合，并有专人指挥。顶升作业应有专人指挥，电源、液压系统等均应有专人操作。

（2）高处作业人员要严格遵守高处作业的安全技术操作规程。

（3）对钢丝绳套、卡环、连接螺栓、销轴等要认真进行检查，发现损坏或疲劳裂纹要及时更换。

（4）电缆、电线的绝缘应良好，各行程开关动作要灵敏可靠。

（5）多台塔式起重机同时作业时，相邻两塔的高度差应不小于5 m。

（6）检查定位销，调整好导轮间隙。顶升过程中严禁旋转塔帽。

（7）顶升结束后，应检查电源是否切断，左右操纵杆要回复到中间位置，套架导轮与塔身脱离接触，各段螺栓拧紧牢固。

（8）应有完好的接地设施，安装作业区禁止闲人逗留。当风速大于极限风速时，不允许作业。

（9）要经常检查锚固装置情况，防止松动而造成事故。

7 起重工应遵守哪些安全规定？

为确保起重运输生产过程的安全，起重工应遵守以下安全规定：

（1）起重工应经专业训练，并经考试合格持有安全作业证，方能参加起重操作。

（2）工作前必须戴好安全帽，对投入作业的机械设备必须严格检查，确保完好可靠。

（3）现场指挥信号要统一、明确，坚决反对瞎指挥。

（4）使用的动力设备必须接地可靠、绝缘良好。移动灯具使用安全电压。

（5）工作物件必须捆缚牢固，经试吊确认无问题后，方可起吊。

（6）使用起重扒杆定位要正确，封底要牢靠，不允许在受力后产生有危险的扭、弯、沉、斜等现象。

（7）使用缆风绳应不少于3根，并不准在电线杆、机电设备和管道支架系结。

（8）起重作业区域周围应设置警戒线，严禁非工作人员通行。遇6级以上大风时，严禁露天作业。

（9）在起重物件就位固定前，起重工不得离开工作岗位。不准在索具受力或被吊物悬空的情况下中断工作。

（10）被吊物悬空时，严禁行人在吊物或吊臂下停留或穿行。卷扬机和滑轮前及牵引钢丝绳旁不准站人。

8 起重搬运工应遵守哪些安全规定？

起重搬运工应遵守的安全规定主要有以下几个方面：

（1）工作前应认真检查工具是否完好可靠，不准超负荷作业。

（2）作业时应做到轻装轻卸，堆放平稳，捆扎牢固。

（3）用机动车装运货物时，不得超载、超高、超长、超宽。如遇特殊情况，必须超高、超宽、超长装运时，要采取可靠的措施和明显标志。车辆行驶时，物件和栏板之间不准站人。

（4）使用卷扬机、钢管滚动滑移货物时，要有专人指挥，卸车或下坡应加保险绳，货物前后和牵引钢丝绳旁不准站人。

（5）装运易燃、爆炸性危险货物时，严禁烟火，并必须轻搬、轻放，严禁与其他物品混装。车厢内不准坐人。

（6）铁路车辆装运物件，不得超过车厢的允许高度和宽度。铁路两侧1.5 m以内，不得堆放货物。不准在车厢顶上或底下休息。

（7）装卸、搬运粉状物料及有毒的物品时，应佩戴必要的防护用品。

9 手工或用简单工具搬运的安全要求有哪些？

在生产过程中，会经常有使用手工或用简单的工具进行搬运的工作。这方面的安全工作，也必须引起注意。手工搬运是比较繁重的体力劳动，如果互相配合不好、工具使用不当，也容易造成工伤事故。

常用的手工搬运及其安全要求如下：

（1）肩扛。其重量以不超过本人体重为宜。最好有人搭肩，搭肩应稍下蹲，待重物到肩后，直腰起立，不能弯腰，以防扭伤腰部。

（2）肩抬。两人以上抬运重物时，必须同一顺肩。换肩时重物须放下。多人抬运时，必须有一人喊号，以求步调一致。

（3）使用撬杠。这可根据具体情况采用长短粗细不同的撬杠。长的为 1.6 m，短的为 0.5 m。操作时，撬杠应放在身体一侧，两腿叉开，两手用力。不准站在或骑在撬杠上面工作，也不准将撬杠放在肚子下，以防发生事故。

（4）使用滚杠。移动较为沉重的重物时，一般多采用滚杠，即在重物的下方，放入托板，在托板的下方放入滚杠。这样在移动重物时可大大减小推移的力量。使用的滚杠须大小一致，长短适合，光滑笔直，没有弯曲或压扁的现象。一般滚杠直径以 60～70 mm 为宜，长度最好不超过托板两侧 100～150 mm。在移动中需要增加滚杠时，必须停止移动。调整方向时，应用锤击，不得用手调。

（5）使用跳板。有时候手工装卸时需要使用跳板。如果对它选择不当，搭架不好，往往会造成摔伤。为此，在使用跳板时，应注意以下事项：

1）必须使用 50 mm 厚的跳板，凡腐朽、扭纹、破裂的跳板，均不得使用。

2）单行跳板，其宽度不得小于 0.6 m。双行跳板，其宽度不得小于 1.2 m。

3）跳板坡度不得大于 1∶3。凡超过 5 m 长的跳板，下部应设支撑。

4）跳板两头应包扎铁箍，以防裂开。

10 起重机司机“十不吊”的具体内容是什么？

“十不吊”，是指起重机司机在工作中遇到以下十种情况时不能进行起吊作业：

（1）超载或被吊物重量不清。

（2）指挥信号不明确。

（3）捆绑、吊挂不牢或不平衡可能引起吊物滑动。

（4）被吊物上有人或浮置物。

（5）结构或零部件有影响安全工作的缺陷或损伤。

（6）遇有拉力不清的埋置物件。

（7）工作场地光线暗淡，无法看清场地、被吊物情况和指挥信号。

（8）重物棱角处与捆绑钢丝绳之间未加垫。

（9）歪拉斜吊重物。

（10）易燃易爆物品。

11 手拉葫芦有什么特点？在使用中要注意哪些问题？

手拉葫芦又称倒链。按结构可分为齿轮传动及蜗轮蜗杆传动两种。后者因工作效率及工作速度较低，目前很少采用。齿轮传动式手拉葫芦有结构紧凑、重量轻、便于携带、容易操纵等优点。尤其对露天、无电源及流动性场合更有其重要的功用，被广泛应用于安装和修理工作中。

手拉葫芦在使用时要注意以下问题：

（1）操作前必须详细检查各个部件和零件，包括链条的每个链环，各传动部件的润滑，情况良好时方可使用。

（2）悬挂支撑点应牢固，悬挂支撑点的承载能力应与该葫芦的承重能力相适应。

（3）使用时应先将牵引链条反拉，使起重主链条倒松，使之有最大的起重距离。

（4）在使用时，应先把起重链条缓慢倒紧，等链条吃劲后，应检查葫芦的各部分有无变化，安装是否妥当，在各部分确实安全良好后，才能继续工作。

(5) 在倾斜或水平方向使用时，拉链方向应与链轮方向一致，应注意不使钩子翻转，防止链条脱槽。

(6) 起重量不得超过手拉葫芦的起重能力，在重物接近额定负荷时，要特别注意。使用时用力要均匀，不得强拉猛拉。

(7) 接近泥沙工作的葫芦必须采用垫高措施，避免泥沙带进转动轴承内，影响其使用寿命与安全。

(8) 使用三个月以上的葫芦，应进行拆卸、清洗、检查和注油。对于缺件、失灵和结构损坏等情况，需经修复后才能使用。

(9) 使用三脚架时，三脚必须保持相对间距，两脚间应用绳索联系，当联系绳索置于地面时，要注意防止将作业人员绊倒。

(10) 起重高度不得超过标准值，以防链条拉断销子，造成事故。

12 电动葫芦有什么特点？在使用中要遵守哪些安全规程？

电动葫芦是一种把电动机、钢绳卷筒、减速器、制动器及运行小车合为一体的小型轻巧的起重设备。它具有结构简单、制造和检修方便、互换性好、轻巧灵活、操作容易、成本低等优点，被广泛地用在中、小型物品的起重运输过程中。悬挂方式可用螺栓固定，也可用吊钩、托架悬挂在梁上。葫芦可以是固定的，也可以通过小车和桥架组成电动单梁、简易桥式双梁和简易龙门起重机等。为保证电动葫芦使用中的安全，操作人员除按规定培训并持证操作外，还必须遵守以下操作规程：

(1) 开动前应认真检查设备的机械、电气、钢丝绳、吊钩、限位器等是否完好可靠。

(2) 不得超负荷起吊。起吊时，手不准握在绳索与物件之间。吊物上升时严防撞顶。

(3) 起吊物件时，必须遵守挂钩起重工安全操作规程。捆扎时应牢固，在物体的尖角缺口处应设衬垫保护。

(4) 使用拖挂线电气开关启动，绝缘必须良好。正确按动电钮，操作时注意站立的位置。

(5) 单轨电动葫芦在轨道转弯处或接近轨道尽头时，必须减速运行。

(6) 凡有操作室的电动葫芦必须有专人操作，严格遵守有关安全操作规程。

13 千斤顶有什么特点？在使用中有什么安全要求？

千斤顶不同于其他的起重设备，它在工作时被置于重物之下，因此不需使用系物绳索或链条等其他辅助装置。它能保证准确的起升高度，无冲击无振动，并且构造简单轻便，维护简易，已被广泛用于安装和检修工作中。

使用千斤顶要注意以下事项：

(1) 千斤顶应放平整，并在上下端垫以坚韧木料，但不能使用沾有油污的木料或铁板做衬垫，以防止千斤顶受力时打滑。应有足够的承压面积，并使受力通过承压中心。

(2) 千斤顶安装好以后，要先将重物稍微顶起，经试验无异常变化时，再继续起升重物。在顶重过程中，要随时注意千斤顶的平整直立，不得歪斜，严防倾倒，不得任意加长手柄或操作过猛。

(3) 起重时应注意上升高度不超过额定高度。当需将重物起升超过千斤顶的额定高度时，必须在重物下面垫好枕木，卸下千斤顶，垫高其底座，然后重复顶升。

（4）起升重物时，应在重物下面随起随垫枕木垛，下放时，应逐步外抽。

（5）同时使用两台或两台以上千斤顶时，应注意使每台千斤顶负荷平衡，不得超过额定负荷，要统一指挥，同起同落，使重物升降平稳，以防发生倾倒。

（6）千斤顶的构造，应保证在最大起升高度时，齿条、螺杆、柱塞不能从底座的筒体中脱出。

（7）千斤顶在使用前，应认真进行检查、试验和润滑。油压千斤顶按规定定期拆开检查、清洗和换油，螺旋千斤顶和齿条千斤顶的螺纹磨损后，应降低负荷使用，磨损超过20%则应报废。

（8）保持储油池的清洁，防止沙子、灰尘等进入储油池内，以免堵塞油路。

（9）使用千斤顶时要时刻注意密封部分与管接头部分，必须保证其安全可靠。

（10）千斤顶不适用于有酸、碱或腐蚀性气体的场所。

14 滑车有什么特点？在使用时应注意哪些安全问题？

滑车是一种使用简单、携带方便、起重能力大的简易起重工具，常与卷扬机、绞盘或其他起重机械配合使用。滑车按结构形式可分为吊钩型、链环型、吊梁型等多种。按轴的固定方式分为定滑车和动滑车两种。定滑车的轴固定在不动的机架上，只能用来改变绳索的方向，并不省力。动滑车的轴和支架可在空中移动，吊物重量由两根绳来承担，因此动滑车能省力。通常将动滑车和定滑车组成一个滑车组使用，达到既省力又能改变方向，还能增速的目的，起重用滑车主要是省力滑车组。

在使用滑车时应注意以下问题：

(1) 滑车上应有铭牌，说明其尺寸、种类、性能等。没有标记的滑车，必须经过计算和试验后，方可使用。

(2) 滑车在使用前，应仔细检查轮槽、轮轴、拉板、吊钩等有无裂纹或损伤，传动部分是否灵活。如槽壁磨损达10%，槽底磨损深度超过3 mm，轴或壳上有裂纹，轮缘有部分破碎损伤等情况时，必须更换。

(3) 滑轮的直径一般不得小于钢丝绳的12倍。

(4) 在起吊或搬运设备时，等滑轮受力后再检查各部分情况，如情况良好，才能继续工作。

(5) 滑车吊钩中心与重物的重心上下滑动应保持在同一铅垂线上，以免重物在起吊后发生倾斜或扭转。

(6) 注意保持滑车轮轴清洁，经常加油润滑，妥善保管。

(7) 使用中不得超载。

15 起重机司机在作业过程中应当注意的“七字方针”是什么？

起重机司机在严格遵守各种规章制度的前提下，在操作中应做到如下几点（也称作“七字方针”）：

稳：司机在操作起重机过程中，必须做到启动平稳、运行平稳、停车平稳，确保吊钩、吊具及吊物不出现游摆。

准：在稳的基础上，吊物应准确地停在指定的位置上方，确认后降落，做到落点准确、到位准确、估重准确。

快：在稳、准的基础上，有效调节好各相应机构动作，缩短工作循环时间，提高工作效率。

安全：在确保起重机完好的情况下，有效可靠地运行，操作中，严格执行起重机安全操作规程，避免发生任何人身或设备事故。

合理：在了解掌握起重机性能的基础上，根据吊物的具体情况，对起重机做到合理控制，正确地操作，使其运行既安全又经济。

以上的“稳、准、快、安全、合理”几个方面是互相联系不可分割的，“稳”和“准”是前提，如果不稳、不准就做不到“快”，安全生产就没有保证，一旦发生事故，“快”也就失去了意义。而一味地求稳，片面地认为“慢则万全”，也不能充分发挥起重机的工作效率。所以只有按“七字方针”操作，才能成为一名技术熟练的司机。

16 起重机司机作业前应做哪些准备工作？

（1）按规定穿戴好、穿戴齐全劳动防护用品。

（2）在断开电源的情况下，对起重机进行逐项检查。

（3）一般在正常情况下检查以下内容：检查各开关是否正常；制动器是否正常，有无松动，各零件是否齐全；检查钢丝绳及其压板、挂钩及附件是否完好无损；检查各机械和电气安全装置是否灵活可靠；检查各控制器空转是否灵活、准确、可靠；检查起重机上是否有浮动物；各护栏、梯子、走台是否牢靠，有无开焊等情况；室外起重机应打开夹轨器或其他锚定装置，清除轨道上障碍物等。

17 在何种情况下起重机司机应发出警告信号？

（1）起重机送电时、启动时、吊物下降临近地面时。

（2）运行路线上有人工作或走动时。

（3）接近相邻的其他起重机时。

(4) 吊运过程中被吊物件发生异常时。

(5) 起重机在通道上方吊重运行时。

(6) 起重机在吊运过程中设备发生故障时。

18 室外起重机作业应注意什么?

对室外起重机设备检查时除进行常规检查外，还应检查各部位防雨罩、夹轨器等，以备恶劣天气时使用。

工作中遇到6级以上大风或大雪、暴雨时，司机应暂停作业。

露天起重机非工作状态，最大承受风力为11级，工作状态最大承受风力为6级。

GB 6067.1—2010《起重机械安全规程》规定：露天工作的起重机械，当有超过工作极限风速的大风警报或起重机处于非工作状态时，为避免起重机移动应采用夹轨器和/或其他装置使起重机固定。当风速超过制造厂规定的最大工作风速时，不允许操作起重机械。

雪后应先清扫扶梯、平台、脚踏板上的积雪，然后上车工作，不得踏雪上车。大、暴雨后应先将车上的积水清除后再开始工作。起重机械的轨道或结构上结冰或其周围能见度下降的气候条件下操作起重机械时，应减慢速度或提供有效的通讯等手段保证起重机的安全操作。

室外起重机每年要进行一次除锈刷漆工作。

19 起重机检修时应注意什么?

(1) 将起重机停在不影响生产流程的安全地点。

(2) 拉断总电源，挂好“禁止合闸”的安全警示牌。

(3) 所有参加检修的人员都应遵守检修安全规定。

(4) 在高处作业要系好安全带。

（5）工作中要选择好安全站位。

（6）如需临时移动起重机，所有人员必须撤离起重机。

（7）技术、安全管理人员必须到场，指导和监督作业。

20 对轮胎起重机司机操作有哪些具体规定？

（1）轮胎气压应充足；在松软地面工作时，应在作业前将地面填平、夯实，机身必须固定平稳。

（2）轮胎起重机吊重后，必须作短距离行走时，应按照使用说明书的规定执行。重物离地高度不能超过 0.5 m，重物必须在行走的正前方，行驶要缓慢，地面应坚实平整，严禁吊重后作长距离行走。

（3）轮胎起重机不打支腿工作时，轮胎的气压应在 0.7 MPa 左右。起重量应在规定不打支腿的额定重量范围内。

（4）当起重机的起重臂接近最大仰角吊重时，在卸重前应先将重物放在地上，并保持绳拉紧状态，把起重臂放低，然后再脱钩，以防止起重机卸载后向后倾翻。

21 对全液压汽车起重机司机操作有哪些具体的规定？

（1）发动机启动后将油泵与动力输出轴结合，在怠速下进行预热，液压油温达 30℃才能进行起重作业。

（2）在支腿伸出放平后，即关闭支腿开关，如地面松软不平，应修整地面，垫放枕木，检查安全可靠后再进行起重作业。

（3）吊重物时，不得突然升降起重臂，严禁伸缩起重臂。当起重臂全伸，而使用副臂时，仰角不得小于 50°。作业时，不得超过额定起重量的工作半径，也不得斜拉起吊。并禁止在前面起吊。

（4）一般只允许空钩和吊重在额定起重量30%以内使用自由下落踏板。操作时应缓慢，不要突然踏下或放松。除自由下落外，不要把脚放在自由下落踏板上。

（5）蓄能器应保持规定压力，低于或大于规定压力范围不仅会使系统恶化，而且会引起严重事故。

22 起重机作业前应做哪些准备工作？

（1）了解掌握作业现场环境，确定搬运路线，平整作业场地，清除周边障碍。作业现场要保证司索工和起重机司机能清楚地观察操作现场情况。如在夜间施工，应保证充分的照明条件。

（2）作业场地的地面应坚实，不得凹陷；松软地面应在支腿下垫上木板或枕木，支腿伸出垫好后，起重机应保持水平。

（3）对使用的起重机和吊装工具进行安全检查，安全装置、警报装置、制动器等必须灵敏可靠。

（4）起重机、臂架和配重的可能移动（回转）范围，吊物坠落可能涉及的范围，都是危险区域。应加设围栏或警示标记。

（5）在高压线附近作业，应向电业管理部门了解情况，制定出可行的安全措施。

23 起重作业中有哪些操作要求？

（1）司机要控制起重的工作幅度和臂架仰角，起吊前调整好幅度，避免负载变幅，起吊重物时不准落臂。按起重机的特性曲线限定的起重量作业，遵守起重机安全操作规程。

（2）起重机负载回转要平稳，特别是在接近额定起重量时，防止快速回转的离心力或突然回转制动，引起吊载物偏摆，增大工作幅度，造成倾翻事故。

（3）汽车起重机应尽量避免在前方作业。流动式起重机的稳定性是后方大于侧方，在从后方向侧方回转时，要注意控制转速，防止倾翻。

（4）注意支腿基础情况，防止垫块破坏或基础下沉而造成起重机倾翻。严禁带载荷调整支腿，如需调整支腿，应在重物落地后进行。

（5）了解当天的气象情况，对瞬时大风和风向给以关注。大幅度作业、回转或物品起升较高时，要注意风力和风向的影响。风力6级以上须停止作业。

（6）在高压输电线附近作业应安排专人监看，禁止越过电线吊拉。起重机任何部位与输电线的最小距离都应不小于相关规定。一旦触电要控制起重机及时脱开电线，司机应双脚跳离起重机，防止跨步电压电击。

24　厂内运输常见事故有哪些类型？

（1）车辆伤害。包括撞车、翻车、挤压和轧碾等。

（2）物体打击。搬运、装卸和堆垛时物件的打击。

（3）高处坠落。人员或人员连同物品从车上掉下来。

（4）火灾、爆炸。由于人为的原因发生火灾并引起油箱等可燃物急剧燃烧爆炸，或装载易燃易爆物品，因运输不当发生火灾爆炸。

25　从事厂内运输作业的人员应满足什么条件？

《工业企业厂内铁路、道路运输安全规程》规定：

（1）对从事运输工作的新职工和代培、实习人员，入厂时应进行安全教育，在指定人员带领下工作，按不同岗位确定不同的培训时间，经考试合格后，方准上岗。

（2）机车、机动车和装卸机械的驾驶人员，必须经有关部门组织的专业技术、安全操作考试合格，发给驾驶证，方准驾驶。

（3）对从事危险品运输、装卸的人员，必须定期进行安全教育，每年进行一次训练和考试，经考试合格，方准继续操作。

（4）从事运输作业的人员，应定期进行体格检查。经检查合格者，方能继续担任原工作。

（5）运输、装卸作业人员作业时应按规定穿戴劳动防护用品。

26 载货车辆的随车装卸人员应遵守哪些规定？

《工业企业厂内铁路、道路运输安全规程》规定，随车装卸人员应遵守下列规定：

（1）不得超过厂交通安全部门核定的人数。

（2）载运大、重货物未靠车厢前后栏板时，货前后不得乘人。

（3）载物高度超出车厢栏板时，货上不得乘人。

（4）不得坐在车厢栏板上。车辆未停稳前，不得上、下车。

（5）机动车车厢以外的任何部位或货运汽车的挂车、拖拉机的挂车、电瓶车、汽车起重机、罐车、平板车和轮胎式专用车，不得载人。

27 厂内汽车在运输过程中应遵守哪些规定？

（1）驾驶员必须有经公安部门考核合格后发给的驾驶证。

（2）无限速标志下，厂区内行车速度主干道不得超过30 km/h，其他道路不得超过 20 km/h。结冰、积雪、积水的道路，天气恶劣能见度在 30 m 内时不得超过 10 km/h，倒车及出入厂区、厂房时不得超过 5 km/h，不得在平行铁路装卸线钢轨外侧 2 m 以内行驶。

（3）装卸货物时不得超载，而且货物的高度、宽度和长度应符合公安部、原交通部的规定。对于较大和易滚动的货物，应用绳索拴牢，对于超出车厢的货物应备有托架。

（4）装载超过规定的不可拆解货物时，必须经过企业交通安全管理部门的批准，派专人押运。按指定的线路、时间和要求行驶。

（5）装运炽热货物及易燃、易爆、剧毒等危险货物时，应遵守国家标准（GB 4387—2008）《工业企业厂内铁路、道路运输安全规程》的规定。

（6）装卸时，汽车与堆放货物之间的距离一般不得小于1 m，与滚动物品的距离不得小于 2 m，装卸货物的同时，驾驶室内不得有人，不准将货物经过驾驶室的上方装卸。

（7）多辆车同时进行装卸时，前后车的间距应不小于 2 m，横向两车栏板的间距不得小于 1.5 m，车身后栏板与建筑物的间距不得小于 0.5 m。

（8）倒车时，驾驶员应先查明情况，确认安全后，方可倒车。必要时应有人在车后进行指挥。

（9）随车人员应坐在安全可靠的指定部位。严禁坐在车厢侧板上或驾驶室顶上，也不得站在踏板上，手脚不得伸出车厢外。严禁扒车和跳车。

28 汽车、铲车运输有哪些安全要求？

（1）汽车驾驶员必须符合国家颁发的有关文件规定和技术要

求，持有相应的驾驶证件，熟悉车辆性能，方可独立驾驶。

（2）驾驶车辆时必须携带驾驶证、行车证等证件。不得驾驶与证件规定不相符的车辆，不准将车辆交给不熟悉该车性能和无驾驶证的人员驾驶。

（3）驾驶新类型车辆，必须先经过专门训练，熟悉车辆各部分的结构、性能、用途，做到会驾驶、会保养、会排除简单故障。对技术难度较大的车辆，应在考试合格后，方可单独驾驶。

（4）学员必须在取得交通部门的学习证后，方可在教练员的指导下，在指定的路线上学习驾驶。

（5）驾驶人员必须执行调度的命令，根据任务单出车，并对车辆的正确运行、安全生产、完成定额指标负有直接责任。

（6）驾驶人员必须严格遵守国家颁发的交通安全法令和规章制度，服从交通管理人员的指挥、监察，积极维护交通秩序，保障人员生命财产的安全。

（7）驾驶车辆时必须集中精神，不准闲谈、吃食、吸烟，不准做与驾驶无关的事情。

（8）车辆不准超载运行，如遇特殊情况需超载时，应经车辆主管部门批准。

（9）车辆不准带病运行，在行驶中发现有异响、发热等异常情况，应停车查明原因，待故障排除后方可继续行驶。返回后应及时报告有关部门并做好相应的记录。

（10）油料着火时不得浇水，应用灭火剂、沙土、湿麻袋等物扑救。

（11）电线着火时应立即关闭电闸，拆除一根蓄电池电线，以切断电源。

（12）汽车在厂内的行驶速度，必须严格遵守下列规定：

1）在厂区道路上行驶，每小时不得超过 20 km。

2）出入厂区大门及倒车速度，每小时不将超过 5 km。

3）在车间内及出入车间大门的速度，每小时不得超过3 km。

4）在转弯处或视线不良处，应减速行驶。

（13）汽车在厂内装卸货物时，必须严格遵守下列安全要求：

1）根据本车负荷吨位装载，不允许超载。

2）装载货物的高度，不允许超过3.5 m（从地面算起）。

3）装载零散货物，不要超过两侧厢板，必要时可将两侧厢板加高，以防货物掉下砸伤人员。

4）装载较大或易滚动的货物，应用绳索绑紧拴牢。

5）装载的大件、重件应放在车体中央，小件、轻件应放在两侧，以免行车转弯或急刹车时造成事故。

6）装载长、大物件超过车体时，应备有托架或加挂拖车。

7）汽车在装卸货物时，特别是使用起重机械装卸货物时，不允许同时检查和修理汽车，无关人员也不得进入装卸作业区。

8）汽车装卸货物时，汽车与堆放货物之间的距离，一般不得小于2 m；与滚动货物的距离，则不得小于3 m，以保证货物坠落、滚动时人员有足够的距离退出。

（14）汽车装载货物，如果随车人员同行，则应坐在指定的安全地点，严禁坐在车厢侧板上或驾驶室顶上，也不得站在车门踏板上，同时严禁在行车时跳上跳下。

（15）铲车在行驶中，无论是空载还是重载，其车铲距地面都不得小于300 mm，但也不得大于500 mm。

（16）铲车在铲货物时，应先将货物垫起，然后起铲；货物放置要平稳，不得偏重和偏高，起铲后，还应将货物向后倾斜10°～15°，以增加稳定性。

（17）铲车应根据其倾斜角度确定其载重量，不得超负荷使用。

（18）铲车在铲货物时，无关人员不得靠近，特别是当货物起升时，其下方严禁有人站立或通过，以防货物坠落砸人。

（19）严禁任何人站在车铲上或车铲的货物上随车行驶，也不得站在铲车车门上随车行驶。

29 人力车和自行车运输有哪些安全要求？

（1）手推车的结构要坚固可靠，车体下部应装有停放叉架，以使装卸时保持车体平衡；无支架的手推车，在装卸货物时，要有人扶住车把，保持车体平衡。

（2）三轮车的结构应牢固可靠，必须装设刹车机构和车铃；传动的链条需装设防护罩。三轮车装载货物时不得超载、超重或偏重，应放置平稳；行驶速度不得过快，更不允许与机动车辆抢道。

（3）自行车一定要有车铃、刹车、链条防护罩等安全装置。

（4）在厂区道路上骑自行车，严禁带人、双手撒把，或骑车速度过快；更不得尾随机动车辆与机动车辆抢道。

（5）在厂房内严禁骑自行车。

30 厂内机动车驾驶员在日常操作中应做到的基本要求是什么？

驾驶员在日常操作中应做到的基本要求总结起来就是："一安二严三勤四慢五掌握"。

（1）一安：指要牢固树立安全第一的思想。

（2）二严：指要严格遵守操作规程和交通规则。

（3）三勤：指要脑勤、眼勤、手勤。在操作过程中要多思考，知己知彼，严格做到不超速、不违章、不超载，要知车、知人、知路、知气候、知货物。要眼观六路，耳听八方，瞻前顾后，要注意上下、左右、前后的情况。对车辆要勤检查、勤保养、勤维修、勤搞卫生。

（4）四慢：指情况不明要慢，视线不良要慢，起步、会车、停车要慢，通过交叉路口、狭路、弯路、人行道、人多繁杂地段要慢。

（5）五掌握：指要掌握车辆技术状况、行人动态、厂区路面变化、气候影响、装卸情况等。

31 驾驶电瓶车应遵守哪些安全操作规程？

驾驶电瓶车应遵守的安全操作规程有：

（1）电瓶车司机经过体检合格后，由正式司机带领辅导实习3～6个月，经过考试合格后，由安全主管部门发给合格证，即可独立驾驶。非司机和无证者一律不准驾驶。

（2）出车前必须详细检查刹车、方向盘、喇叭、轮胎等部件是否良好。

（3）司机严禁酒后开车，行车时严禁吸烟，思想要集中，不准与他人谈笑打闹。

（4）坐式电瓶车驾驶室内只许坐2人，车厢内只能乘坐随车人员1人，拖挂车上禁止乘人。

（5）电瓶车只准在厂区及规定区域内行驶，凡需驶出规定区域时，必须经公安部门同意。

（6）厂区行驶速度最高不得超过10 km/h。在转弯、狭窄路、交叉口、出入车间的大门、行人拥挤等地方行驶速度最高不超过5 km/h。

（7）装载物件时，宽度方向不得超过车底盘两侧各0.2 m，长度方向不得超过车长0.5 m，高度不得超过离地面2 m。不得超载。

（8）装载的物件必须放置平稳，必要时用绳索捆牢。危险物品要包装严密、牢固，不得与其他物件混装，并且要低速行驶，不准使用拖挂车拉运危险品。

（9）电瓶车严禁进入易燃易爆场所。

（10）行车前应先查看前方及周围有无行人和障碍物，鸣笛后再开车。在转弯时应减速、鸣笛、开方向灯或打手势。

（11）发生事故应立即停车，抢救伤员，保护现场，报告有关主管部门，以便调查处理。

（12）工作完毕，应做好检查、保养工作，并将电瓶车驾驶到规定地点，挂上低速挡，拉好刹车，上锁，拔出钥匙。

32 危险品的装卸、搬运有哪些安全要求？

《工业企业厂内铁路、道路运输安全规程》第 6.6 条对危险品的装卸、搬运作了下述严格规定：

（1）装卸负责人应事先制定安全措施，作业前应向作业人员详细交代清楚，作业中对执行情况进行监督检查。

（2）装卸搬运危险品的机械和工具，应按其额定负荷降低20%使用。

（3）装卸、搬运危险品时，必须轻拿轻放，严防震动、撞击、摩擦、重压和倾倒。

（4）易燃、易爆、有毒物品、放射性物品及一切影响人身安全的危险品，应有专用的装卸场地、仓库和指定的装卸线路，并应有保证安全所需的装卸、搬运设备。

（5）装卸易燃、易爆等危险品时，须杜绝明火，并应有防爆、防静电措施，与周围建筑物应保持必要的安全距离。

（6）罐车装车充满系数，油品不得大于 95%，液化气不得大于 85%，油品自流装车流速不得大于 3 m/s。

五、承压设备事故预防

1 锅炉的三大安全附件是什么？各有何作用？

锅炉的三大安全附件是安全阀、压力表和水位表。

安全阀的作用是当锅炉内蒸汽压力超过允许值时，安全阀自动开启，向外排汽，当压力降到规定值时自动关闭，防止锅炉因超压而发生爆炸事故。

压力表是用来测量锅炉内蒸汽压力大小的仪表，司炉工通过它来监视锅炉内蒸汽压力的变化。

水位表是用以反映锅筒内水位状况的直读仪表，司炉工通过它来监视锅筒内水位的变化。

2 安全阀的常见故障有哪些？如何排除？

安全阀故障主要是由设计、制造、选择或使用不当造成的。这些故障如不及时消除，就会影响安全阀的功效和使用寿命，甚至不能起到安全保护作用。常见的故障及消除方法如下：

（1）泄漏。

在设备正常工作压力下，阀瓣与阀座密封面之间发生超过允许程度的渗漏。其原因有：阀瓣与阀座密封面之间有脏物，可使用提升扳手将阀开启几次，把脏物冲去；密封面损伤，应根据损伤程度，采用研磨或车削后研磨的方法加以修复；阀杆弯曲、倾斜或杠杆与支点偏斜，使阀芯与阀瓣错位，应重新装配或更换；弹簧弹性降低或失去弹性，应采取更换弹簧、重新调整开启压力等措施。

（2）到规定压力时不开启。

造成这种情况的原因有以下几方面：

1）定压不准。应重新调整弹簧的压缩量或重锤的位置。

2）阀瓣与阀座粘住。应定期对安全阀作手动放汽或放水试验。

3）杠杆式安全阀的杠杆被卡住或重锤被移动。应重新调整重锤位置并使杠杆运动自如。

（3）不到规定压力开启。

主要是定压不准；弹簧老化，弹力下降。应适当旋紧调整螺杆或更换弹簧。

（4）排汽后压力继续上升。

这主要是因为选用的安全阀排量小于设备的安全泄放量，应重新选用合适的安全阀；阀杆中线不正或弹簧生锈，使阀瓣不能开到应有的高度，应重新装配阀杆或更换弹簧；排汽管截面不够，应采取符合安全排放面积的排汽管。

（5）阀瓣频跳或振动。

主要是由于弹簧刚度太大，应改用刚度适当的弹簧。调节圈调整不当，使回座压力过高，应重新调整调节圈位置。排放管道阻力过大，造成过大的排放背压，应减小排放管道阻力。

（6）排放后阀瓣不回座。

这主要是因弹簧弯曲，阀杆、阀瓣安装位置不正或被卡住造成的，应重新装配。

3　压力表的常见故障有哪些？如何排除？

压力表常见故障及其产生原因和排除方法列于表2—1。

表 2—1　　压力表常见故障及其产生原因和排除方法

常见故障	产生故障的原因	排除故障的方法
指针不动	(1) 压力表和存水弯管之间装有阀门，阀门关闭 (2) 三通阀门位置不正确 (3) 三通阀门或存水弯管堵塞 (4) 弹簧管与支架的焊口有裂纹渗漏 (5) 压力表有下列缺陷：指针与中心轴松动，指针卡住，扇形齿轮与小齿轮脱开	(1) 将阀门拆除，更换为三通阀门 (2) 将三通阀门打开至正确位置 (3) 用蒸汽吹洗通道，如不行则拆下清洗 (4) 取下压力表修理，更换新表 (5) 更换新表
指针不回零位	(1) 三通阀门位置不准确 (2) 存水弯管、三通阀门被堵塞 (3) 弹簧弯管失去弹性 (4) 压力表的游丝失去弹性或脱落 (5) 指针弯曲或卡住 (6) 压力表的调整螺钉松动	(1) 调整至准确位置 (2) 用蒸汽吹洗，若无效则更换 (3) 更换压力表 (4) 更换压力表 (5) 更换压力表 (6) 更换压力表
指针跳动	(1) 游丝损坏或紊乱 (2) 中心轴两端弯曲 (3) 弹簧管与拉杆结合的铰轴不活动 (4) 压力表内齿轮传动有阻尼 (5) 有高频振动影响 (6) 存水弯管或三通阀门局部被阻塞	(1) 更换压力表 (2) 更换压力表 (3) 更换压力表 (4) 更换压力表 (5) 消除振动源 (6) 吹洗并检查衬垫位置是否正确
表内漏气	(1) 弹簧管裂纹渗漏 (2) 弹簧管与支承座焊接不良有泄漏 (3) 表壳与玻璃板密封失效	(1) 更换压力表 (2) 更换压力表 (3) 更换压力表

4　压力表的维护和检查工作有哪些？

要使压力表保持灵敏准确，除了合理选用和正确安装以外，在锅炉运行过程中还应加强对压力表的维护和检查。操作人员对压力表的维护应做好以下几项工作：

（1）压力表应保持洁净，表盘上的玻璃应明亮清晰，使表盘内指针指示的压力值能清楚易见，表盘玻璃破碎或表盘刻度模糊不清的压力表应停止使用。

（2）压力表的连接管要定期吹洗，以免堵塞。特别是用于有较多油垢或其他黏性物质的气体的压力表连接管，更应经常吹洗。

（3）要经常检查压力表指针的转动与波动是否正常，检查连接管上的旋塞是否处于全开位置。

（4）压力表必须定期校验，每半年至少经有资质的计量单位校验一次。校验后应认真填写校验记录和校验合格证并加铅封。已经超过校检期限的压力表应停止使用。在锅炉正常运行过程中，如果发现压力表指示不正常或有其他可疑迹象，应立即进行检验校正。

5　锅炉上常用的水位表有哪几种？

锅炉上常用的水位表有以下几种：

（1）玻璃管式水位表。

这种水位表结构简单，价格低廉，但玻璃管的耐压能力有限，使用工作压力不宜超过 13 MPa，所以它广泛用于低压小型锅炉上。

（2）玻璃板式水位表。

这种水位表与玻璃管式水位表不同之处是用玻璃板代替了玻

璃管，因而能耐更高的压力和温度，不易泄漏。但结构较为复杂，在锅炉上得到广泛应用。

（3）双色水位表。

双色水位表是利用光学原理设计的，通过光的反射或透射作用，使水位表中无色的水和汽分别以不同的颜色显示，汽、水分界面清晰醒目。利用它即使在远距离或夜间，操作者也能准确地判断水位。特别是当锅炉出现满水或严重缺水事故时，水位表内出现全绿或全红颜色，非常醒目，有利于司炉工迅速辨别事故，正确采取措施。

（4）低地位水位表。

它是一个水位转换器和一个差压计的组合。低地位水位表有轻液式和重液式两种。当水位表高于司炉操作平台 6 m 时，应在司炉操作平台上加装低地位水位表。

6 使用水位表应注意哪些事项？

水位表在使用中应注意以下事项：

（1）水位表在运行中要定期冲洗，每班至少冲洗 1 次。

（2）及时检查和消除水位表各结合面的漏水、漏汽现象。水位表如果严重漏水、漏汽，会造成锅炉假水位，还会使泄漏处金属表面产生严重的腐蚀。

（3）锅炉正常运行时，水位表的水位要有轻微的波动。如发现水位表的水位静止不动，则可能是汽水连接管被堵塞，这时水位表所显示的水位是假水位。遇到这种情况，要立即检查，冲洗水位表，从而确认被堵通路，采取措施，予以消除。

（4）水位表上的旋塞手柄应齐全，旋转灵活。禁止用加力杆去开关水位表上的汽、水旋塞。

（5）锅炉上装有几个水位表时，司炉人员在运行中每班至少要互相校对 3～4 次，并把校对的结果记入运行记录中。

7 水位表的常见故障有哪些？如何排除？

水位表常见故障的产生原因及排除方法见表2—2。

表2—2　水位表常见故障的产生原因及排除方法

常见故障	产生故障的原因	排除故障的方法
水位表玻璃破裂	（1）玻璃管（板）水位计上下旋塞接头中心线不同轴 （2）安装时未考虑玻璃管（板）的膨胀间隙，或填料压得过紧 （3）玻璃管（板）在裁切时，使管端产生裂纹，玻璃管（板）螺栓压紧力不均匀 （4）新换玻璃管（板）未预热，旋塞开启过快 （5）运行中玻璃管（板）上突然溅了冷水	（1）校正上下旋塞接头中心线 （2）预留膨胀间隙，填料应适当压紧 （3）调换玻璃管（板） （4）调换后按正确程序操作 （5）避免溅水骤冷
水位表位与实际水位不符	（1）汽旋塞没打开 （2）汽旋塞漏汽，把水位“吊高” （3）水旋塞与放水旋塞漏水	（1）打开汽旋塞 （2）检修汽、水旋塞，放水旋塞，更换填料 （3）检修汽、水旋塞，放水旋塞，更换填料
水位呆滞无波动	（1）水旋塞没打开 （2）水连管或水旋塞被水垢、填料堵塞	（1）打开水旋塞 （2）冲洗水位表或关闭汽水连管上的截止阀，用细铁丝疏通

8 预防锅炉事故的措施有哪些？

为了预防锅炉事故的发生，应采取以下措施：

（1）设计、改造锅炉，应遵守与锅炉有关的安全规程和技术条件要求，材质应合格，结构应合理，计算应准确。

（2）制造、修理、安装锅炉，应按技术文件和图样施工，严格执行工艺和质量检验制度，确保质量。

（3）锅炉上的安全附件必须齐全、灵敏、可靠，并定期校验。对失灵的安全附件应及时更换。

（4）搞好锅炉的水质处理，严格控制给水和锅水指标，做好排污工作。

（5）认真做好日常维护保养工作，定期进行内外部检验；及时发现和消除隐患，防止事故发生。

（6）配备熟悉设备的专职或兼职人员管理锅炉，建立健全以岗位责任制为中心的规章制度，切实做好锅炉安全技术管理工作。

（7）司炉人员经安全技术培训、考核合格后方可独立操作。在工作时间内要严格遵守劳动纪律和安全操作规程，熟悉设备情况，经常进行反事故演习训练，努力提高操作技术和判断事故、处理事故的能力。

9 锅炉运行中常见的事故有哪些？应相应采取哪些措施？

（1）锅炉缺水。锅炉严重缺水，会造成受压元件变形和损坏，甚至发生炉管爆炸，如果处理不当可能会发生锅炉爆炸事故。发现锅炉缺水时，应严禁进水，并采取紧急停炉措施。造成锅炉缺水事故的原因大都与运行人员松懈麻痹和误操作有关，或是与水位表因无冲洗措施而导致堵塞故障有关。

（2）汽水共腾。汽水共腾的特点是：水位表水位剧烈波动，锅水起泡，蒸汽中大量带水，蒸汽温度下降，严重时管道内发生水冲击。产生这种情况的主要原因是：水质不良，含盐太高或锅炉负荷增加过急等。发现汽水共腾时，必须加强水质处理和加大连续排污。

（3）锅炉超压。锅炉超压运行，轻则引起元件变形，连续处损坏，严重时会引起爆炸事故。发生锅炉超压的主要原因是司炉人员盲目提高工作压力或撤离工作岗位造成的。有时，由于压力表和安全阀同时失灵也会引起锅炉超压。因此，必须加强司炉工岗位责任制和对安全附件的检查。

（4）炉管爆炸。炉管爆破时，有显著的爆破声、喷汽声，同时，水位和汽压明显下降。发生这种情况时，必须采取紧急停炉处理措施。发生这种情况的一般原因是：水质不良引起炉管结垢或腐蚀，缺水和爆管也可能互为因果；此外，由于设计缺陷、材料强度不足和焊接质量不好，均可能引起爆管事故。

10 锅炉与压力容器发生事故后，应如何进行处理？

（1）组织抢救。所谓抢救，应包括两方面的内容：一是立即抢救受伤人员；二是采取各种措施防止事故蔓延扩大，如切断电源、火源，紧急疏散人员，防止连续爆炸等。

（2）保护现场。除非有可能使事故扩大，或有伤员需紧急抢救和严重堵塞交通，影响重要正常活动而必须及时清理外，均不得变动现场（包括保存飞散的零部件并做标记），以作为查清事故的主要依据。

（3）事故调查。事故的调查，为分析事故提供充分的科学依据，从而可以找出事故产生的原因。在现场勘察后，应尽快成立事故调查组。重点是调查设备本身的破坏情况，特别是爆炸体的断口，因为它是判断事故的重要依据；此外，还要收集和鉴定安全附件的状况。要查阅有关技术资料，对材料做技术鉴定。掌握了大量的第一手资料后，才能实事求是地得出结论。

（4）事故的处理。锅炉与压力容器发生重大事故和人身伤亡事故的单位在查清原因后，应填写“锅炉、压力容器事故报告书”，报送企业主管部门和安全主管部门。“报告书”应详细报告事故的基本情况、发生原因、经济损失，提出责任分析和对责任者的处理意见以及预防事故重复发生的措施。在事故处理过程中一定要坚持“四不放过”的原则。

11 持证司炉人员的职责是什么？

持证司炉人员应履行以下职责：

（1）司炉人员必须持有效证件操作。

（2）认真执行国家有关锅炉安全管理规定，严格执行锅炉运行安全管理规章制度，精心操作，确保锅炉安全运行，对因违章操作造成的事故，承担责任。

（3）发现锅炉有异常现象和危及安全时，应采取紧急措施并及时报告有关负责人。

（4）对任何有害锅炉安全运行的违章指挥，有权拒绝执行并报告当地安全监察机构。

（5）努力学习技术业务，不断提高操作水平。

12 压力容器安全操作的基本要求是什么？

正确合理地操作和使用压力容器，是保证压力容器安全运行的重要条件。尽管各种压力容器使用的工况不尽一致，但却有共同的安全操作要求，操作人员必须按规定的程序和要求进行操作。压力容器安全操作的基本要求是：

（1）对压力容器应有全面的了解，了解设备的来源和历史，掌握设备的基本技术参数和结构，熟悉操作工艺条件。

（2）严格遵守安全操作规程。安全操作规程是根据生产工艺要求和容器的技术性能而制定的指令性技术法规，一经制定，操作人员必须严格执行。

（3）压力容器应做到平稳操作，缓慢地加压和卸压，缓慢地升温和降温，并在运行期间保持压力和温度的相对稳定。

（4）压力容器严禁超压超温运行。由于压力容器允许使用的温度、压力、介质充装等参数是根据工艺设计要求和保证安全生产的前提下制定的，故在设计压力和设计温度范围内操作压力容器可确保运行安全；反之，如果容器超温超压运行，就会造成容器的承压能力不足，因而就可能导致爆炸事故的发生。

（5）坚持容器运行期间的巡回检查。检查内容包括工艺条件、设备状况以及安全装置等。容器的操作人员在容器运行期间应经常进行检查，以便及时发现操作上或设备上的不正常状态，采取相应的措施进行调整或消除，防止异常情况的扩大和延续，保证容器安全运行。

（6）认真填写操作记录。容器的原始操作记录和交接班记录对保障容器安全生产至关重要，容器操作人员应认真及时、准确真实地记录容器实际运行状况。

（7）掌握紧急情况处理方法。压力容器运行过程中，如果突然发生故障，严重威胁安全时，操作人员应立即采取紧急措施，停止容器运行，并报告有关部门。

13 压力容器操作人员需具备哪些基本条件？应履行的职责是什么？

（1）压力容器操作人员需具备的基本条件。

1）经过安全技术教育和安全技术培训，考试合格并取得合格证后，方准独立进行操作。

2）操作人员应熟悉生产工艺流程，了解本岗位压力容器的结构、技术特性和主要技术参数，掌握压力容器的正常操作方法，在压力容器出现异常情况时，能准确判断，及时、正确地采取紧急措施。

3）掌握各种安全装置的型号、规格、性能及用途，保持安全装置齐全、灵活、准确可靠。

4）严格遵守安全操作规程，坚守岗位，精心操作，认真记录，加强对容器的巡回检查和维护保养。

5）定期参加专业培训教育，不断提高自身的专业素质和操作技能。

（2）压力容器操作人员应履行的职责。

1）按照操作规程的规定，正确操作使用压力容器，确保安全运行。

2）做好压力容器的维护保养工作，使压力容器经常保持良好的技术状态。

3）经常对压力容器的运行情况进行检查，发现操作条件不正常时及时进行调整，遇紧急情况应按规定采取紧急处理措施，并及时向上级主管部门报告。

4）对任何不利于压力容器安全的违章指挥，应拒绝执行。

14　使用气瓶应遵守哪些安全规定？

使用气瓶应遵守以下安全规定：

（1）禁止敲击、碰撞。

（2）夏季防止暴晒，严禁在瓶体上进行电焊引弧。

（3）气瓶放置地点，不得靠近热源和可燃、助燃性气体气源；距明火 10 m 以外。盛装易起聚合反应或分解反应气体的气瓶，应避开放射性射线源。

（4）严禁用温度超过 40℃的热源对气瓶加热。瓶阀冻结时，严禁用火烘烤。

（5）瓶内气体不得用尽，必须留有剩余压力，永久性气体气瓶的剩余压力应大于 0.05 MPa；液化气体气瓶应有大于 1%的规定充装量的剩余气体。

（6）气瓶立放时应采取防止倾倒的措施。

（7）瓶阀及其他附件禁止沾染油脂，特别是氧气瓶。

（8）加强维护，不得更改气瓶的钢印和颜色标记，不得用电磁起重机搬运，确保瓶帽和防震圈完好无损。

六、建筑安全事故预防

1 什么叫高处作业？特殊高处作业包括哪些内容？

凡在坠落高度基准面 2 m 以上（含 2 m），有可能坠落的高处进行的作业均称为高处作业。

特殊高处作业包括：

（1）在阵风风力六级（风速 10.8 m/s）以上的情况下进行的高处作业，称为强风高处作业。

（2）在高温或低温环境下进行的高处作业，称异温高处作业。

（3）降雪时进行的高处作业，称为雪天高处作业。

（4）降雨时进行的高处作业，称为雨天高处作业。

（5）室外完全采用人工照明时，进行高处作业，称为夜间高处作业。

（6）在接近或接触带电体进行的高处作业，称带电高处作业。

（7）在无立足点或无牢靠立足点的条件下进行的高处作业，称为悬空高处作业。

（8）对突然发生的各种灾害事故进行抢救的高处作业，称为抢救高处作业。

2 建筑施工高处作业时，在安全上有哪些基本要求？

（1）高处作业的安全技术措施必须列入工程的施工组织

设计。

(2) 高处作业必须逐级进行安全技术教育及交底。

(3) 搭设高处作业安全设施的人员，必须经专门培训，考核合格后方可上岗，并应定期进行体格检查。

(4) 遇恶劣天气不得进行露天攀登与悬空高处作业。

(5) 用于高处作业的防护设施，不得擅自拆除，确因作业需要临时拆除必须经项目经理部施工负责人同意，并采取相应可靠的措施，作业后应立即恢复。

(6) 对于高处作业的防护设施，在搭拆过程中应相应设置警戒区派人监护，严禁上、下同时拆除。

(7) 高处作业安全设施的主要受力杆件，力学计算按一般结构力学公式，强度及跨度计算不考虑塑性影响，构造上应符合现行的相应规范。

(8) 高处作业应落实各级安全生产责任制，对高处作业安全设施，应做到防护要求明确、技术合理、经济适用。

3 什么是临边作业？什么叫“五临边”？

施工现场中工作面边缘无围护设施或围护设施高度低于80 cm时的作业称为临边作业。

建筑施工现场，由于工序的搭接，常出现临边作业。“五临边”是指以下内容：

(1) 基坑周边。

(2) 尚未安装栏杆的阳台、料台、挑平台周边。

(3) 雨篷与挑檐边。

(4) 无脚手架的屋面与楼层周边。

(5) 水箱与水塔周边。

4 什么叫洞口作业？俗称的“四口”是什么？防护措施有哪些？

洞与孔边口旁的高处作业，包括施工现场及通道旁深度在 2 m 及 2 m 以上的桩孔、人孔、沟槽与管道、孔洞等边缘上的作业称为洞口作业。

施工现场因工程和工序需要而产生洞口，常见的有楼梯口、电梯井口、预留洞口、井架通道口，这就是常称的“四口”。

楼板、层面和平台等处的洞口，根据具体情况采取设防护栏杆、加盖件、张设安全网或装栅门等措施。

（1）边长为 25～50 cm 的洞口，用坚实的木板盖，盖板应能防止挪动移位，并有标识。

（2）边长为 50～150 cm 的洞口，四周设防护栏杆，用密目式安全网围挡，必要时也可在底部横杆下沿设置严密固定的、高度不低于 200 mm 的踢脚板。

（3）边长大于 150 cm 的洞口，除应根据（2）条设置防护外，洞口处还应张设安全网。

（4）电梯井的防护。应设置固定栅门，栅门的高度为 175 cm，安装时离楼层面 5 cm，上下必须固定，门栅网格的间距不应大于 15 cm。同时电梯井内应每隔两层设一道安全网。

高度不超过 10 m 的墙面等处的洞口，要设置固定的栅门，其安装方法与电梯井一样。

5 怎样正确佩戴安全帽？

进入施工现场必须戴好安全帽。正确佩戴应注意两点：一是帽衬与帽壳不能紧贴，应有一定间隔，当物料坠落到帽壳时，使帽衬起到缓冲作用，避免颈椎或头部受到伤害；二是必须系紧下颌带，当物料碰撞到安全帽时，不致安全帽被掀掉而受伤害，或当人体发生坠落时，起到保护头部的作用。

6 什么叫“三违”？为什么必须杜绝“三违”？

“三违”是指：违章指挥、违章作业、违反劳动纪律。70％以上的事故都是由于“三违”造成的，所以，必须杜绝“三违”，减少和预防事故的发生，保障劳动者的合法权益和生命安全。

7 瓦工作业的安全操作规定与要求是什么？

（1）作业前应首先搭设好作业面，在作业面上操作的瓦工不能过于集中。为防止荷载过重及倒塌，堆放材料要分散且不能超高。

（2）砌砖使用的工具应放在稳妥的地方，斩砖应面向墙面，工作完毕应将脚手板和墙上的碎砖、灰浆清扫干净，防止掉落伤人。

（3）山墙砌完后应立即安装桁条或加临时支撑，防止倒塌。

（4）在屋面坡度大于25°时，挂瓦必须使用移动板梯，板梯必须有牢固的挂钩，没有外架子时檐口应搭防护栏杆和防护立网。

（5）屋面上瓦应两坡同时进行，保持屋面受力均衡，屋面无望板时，应铺设通道，不准在桁条、瓦条上行走。

8 抹灰工作业的安全操作规定与要求是什么？

（1）操作前检查架子和高凳是否牢固，且跨度应小于 2 m。在架上操作时，同一跨度内作业不应超过两人。

（2）室内抹灰使用的木凳、金属支架应平稳牢固，架子上堆放材料不得过于集中。

（3）不准在门窗、暖气件、洗脸池等器物上搭设脚手架。在阳台部位粉刷，外侧必须挂设安全网，严禁踩踏脚手架的护栏和阳台拦板。

（4）进行机械喷灰喷涂时，应戴防护用品，压力表、安全阀门应灵敏可靠，管路摆放顺直，避免折弯。

（5）贴面使用预制件、大理石、瓷砖等，应边用边运。待灌浆凝固后方可拆除临时支撑。

（6）使用磨石机，应戴绝缘手套、穿胶靴，电源线不得破皮漏电。

9 木工作业的安全操作规定与要求是什么？

（1）木工支模拆模安全操作规定。

1）模板支撑不得使用腐朽、扭裂、劈裂的材料。顶撑要垂直，低端平整坚实，并加垫木。木楔要钉牢，并用横顺拉杆和剪刀撑拉牢。

2）采用桁架支模应严格检查，发现严重变形、螺栓松动等应及时修复。

3）禁止利用拉杆、支撑攀登上下。

4）支设 4 m 以上的立柱模板时，四周必须有支撑。不足

4 m的，可使用马凳操作。

5）拆除模板应按顺序分段进行，严禁猛橇、硬砸或大面积撬落和拉倒。拆下的模板应及时运送到指定地点集中堆放，防止钉子扎脚。

6）拆除薄梁、吊车梁、桁架预制构件模板，应随拆随加顶撑支牢，防止构件倾倒。

（2）木工进行木构件安装时的安全操作规定。

1）按《建筑施工高处作业安全技术规范》的规定，在坡度大于1∶2.2的屋面上操作，防护栏杆应高1.5 m，并加接安全网。

2）木屋架应在地面拼装。必须在上面拼装的应连续进行，中断时应设临时支撑。屋架就位后，应及时安装脊檩、拉杆或临时支撑。

3）在没有望板的屋面上安装石棉瓦，应在屋架下弦设安全网或有防滑条的脚手板操作。严禁在石棉瓦上行走。

4）安装两层楼以上外墙窗扇，外面如没安设脚手架或安全网的，应挂好安全带。

5）不准直接在板条天棚或隔音板上行走及堆放材料。

6）钉户檐板，严禁在屋面上探身操作。

10 钢筋工作业的安全操作规定与要求是什么？

（1）拉直钢筋时，卡头要卡牢，地锚要结实牢固，拉筋沿线2 m区域内禁止行人，人工绞磨拉直，缓慢松懈，不得一次松开。

（2）展开盘圆钢筋时，要卡牢一头，防止回弹。

（3）人工断料和打锤要站成斜角，注意甩锤区域内的人和物体。切断小于 30 cm 的短钢筋，应用钳子夹牢，禁止用手把扶。

（4）在高处、深坑绑扎钢筋或安装骨架，或绑扎高层建筑的圈梁、挑檐、外墙、边柱钢筋，除应设置安全设施外，绑扎时还要挂好安全带。

（5）绑扎立柱、墙体钢筋时，不得站在钢筋骨架上或攀登骨架上下。

11 混凝土工作业的安全操作规定与要求是什么？

（1）使用平板振动器或振捣棒的作业人员，要穿胶鞋、戴绝缘手套。湿手不得接触开关，电源线不得有破皮漏电。

（2）混凝土工使用推车向料斗倒料时，要有挡车措施，不得用力过猛和撒把。

（3）浇筑混凝土时，不准直接站在溜槽帮上或站在模板及支撑上操作。

（4）夜间施工时，照明要良好。

12 架子工作业的安全操作规定与要求是什么？

（1）建筑登高架设作业包括的操作项目有：①建筑脚手架、提升设备、高空吊篮等的拆装；②起重设备拆装。

（2）建筑登高架设作业人员，应熟知本作业的安全技术操作规程，严禁酒后作业和作业中玩笑戏闹，禁赤脚，禁穿硬底鞋、拖鞋和带钉鞋等，穿着要灵便。

（3）必须正确使用个人防护用品及熟知“三宝”的正确使用方法。

（4）架子工在高处作业时必须有工具袋，防止工具坠落伤人。

（5）架子工在高处作业时使用的材料、工具，必须由绳索传递，严禁抛掷。

（6）架子工安全操作应遵守的“十二道关”包含以下内容：

1）人员关。有高血压、心脏病、癫痫病、晕高、视力不好等不适合做高处作业的人员，未取得架子工特种作业上岗操作证的人员，均不得从事架子高空作业。

2）材质关。脚手架所需要用的材料、扣件等必须符合国家规定的要求，经过验收合格才能使用，不合格的决不能使用。

3）尺寸关。必须按规定的立杆、横杆、剪刀撑、护身栏等间距尺寸搭设，上下接头要错开。

4）地基关。土壤必须夯实，立杆再插在底座上，下铺 5 cm 厚的跳板，并加绑扫地杆，要能排出雨水。高层脚手架基础要经过计算，采取加固措施。

5）防护关。作业层内侧脚手板与墙距离不得大于 15 cm；外侧必须搭设两道护身栏和挡脚板，挡脚板绑扎牢固严密，或立挡安全网下口封牢。10 m 以上的脚手架，应在操作层下一步架搭设一层脚手板，以保证安全。如因材料不足不能设安全层时，可在操作层下一步架铺设一层安全网，以防坠落。

6）铺板关。脚手板必须满铺、牢固，不得有空隙、探头板和飞跳板。要经常清除板上杂物，保持清洁平整，操作层有坡度的，脚手板必须和小横拉杆用铅丝绑牢。

7）稳定关。必须按规定设剪刀撑。必须使脚手架与楼层墙体拉接牢固，拉结点设置距离为垂直 3.6 m（4 m 以内），水平 5.4 m（6 m 以内）。

8）承重关。荷载不得超过规定，在脚手架上堆砖，只允许单行侧摆三层。

9）上下关。工人安全上下、安全行走必须走斜道和阶梯，严禁施工人员翻爬脚手架。

10）雷电关。脚手架高于周围避雷设施的必须安装避雷针，接地电阻不得大于 10 Ω。在带电设备附近搭拆脚手架时应停电进行。或者遵守下列规定：严禁跨越 35 kV 及以上带电设备；1 kV及以下，水平和垂直距离不应小于 4 m；1～10 kV 的，为 6 m。

11）挑别关。对特殊架子的挑梁、别杆是否符合规定，必须认真检查和把关。

12）检验关。架子搭好后必须经过有关人员检查验收合格才能上架操作。要加强使用过程中的检查，分层搭设、分层验收和分层使用，发现问题及时加固。大风、大雨、大雪后也要认真检查。

13 搅拌机工安全作业的注意事项有哪些？

（1）混凝土搅拌机安装必须平稳牢固，轮胎必须架悬或卸下另行保管，并须搭设防雨或保温的工作棚。操作地点要注意保持整洁，棚外应挖设排除清洗机械废水的设施。

（2）混凝土搅拌机的电源接线必须正确，必须有可靠的保护接零（或保护接地）和漏电保护开关，布线和各部分绝缘必须符合规定要求。

（3）操作司机必须是经过培训，并考试合格取得操作证者，严禁非司机操作。

（4）司机必须按“清洁、紧固、润滑、调整、防腐”的十字作业法，每天对搅拌机进行认真的维护保养。

（5）每日工作开始时，应认真检视各部件有无异常现象。开车前应检查离合器、制动器和各防护装置是否灵敏可靠。钢丝绳有无破损，轨道、滑轮是否良好，机身是否稳固，周围有无障碍，确认没有问题时，方能合闸试车。经 2～3 min 试运转，滚筒转动平稳，不跳动、不跑偏，运转正常，无异常声响后，再正式进行生产操作。

（6）机械开动后，司机必须思想集中，坚守岗位，不得擅离职守。并须随时注意机械的运转情况，若发现异常现象或听到异常声响，必须将罐内存料卸出，停车后进行检查修理。

（7）搅拌机在运转中，严禁修理和保养，并不准将工具伸到罐内扒料。

（8）各型搅拌机均为运转加料，若遇中途停机停电时，应立即将料卸出。绝不允许中途停车、重载启动（反转出料混凝土搅拌机除外）。

（9）上料不得超过规定量，严禁超负荷使用。

（10）强制式混凝土搅拌机的骨料应严格筛选，最大粒径不得超过允许值，以防卡塞。

（11）如果砂堆棚结，需要捣松时，必须两人前去，一人操作，一人监护，并必须有安全措施，每个人都须站在安全稳妥的地方工作。

（12）料斗提升时，严禁在料斗的下方工作或通行。料斗的基坑需要清理时，必须事先与司机联系，待料斗用安全挂钩挂牢固后，方准进行。

（13）检修搅拌机时，必须切断电源。如需进入滚筒内检修时，必须在电闸上挂有“禁止合闸”的木牌，并设有专人看守，要绝对保证不让误送电源的事故发生。

（14）停止生产后，要及时将罐内外刷洗干净，严防混凝土黏结。工作结束后，将料斗提升到顶上位置，用安全挂钩挂牢；

离开现场前拉下电闸并锁好电闸箱。

（15）寒冷季节工作结束后，必须将水泵、放水开关、贮水罐内的水放净，避免冻坏设备。

14 蛙式打夯机工安全作业的注意事项有哪些？

（1）每台夯机的电动机必须是加强绝缘或双重绝缘电动机，并装有漏电保护装置，操作开关要使用定向开关，每台夯机必须单独使用刀闸或插座。

（2）夯机的操作手柄要加装绝缘材料。

（3）每班工作前必须对夯机进行检查，内容包括以下几方面：

1）各种电器部件的绝缘及灵敏程度，零线是否完好；

2）偏心块连接是否牢固，大带轮及固定套是否有轴向窜动现象；

3）电缆线是否有扭结、破裂、折损等可能造成漏电的现象；

4）整体结构是否有开焊、严重变形现象。

（4）每台夯机设两名操作人员。一人操作夯机，一人随机整理电线。操作人员均必须戴绝缘手套和穿胶鞋。

（5）操作夯机者先根据现场情况和工作要求确定行夯路线，操作时按行夯路线随机直线行走。严禁强行推进、后拉、按压手柄强猛拐弯，或撒把不扶任夯机自由行走。

（6）随机整理电线者随时将电缆线整理通顺，盘圈送行，并应与夯机保持 3～4 m 余量。发现有电缆线扭结缠绕、破裂及漏电现象时，应及时切断电源，停止作业。

（7）夯机作业前方 2 m 以内不得有人。多台夯机同时作业时，其并列间距不得小于 5 m，纵距不得小于 2 m。

（8）夯机不得打冻土、坚石、混有砖石碎块的杂土以及一边偏硬的回填土。在边坡作业时应注意保持夯机平稳，防止夯机翻倒坠夯。

(9) 经常保持机身整洁，托盘内落入石块、积土、杂物较多或底部黏土过多出现啃土现象时必须停机断电清除，严禁运转中清除。

(10) 搬运夯机时，须切断电源，并将电线盘好，夯头绑住。往坑槽下运送时，用绳索系送。严禁推扔夯机。

(11) 停止操作时，切断电源，锁好电源闸箱。

(12) 夯机用后妥善保管，遮盖防雨布，并将其底部垫高。

(13) 夯机的电气设备发生故障或雨后使用夯机，应由电工进行检查、修理，确定电气设备完好后方可使用。

(14) 长期搁置不用的夯机，在使用前必须测量绝缘电阻，未经测量检查合格的夯机，严禁使用。

15 钢筋机械工安全作业的注意事项有哪些?

(1) 钢筋机械必须由专人管理，必须按“清洁、坚固、润滑、调整、防腐”的十字作业法，对机械进行认真的维护、保养。使用钢筋机械必须经过管理人员允许，对不了解钢筋机械安全操作知识者，禁止上机操作。

(2) 工作前必须检查电源接线是否正确，各电器部件的绝缘是否良好，机身是否有可靠的保护接零或保护接地。

(3) 使用前必须检查刀片、调直块等工作部件安装是否正确，有无裂纹，其固定螺钉是否紧固。各传动部分的防护罩是否齐全有效。

(4) 使用前必须先空车试运转，确实无异常后，才能正式开始工作。

(5) 在机械运转过程中，禁止进行调整、检修和清扫等工作。

(6) 禁止加工（如切断、调直、弯曲等）超过规定规格的钢筋或过硬的钢筋。

(7) 在使用调直机时，在导向筒的前部应安装一根长 1 m 左右的钢管，被调直的钢筋应先穿过钢管，再穿入导向筒和调直筒，以防每盘钢筋接近调直完毕时弹出伤人。

(8) 在使用钢筋切断机时，必须将钢筋握紧，应在活动刀片向后退时，将钢筋送入刀口，要防止钢筋末端摆动或弹击伤人。若送短料，须用钳子夹住送料。

(9) 在使用弯曲机时，不直的钢筋禁止在弯曲机上弯曲，防止发生伤害事故。

(10) 加工较长钢筋时，应设专人帮扶钢筋。扶钢筋人员应与掌握机械人员动作协调一致，并听其指挥，不得任意拉、拽。

(11) 对机架上的铁屑、钢末不得用手抹或用嘴吹，以免划伤皮肤或溅入眼中。

(12) 已切断或弯曲好的半成品，应码放整齐，防止个别新切口突出划伤皮肤。每天工作完毕后，对切下的碎头等，必须清理干净，并拉闸断电，锁好电闸箱后方可离开。

16 木工机械工安全作业的注意事项有哪些？

(1) 木工机械必须设专人管理，并按“清洁、紧固、润滑、调整、防腐”的十字作业法，对机械进行认真的维护保养。使用木工机械必须经过管理人员允许，对不了解木工机械安全操作知识者，不允许上机操作。

(2) 工作前必须检查电源接线是否正确，各电器部件的绝缘是否良好，机身是否有可靠的保护接零或保护接地。

(3) 使用前必须检查刨刀、锯片安装是否正确，紧固是否良好，各安全罩、防护器等是否齐全有效。

(4) 使用前必须空车试运转，转速正常后，再经 2～3 min

空运转，确认确实无异常后，再送料开始工作。

（5）机械运转过程中，禁止进行调整、检修和清扫等工作，操作人员要扎紧衣袖，并不准戴手套。

（6）加工旧料前，必须将铁钉、灰垢、冰雪等清除后再上机加工。

（7）操作时要注意木材情况，遇到硬木、节疤、残茬要适当减慢推料进料，严禁手指按在节疤上操作，以防木料跳动或弹起伤人。

（8）加工 2 m 以上较长的木料时应由两人操作，一人在上手送料，一人在下手接料。下手接料者必须在木头越过危险区后方准接料，接料后不准猛拉。

（9）使用木工圆锯，操作人员必须戴防护眼镜，电锯上方必须装设保险挡和滴水设备。操作中任何人都不得站在锯片旋转的切线方向。木料锯至末端时，要用木棒推送木料。截断木料要用推板推进，锯短料一律使用推棍，不准用手推进。进料速度不得过快，用力不得过猛，接料必须使用刨钩，长度不足 50 cm 的短料禁止上圆锯机。

（10）使用木工平刨，不准将手伸进安全挡板里侧搬移挡板，禁止摘掉安全挡板操作。刨料时，每次刨削量不得超过 1.5 mm。操作时必须双手持料，刮大面时，手只许按在料的上面；刮小面时，可以按在上面和侧面，但手指必须按在材料侧面的上半部，而且必须离开刨口至少 3 cm 以上。禁止一只手放在材料后头的操作法。送料要均匀推进，按在料上的手经过刨口时，用力要轻。对薄、短和窄的木料在刨光时必须一律使用板或推棍，长度不足 15 cm 的木料不准上平刨。

（11）使用木工压刨时，压料、取料人员站位不得正对刨口，以免大料刨削击伤面部。同规格的木料可以根据台面宽度几根同时并进。不同厚度的木料不许同时刨削，否则容易使较薄的木料打出伤人。刨料时，切削深度不得超过 3 mm。操作时应按顺序连续送料，续料须持平直，如发现材料走横，应速将台面降下，经拨正后再继续工作。刨料长度不准短于前后压滚的中心距离，厚度在 1 cm 以下的薄板，必须垫托板，方可推入压刨。

（12）每天工作完毕，必须将锯末、刨屑、刨花打扫干净，并拉闸断电，锁好电闸箱后方准离开。

（13）为防止发生火灾，木工机械操作间（棚）内严禁抽烟，或烧火取暖，并须设置必要的防火器材。

17 翻斗车工安全作业的注意事项有哪些？

（1）机动翻斗车应由取得驾驶证的专职司机驾驶，禁止非司机开车。司机应了解本车构造、技术性能、交通规则和安全操作规程，并必须按“清洁、坚固、润滑、调整、防腐”的十字作业法对翻斗车进行认真的维护保养。

（2）工作前应检查本机各部件有无异常，经确认无异常后再启动柴油机。启动柴油机前，变速杆放于空挡位置，将油门踏板扳在慢车位置。冬季启动时，可将张紧轮脱开，减小摩擦便于启动。

（3）柴油机发动后，试运转片刻，确认运转正常，无异常声响待车跑起来后再换二挡、三挡，禁止三挡起步。

（4）操作中，司机必须精神集中，不可与别人打闹及说笑。并要随时注意各种工作情况有无异常现象，如有机件过热、连接松动、作用失灵等故障，一经发现，应立即停车检修，不可“带病”勉强行驶。翻斗车斗内严禁载人。

（5）路面情况不良必须以低速挡行驶，避免剧烈加速和剧烈颠簸。由低速挡往高速挡变换时，应逐渐提高车速，避免将油门一下子踏到底的猛烈动作。在一般情况下，制动要平稳，尽量避免紧急刹车。

(6) 换挡时应正确使用离合器。离合器开始接合时应缓慢，当完全接合后，应迅速把脚移开踏板。在行驶中不得使用半踏离合器的办法来降低车速。只有当翻斗车完全停止后，才可换入倒挡。

(7) 爬坡时如道路情况不良，应根据车速情况，尽量事先换低速挡爬坡。下坡时，不宜高速行驶，严禁脱挡高速滑行，避免紧急刹车，防止车子向前倾翻，禁止下大于25°的陡坡。

(8) 翻斗车停稳后，才能抬起锁紧机构手柄进行卸料，禁止在制动的同时翻斗卸料。

(9) 在坑边缘倒料时，必须设置安全可靠的车挡，方可进行施工。车辆离坑边10 m处就必须减速行驶，到靠近车挡处倒料，防止车辆翻入坑内造成事故。

(10) 黏结在斗子里的混凝土、灰浆，翻斗倒不出来时，应采取人工清除，禁止用车辆高速行驶、突然制动、惯性翻斗的办法来清除斗内残留物。

(11) 机动翻斗车在公路行驶或夜间工作时，灯光一定要齐全。上公路行驶必须严格遵守交通规则。在夜间运行或在人多路段内行驶时，应降低车速。

(12) 下班前应认真清洗车辆。在冬季，停车后必须放尽发动机的冷却水，避免冻坏发动机。

18 推土机工安全作业的注意事项有哪些？

(1) 托运装卸车时，跳板必须搭设牢固稳妥，推土机开上、开下拖板时必须低挡运行。装车就位停稳后要将发动机熄火，并将主离合器变速杆、制动器都放在操纵位置上，同时用三角木把履带塞牢，如长途运输还要用铁丝绑扎固定，以防在运输时移动。

（2）在陡坡（大于25°）上严禁横向行驶，如果在大于25°陡坡进行横向推土时，应先进行挖填，使推土机保持平衡后，方可进行工作。

（3）在陡坡上纵向行驶时，不能拐死弯，否则会引起履带脱轨，甚至造成侧向倾翻。

（4）下坡时，不准切断主离合器滑行，否则推土机速度将不易控制，造成机件损坏或发生事故。

（5）在下陡坡时，应使用低速挡，将油门放在最小位置，慢速行驶。必要时，可将推土机调头下行，并将推土板接触地面，利用推土板和地面产生的阻力控制推土机速度。

（6）在高速行驶时，切勿急转弯，尤其在石子路上和黏土路上不能高速急转弯，否则会严重损坏行走装置，甚至使履带脱轨。

（7）在行走和工作中，尤其在起落刀架时，应特别注意勿使刀架伤人。

（8）推土前要了解地下有无埋设物和埋设物的埋设位置，要注意不要推坏地下埋设物。

19 挖掘机工安全作业的注意事项有哪些？

（1）在工作时，挖掘机应停放在平坦坚实的地面上，以保证回转机构的正常工作。

（2）在挖掘多石土壤或冻土时，应先爆破，然后进行挖掘。

（3）履带式挖掘机不应自行移动较大距离（大于5 km），以免行走机构遭到过度损伤。

（4）挖掘机上坡时，驱动轮应在后面；下坡时，驱动轮应在前面，且动臂在后面。挖掘机在通过铁道或软土、黏土路面时，应铺设垫板。

(5) 禁止在危险的作业面下边工作或停放。在高的工作面上挖掘散粒土壤时，应将工作面的较大石块和其他物品除掉，以免其坍塌造成事故。

(6) 当铲斗尚处于工作状况时，禁止挖掘机转动。在挖掘机转动时，不得用铲斗对工作面等物进行侧面冲击，或用铲斗的侧面刮平土壤。

(7) 在挖掘机工作时铲斗及斗杆下方不得有人穿越或停留。在铲斗下落时，注意不要冲击车架和履带，不要放松提升钢丝绳。当铲斗接触地面时，禁止挖掘机转动。

(8) 做拉铲、抓铲工作时，禁止高速回转，禁止在风压大于250 Pa条件下工作。

(9) 挖掘机移动时，动臂应放在行走方向，铲斗距地面高度不得超过1 m。铲斗满载时，禁止移动。

(10) 挖掘前要了解地下有无埋设物和埋设物的埋设位置，要注意不要挖坏地下埋设物。

20 施工现场场内机动车辆驾驶员的作业准则是什么？

(1) “十慢”是：起步慢、转弯慢、下坡慢、倒车慢、过桥慢、交会车慢、交叉路口慢、视线不良慢、雨雪路滑慢、挂有拖车慢。

(2) “十不准”是：不准超载、不准抢挡、不准高速行驶、不准酒后驾驶、开车时不准吃东西、开车不准与他人谈话、人货不准混装、视线不清不准倒车、不准非驾驶人员开车、行驶中不准跳上跳下。

(3) “十不开”是：车辆有病不开车、车门不关好不开车、人没坐稳不开车、货物没有装好不开车、跳脚板上站人不开车、翻斗不装好不开车、装运货物超高超长没有安全措施不开车、装运危险品违反安全标准不开车、“三照”不全不开车、学员没有教练带领不开车。

（4）“七好”是：刹车好、灯光好、喇叭好、信号标志好、车辆保养好、规程规则遵守好、安全措施执行好。

七、矿山安全

1 矿工下井的安全须知是什么?

（1）煤矿是高危行业，矿工入井前要吃好、睡好、休息好，千万不能喝酒，以保持精力充沛。

（2）明火和静电可导致瓦斯爆炸及火灾，不能穿化纤衣服和携带香烟及点火物品下井。

（3）入井前要随身佩戴矿灯、安全帽，携带自救器，配备不齐或设备不完好不能入井工作。

（4）携带锋利工具时，要套好护套，防止伤人。

（5）通过班前会可了解工作地点的安全生产情况、明确安全注意事项、掌握防范措施，保证作业安全，因此要按时参加班前会。

（6）自觉遵守《入井检身制度》，听从指挥，排队入井，接受检身。

2 在矿井下乘车与行走要注意哪些事项?

（1）上下井乘罐、乘车、乘皮带要听从指挥，不能嬉戏打闹、抢上抢下。

（2）要按照定员乘罐、乘车，并关好罐笼门、车门，挂好防护链。不能在机车上或两车厢之间搭乘。

（3）人货混装十分危险，不要乘坐已装物料的罐笼、矿车和皮带。

（4）开车信号已发出或罐笼、人车没有停稳时，严禁上下。

（5）运送火工品时，要听从管理人员安排，千万不能与上下班人员同时乘罐、乘车。

(6) 乘罐、乘车、乘皮带行驶途中，不能在罐内、车内躺卧和打瞌睡，不能将头、手、脚和携带的工具伸到罐笼和车辆外面；不能在皮带上仰卧、打瞌睡和站立、行走，不能用手扶皮带侧帮。

(7) 乘坐“猴车”(无级绳绞车) 时，不许触摸绳轮，做到稳上、稳下。

(8) 在巷道中行走时，要走人行道，不在轨道中间行走，不随意横穿电机车轨道、绞车道，携带长件工具时，要注意避免碰伤他人和触及架空线，当车辆接近时要立即进入躲避硐室暂避。

(9) 在横穿大巷，通过弯道、交叉口时，要做到“一停、二看、三通过”；任何人都不能从立井和斜井的井底穿过；在兼作行人的斜巷内行走时，按照“行人不行车，行车不行人”的规定，不要与车辆同行。

(10) 钉有栅栏和挂有危险警告牌的地点十分危险，不能擅自进入；爆破作业经常伤人，不可强行通过爆破警戒线、进入爆破警戒区。

(11) 严禁扒车、跳车和乘坐矿车，严禁在刮板输送机上行走；在带式输送机巷道中，不能钻过或跨越输送带。

3 如何预防瓦斯和煤尘爆炸事故？

(1) 监测监控是有效预防瓦斯积聚的重要措施，要爱护监测监控设备；不能因为监测监控系统报警、断电影响生产而擅自调高监测探头的报警值、破坏瓦斯监测探头或用泥巴、煤粉及其他物品将瓦斯监测探头封堵上。

(2) 井下的风筒、风门、风桥、风障等通风设施是为矿工提供新鲜空气和防止瓦斯积聚、预防瓦斯事故的最重要的基础设施。这些通风设施一旦被破坏，风流就可能紊乱，导致瓦斯事故，造成重大人员伤亡。所以，一是要自觉爱护井下通风设施；二是通过风门时，要立即随手关好，不能将两道风门同时打开，以免造成风流短路。

发现通风设施破损、工作不正常或风量不足时，要及时报告，修复处理。

(3) 掘进工作面是最易发生瓦斯积聚、发生瓦斯事故的地点之一，保证局部通风机的正常运转可有效防范瓦斯事故的发生。局部通风机通常由专人负责管理，其他人不可随意停开。

(4) 工作面在瓦斯超限的情况下仍然坚持生产作业，极易引起重特大人员伤亡事故。各种规章规定，严禁瓦斯超限作业：

当采区回风巷、采掘工作面回风巷风流中瓦斯的体积分数超过1%或二氧化碳的体积分数超过1.5%时，必须停止作业，从超限区域撤出。

当采掘工作面及其他作业地点风流中、电动机或其开关安设地点附近20 m以内风流中的瓦斯的体积分数达到1.5%时，也必须停止工作，从超限区域撤出。

(5) 由矿灯、机电设备产生的火花都能引起瓦斯爆炸和矿井火灾，导致人员重大伤亡，所以在井下不能随意拆开、敲打、撞击矿灯，不准带电检修、搬迁电气设备，更不能使用明刀闸开关。

(6) 吸烟引发的瓦斯爆炸时有发生。为了确保井下全体矿工的人身安全，井下禁止吸烟和使用火柴、打火机等点火物品。

(7) 炸药在爆炸过程中会产生爆炸火焰，防范措施不当就会引起瓦斯爆炸，因爆破作业引发的瓦斯事故时有发生。为了防止因爆破作业引发的瓦斯事故，有关规章规定：爆破作业必须严格执行“一炮三检”制度（装药前、放炮前、放炮后检查瓦斯浓度），爆破地点附近20 m以内风流中瓦斯的体积分数达到1%时，严禁装药，爆破。井下爆破作业必须使用专用发爆器，严禁使用明火、明刀闸（开关）、明插座爆破；炮眼必须按规定封足炮泥、使用水炮泥，严禁使用煤粉或其他易燃物品封堵炮眼，无封泥或封泥不足时严禁爆破。

（8）出现以下一种或多种征兆时，就可能发生煤与瓦斯突出，因此在观察到以下征兆时要立即停止作业、从作业地点撤出，并报告有关部门。

1）无声征兆：工作面顶板压力增大，煤壁被挤出、片帮掉渣、顶板下沉或底板鼓起，煤层层理紊乱、煤暗淡无光泽、煤质变软、煤壁发亮，工作面风流中瓦斯忽大忽小，打钻时有顶钻、卡钻、喷瓦斯等现象。

2）有声征兆：煤层发出劈裂声、闷雷声、机枪声、响煤炮，声音由远到近、由小到大，有短暂的、有连续的、间隔时间长短不一，煤壁发生震动或冲击，顶板来压、支架发出折裂声。

（9）有些煤矿的煤尘具有爆炸性，一旦发生煤尘爆炸，就会造成矿毁人亡，后果十分严重；但只要认真执行《煤矿安全规程》和有关规章制度，有效实施煤层注水、湿式打眼、使用水炮泥、喷雾洒水、冲洗巷帮等综合防尘措施，煤尘爆炸是完全可以预防的。在井下工作时要爱护防尘设施、设备，不可随意拆卸、损坏。

4　如何预防顶板事故？

（1）顶板事故是最常见、最容易发生的事故，要注意防范。当出现以下一种或几种征兆时，要及时采取措施防范：顶板、支架发出响声；顶板掉渣；煤壁片帮；顶板出现裂缝；顶板脱层；直接顶漏顶等。

（2）顶板是否会发生冒落，可采用以下方法进行观察：

一是敲帮问顶。即用钢钎或手镐敲击顶板，声音清脆响亮的，表明顶板完好；发出“空空”或“嗡嗡”声的，表明顶板岩石已离层，有冒落的危险，应采取措施把脱离的岩块挑下来。

二是打木楔。即在顶板裂缝中打入一小木楔，过一段时间如果发现木楔松动或松脱，说明裂缝在扩大，顶板有冒落的危险，应采取措施进行处理。

三是震动观察。即一手扶顶板，一手持凿子或镐头等工具敲击顶板，若感到顶板震动，即使听不到破裂声也说明已有顶板岩石离层，有冒落的危险，应及时防范。

5 如何预防井下火灾事故？火灾初期应如何处理？

（1）井下火灾后果十分严重，会造成重大人员伤亡和财产损失，还会引发瓦斯、煤尘爆炸，导致灾害进一步扩大。应十分注意矿井火灾的防范：一是不能在井下用灯泡取暖和使用电炉、明火；二是在没有得到批准的情况下，不得从事电、气焊作业；三是不能将剩油、废油随意泼洒，也不能将用过的棉纱、布头和纸张等易燃物品随意丢弃。

（2）火灾发生初期是灭火的最好时机，因而应主动学会使用灭火器具，掌握灭火知识。在发生火灾时，若火势不大，可直接组织身边人员灭火；若火灾范围大或火势太猛，现场人员无力抢救、自身安全受到威胁时，应迅速戴好自救器撤离灾区或根据领导指示行事。

6 如何预防矿井水灾事故？

（1）矿井水灾事故是煤矿五大自然灾害之一，也会造成人员的重大伤亡，当观察到以下一种或几种征兆时，必须停止作业，判明情况，立即向领导或调度室报告，并从受水害威胁的区域撤出。水灾的征兆是：工作面变得潮湿，顶板滴水、淋水，岩石膨胀，底鼓，矿压增大，片帮冒顶，支架变形，有水叫声，煤层挂汗、挂红，工作面有害气体增加、有时带有臭鸡蛋味等。

（2）探水作业经常会发生意外，进行探水作业时，要预先开好躲避硐，加强支护，规定好联络信号和避灾路线，并经常检查瓦斯。当钻进中遇到异常情况时，不要轻易移动或拔出钻杆、擅自放水，要及时向领导或调度室汇报，情况危急时，要立即撤出。

7 矿井下发生事故时应如何紧急避灾？

（1）有效的自救和互救可减少事故伤亡，挽救自己和他人的生命，因而要主动学习和掌握矿井灾害预防知识和自救、互救知识，熟悉井下避灾路线。

（2）发生事故后，及时报警可增加获救的机会、赢得抢救的时间。在事故发生后要充分利用附近的电话或派出人员迅速将事故情况向领导或调度室汇报。

（3）避灾过程中，要保持镇静、沉着应对，不要惊慌、不要乱喊乱跑；要遵守纪律，听从指挥，决不可单独行动。

（4）紧急避灾撤离事故现场时，要迎着风流、向进风井口撤离，并在沿途留下标记。

（5）无法安全撤离灾区时，要迅速进入预先构筑的躲避硐室或其他安全地点暂避，在硐室外留下明显标记，并不时敲打轨道或铁管发出求救信号。撤离路线被封堵时，不要冒险闯过火区或泅过被水封堵的通道。

（6）抢救窒息或心跳呼吸骤停的伤员时，要先复苏，后搬运；抢救出血的伤员时，要先止血，后搬运；抢救骨折的伤员时，要先固定，后搬运。

（7）正确避灾，可避免或减少人员伤亡：遇到瓦斯、煤尘爆炸事故时，要迅速背向空气震动的方向、脸向下卧倒，并用湿毛巾捂住口鼻，以防止吸入大量有毒气体；与此同时要迅速戴好自救器，选择顶板坚固、有水或离水较近的地方躲避。

遇到火灾事故时，要首先判明灾情和自己的实际处境，能灭（火）则灭，不能灭（火）则迅速撤离或躲避、开展自救或等待救援。

遇到水灾事故时，要尽量避开突水水头，难以避开时，要紧抓身边的牢固物体并深吸一口气，待水头过去后开展自救和互救。

遇到煤与瓦斯突出事故时，要迅速戴好隔离式自救器或进入压风自救装置或进入避难硐室。

八、防火防爆和危险化学品事故预防

1 火灾如何分类?

(1) 按燃烧对象分类。

1) A类火灾。普通固体可燃物燃烧而引起的火灾。固体物质是火灾中最常见的燃烧对象。固体可燃物有:木材及木制品、纤维板、胶合板、纸张、纸板、棉花、棉布、服装、粮食、谷类、豆类、合成橡胶、合成纤维、合成塑料、化工原料、建筑材料、装饰材料等,种类极其繁杂。

2) B类火灾。油脂及一切可燃液体燃烧引起的火灾。油脂包括原油、汽油、煤油、柴油、重油、动植物油。可燃液体主要有酒精、苯、乙醚、丙酮等各种有机溶剂。原油罐、汽油罐是B类火灾的重点保护对象。

3) C类火灾。可燃气体燃烧引起的火灾,如煤气、天然气、甲烷、氢等引起的火灾。

4) D类火灾。可燃金属燃烧引起的火灾,如钠、钾、钙、镁、铝、锶等金属火灾。

5) 带电火灾。指带电的电气设备及其他物体燃烧的火灾。

(2) 按火灾损失严重程度分类。

1) 特大火灾。死亡10人以上(含10人);重伤20人以上;死亡、重伤20人以上;受灾50户以上;烧毁财物损失100万元以上。

2) 重大火灾。死亡3人以上;受伤10人以上;死亡、重伤10人以上;受灾30户以上;烧毁财物损失30万元以上。

3) 一般火灾。不具备以上条件的火灾。

(3) 按火灾发生场地与燃烧物质分类。

1) 建筑火灾。主要有普通建筑火灾、高层建筑火灾、大空间建筑火灾、商场火灾、地下建筑火灾、古建筑火灾。

2）物质（仓库）火灾。主要有危险化学品库火灾、石油库火灾、可燃气体库火灾。

3）生产工艺火灾。主要有普通工厂矿山火灾、化工厂火灾、石油化工厂火灾、可燃爆矿火灾。

4）原野火灾（自然火灾）。主要有森林火灾、草原火灾。

2 按燃烧性，危险物品分为哪几类？

按燃烧性，凡有火灾或爆炸危险的物品统称为危险物品。可分为以下七类：

（1）爆炸物品。凡是受到高热、摩擦、冲击等外力作用或受其他因素激发，能在很短时间内发生剧烈化学反应，放出大量气体和热量，同时伴有巨大声响而爆炸的物质，都称为爆炸物品。如雷管、炸药等。

（2）易燃和可燃液体。这类物质极易挥发和燃烧。如汽油、煤油、溶剂油等。

（3）易燃和助燃气体。这类物质受热、受冲击或遇火花能燃烧或发生爆炸，或有助燃能力，能扩大火灾。如氢、氯、煤气、乙炔等。

（4）自燃物品。不需要外界火源的作用，由于本身受空气氧化而放出热量，或受外界影响而积热不散，达到自燃点而引起自行燃烧的物质。如黄磷、油布、油纸等。

（5）遇水着火物品。这类物质能与水发生剧烈反应，放出可燃气体和热量，可引起燃烧和爆炸。如钠、钾、氢化钠、碳化钙、镁铝粉等。

（6）易燃固体。这类物质燃点较低，遇明火，受热、撞击或与氧化剂接触能引起急剧燃烧。如红磷、硫黄、闪光粉、生松香等。

（7）氧化剂。这类物质本身不燃烧，但有很强的氧化能力，与可燃物接触引起燃烧或爆炸。如高锰酸钾、过氯酸钾、过氧化钠等。

3 易燃、可燃液体是如何分类的？

根据闪点，将能燃烧的液体分为四级两类：

四级是：

第一级：闪点在28℃以下，如汽油、酒精等。

第二级：闪点在28～45℃之间，如丁醇、煤油等。

第三级：闪点在46～120℃之间，如苯酚、柴油等。

第四级：闪点在121℃以上，如润滑油、桐油等。

两类是：属于第一、第二级的液体称为易燃液体；属于第三、第四级的液体称为可燃液体。

4 可燃和助燃气体有何特性？

按火灾危险性，可把气体分为三类：可燃气体、助燃气体和不燃气体。可燃气体，如氢、一氧化碳、天然气等；助燃气体，如氧等；不燃气体，如二氧化碳、氮气等。

可燃和助燃气体的特性是：

（1）化学活泼性。可燃和助燃气体的化学性质活泼，在普通状态下可与很多物质起反应或发生燃烧爆炸。化学活泼性越强，氧化能力越强的气体，其火灾危险性越大。如乙炔、乙烯与氯气混合遇日光能爆炸；液态氧与有机物接触能发生爆炸；压缩氧与油脂接触能发生自燃。

（2）可燃性。可燃气体遇火能燃烧，与空气混合达到一定浓度，会发生爆炸。爆炸下限低，爆炸浓度范围宽的气体，其火灾、爆炸危险性更大。

（3）扩散性。比空气轻的可燃气体逸散在空气中，可以很快扩散，并顺风飘移，造成火焰迅速蔓延。比空气重的可燃气体泄漏出来，往往流于地表、沟渠和厂房死角中，长时间聚集不散，一旦遇点火源就可能发生燃烧爆炸。

（4）压缩性。可燃和助燃气体受压可减小体积，甚至被压缩变成液态。盛装这种气体的容器内，总保持较大的压力。遇热气体很快膨胀，如液化石油气、丁烯等受热膨胀率比水要大 10～16 倍。如果容器充装过满，即使温升不大，也能膨胀产生很大压力，造成容器变形或破裂。

（5）腐蚀性。有的气体对设备材料有腐蚀作用，如不注意会损坏设备，严重的可导致火灾、爆炸事故。如氯气、硫化氢都有腐蚀性。所以，对受压容器要定期检查。

（6）毒害性。有些气体如硫化氢、氯气、氟气等有毒性。在扑灭这类火灾时，要注意防毒。

5　点火源有哪些？

为了预防火灾和爆炸，重要的是对危险物质和点火源进行严格管理。在生产中，引起火灾爆炸的点火源有以下 8 种：

（1）明火。如火炉、火柴、烟筒或烟道喷出火星、气焊和电焊、汽车和拖拉机的排气管喷火等。

（2）高热物及高温表面。如加热装置、高温物料的输送管、冶炼厂或铸造厂里熔化的金属、烟筒和烟道等。

（3）电火花。如高电压的火花放电、短路和开闭电闸时的弧光放电、接点上的微弱火花等。

（4）静电火花。如液体流动引起的静电、喷出气体引起的静电、人体的静电等。

（5）摩擦与撞击。如机器上轴承转动的摩擦；金属零件和铁钉落入设备内，铁器和机件撞击；磨床和砂轮的摩擦；铁器工具相撞；铁器与混凝土相碰等。

（6）自行发热。如油纸、油布、煤的堆积，活泼金属钠接触水等。

（7）绝热压缩。如硝酸甘油液滴中含有气泡时，被落锤冲击受到绝热压缩，瞬时升温，可使硝酸甘油液滴被加热至着火点而爆炸。

（8）化学反应热及光线和射线等。

6 什么是可燃粉尘？

在生产过程中，有时会产生颗粒细小的粉末，如煤粉、面粉。有些工厂在加工谷物、烟、麻、糖和金属的时候，由于粉碎、研磨、过筛等操作会产生粉尘。这些粉尘在一定条件下，能够发生爆炸。如1987年黑龙江省哈尔滨亚麻厂的粉尘爆炸。

凡是颗粒很细并遇火源能发生燃烧和爆炸的固体物质，都称为可燃粉尘。如铝粉、铁粉、镁粉、煤尘、小麦面粉、玉米面粉、甜菜糖粉等。

一些可燃性粉尘的爆炸特性见表2—3。

表2—3　　一些可燃性粉尘的爆炸特性

粉尘名称	铝粉	镁粉	煤尘	醋酸纤维	聚乙烯塑料	小麦面粉	甜菜糖粉
自燃点（℃）	645	520	610	320	450	380	525
爆炸下限（g/m^3）	35	20	35	25	25	10	15

7 什么叫闪点、燃点？什么叫自燃？

（1）闪点。可燃液体能挥发变成蒸气，混入空气中，温度升高，挥发加快。当挥发的蒸气和空气的混合物与火源接触能够闪出火花时，把这种短暂的燃烧过程叫作闪燃，把发生闪燃的最低温度叫作闪点。从消防观点来说，液体闪点就是可能引起火灾的最低温度。闪点越低，引起火灾的危险性越大。

测定闪点的方法有开口杯法和闭口杯法两种。开口杯法是将试样放在敞口容器中，加热进行测定。闭口杯法是将试样放在有盖的容器中加热测定。同一种试样，测定的方法不同，其值也不同，一般开口闪点要比闭口闪点高15～25℃。

（2）燃点。不论是固态、液态还是气态的可燃物质，如与空气共同存在，当达到一定温度时，与火源接触都会燃烧，移去火源后还继续燃烧。这时，可燃物质的最低温度叫作燃点，也叫做着火点。

液体的燃点可用测定闪点的开口杯法来测定。一般液体燃点高于闪点，易燃液体的燃点比闪点高1～5℃。

（3）自燃。在通常条件下，一般可燃物质和空气接触都会发生缓慢的氧化过程，但速度很慢，析出的热量也很少，同时不断向四周环境散热，不能像燃烧那样发出光。如果温度升高或其他条件改变，氧化过程就会加快，放出的热量增多，不能全部散发掉就聚积起来，使温度逐步升高。当达到这种物质自行燃烧的温度时，就会自行燃烧起来，这就是自燃。使某种物质受热发生自燃的最低温度就是该物质的自燃点，也叫自燃温度。

在自燃温度时，可燃物质与空气接触，不需要明火的作用就能发生燃烧。自燃点不是一个固定不变的数值，它主要取决于氧化时所放出的热量和向外导热的情况。可见，同一种可燃物质，由于氧化条件不同以及受不同因素的影响，有不同的自燃点。

8　可燃物发生自燃与哪些因素有关？

导致可燃物自燃有两个条件：一是可燃物因某种原因放热；二是热量不易散失得以积聚。

影响放热速率的主要因素有：

（1）发热量。发热量大，则可能积聚的热量也大。

（2）温度。一般说来，可燃物温度越高，导致放热的物理、化学或生物作用越强烈，所放热量也越多。

（3）水分。可燃物中水分的存在，会对某些放热反应起催化作用，加速了这些反应。如水对干性油脂的氧化、堆积植物的发酵等都有催化作用。

热量积聚主要与下列因素有关：

（1）可燃物的导热率。可燃物导热率越小，所放热量越不容易散失。

（2）堆积状态。薄片状、粉末状可燃物料堆积紧密，所放热量不容易散失。

（3）空气的流通。空气流通有利于散热，在通风的场所储存的物品很少发生自燃。

人们可根据以上分析，采取防范措施，预防自燃的发生。

9 什么是爆炸？

物质自一种状态迅速转变成另一种状态，并在瞬间放出很大能量，同时产生气体以很大压力向四周扩散，伴随着巨大的声响，这种现象就是爆炸。

爆炸可分为物理性爆炸和化学性爆炸。

物理性爆炸是由物理变化引起的。如液体变成蒸气或气体后体积膨胀，压力急剧增加，容器承受不了，因而发生爆炸。蒸汽锅炉、压缩和液化气钢瓶的爆炸就属于此类。这种爆炸前后物质的性质及化学成分不改变。

化学性爆炸物质本身发生了化学反应，产生大量的气体和很高的温度而发生爆炸。如爆炸物品的爆炸，可燃气体、蒸气和粉尘与空气混合的爆炸等。这种爆炸能直接造成火灾，具有很大的火灾危险性。

10 爆炸性物质有哪些？有哪些特性？

爆炸性物质是某些化合物或混合物受到高热、冲击等外力作用，瞬间发生剧烈化学反应，放出大量能量和气体而发生爆炸。这种物质有：

(1) 起爆药。如雷汞、叠氮铅、黑索金（环三亚甲基三硝胺）等。

(2) 猛性炸药。如 TNT（三硝基甲苯）、硝酸甘油、硝铵炸药、黑色火药、氯酸盐类和过氯酸盐类等。

(3) 烟火药。这种药剂的成分不固定，主要是氧化剂、可燃物质和显色的添加剂。

爆炸性物质的特性：

(1) 敏感度。炸药在外界条件的影响下，发生爆炸反应的难易程度称为敏感度。敏感度越高，所需要的起爆能越小，因而也就越易发生燃烧或爆炸。在保管、储运和使用时要充分了解炸药的敏感度，以防发生事故，保证安全。

(2) 安定性。炸药在长期储存中，保持其物理、化学性质不变的能力称为安定性。炸药容易变质的，其安定性不好，在保存中特别要小心。雷汞遇浓硫酸会发生猛烈的分解爆炸。TNT 受日光照射，会使敏感度增高，容易发生爆炸。硝铵炸药易吸潮而变质，爆炸能力降低。

(3) 殉爆性。爆炸性物质有一种特殊的性质，当一个炸药包爆炸时，能引起另一个位于一定距离处的炸药包也发生爆炸，这就是殉爆性。在保管炸药时要保持一定距离，以免发生殉爆。

11 常见的工业爆炸事故有哪几类？

常见的工业爆炸事故有以下几种类型：

（1）可燃气体与空气混合引起的爆炸事故。

（2）可燃液体蒸气与空气混合引起的爆炸事故。

（3）可燃性粉尘与空气混合引起的爆炸事故。

（4）间接形成的可燃气（或蒸气）与空气混合引起的爆炸事故。

（5）火药、炸药及其制品引起的爆炸事故。

（6）锅炉和压力容器爆炸事故。

12 什么叫爆炸极限？爆炸极限在防火防爆工作中的意义是什么？

可燃物质进入空气中，与空气混合达到一定浓度时，在点火源的作用下会发生爆炸。这种可燃物质在空气中形成爆炸性混合物的最低浓度叫作爆炸下限，最高浓度叫作爆炸上限。浓度在爆炸上限和爆炸下限之间，都能发生爆炸。这个浓度范围叫该物质的爆炸极限。如一氧化碳的爆炸极限是12.5％～74.5％。一氧化碳在空气中的浓度小于12.5％时，用火去点，这种混合物不燃烧也不爆炸；当一氧化碳在空气浓度达到12.5％时，混合物遇点火源能轻度爆燃；当空气中的一氧化碳浓度稍高于29.5％时，接触火源会发生威力很大的爆炸；当一氧化碳浓度达到74.5％，爆炸现象与浓度为12.5％时差不多；浓度超过74.5％时，遇火源则不燃烧、不爆炸。

爆炸极限是一个很重要的概念，在防火防爆工作中有很大的实际意义：

（1）它可以用来评定可燃气体（蒸气、粉尘）燃爆危险性的大小，作为可燃气体分级和确定其火灾危险性类别的依据。我国目前把爆炸下限小于10％的可燃气体划为一级可燃气体，其火灾危险性列为甲类。

（2）它可以作为设计的依据，例如确定建筑物的耐火等级，设计厂房通风系统等，都需要知道该场所存在的可燃气体（蒸气、粉尘）的爆炸极限数值。

（3）它可以作为制定安全生产操作规程的依据。在生产、使用和贮存可燃气体（蒸气、粉尘）的场所，为避免发生火灾和爆炸事故，应严格将可燃气体（蒸气、粉尘）的浓度控制在爆炸下限以下。为保证这一点，在制定安全生产操作规程时，应根据可燃气体（蒸气、粉尘）的燃爆危险性和其他理化性质，采取相应的防范措施，如通风、置换、惰性气体稀释、检测报警等。

13 爆炸的主要破坏形式有哪几种？

爆炸的破坏形式通常有直接的爆炸作用、冲击波的破坏作用和火灾三种，后果往往都比较严重。

（1）直接的爆炸作用。这是爆炸对周围设备、建筑和人群的直接作用，它直接造成机械设备、装备、容器和建筑的毁坏和人员伤亡。机械设备和建筑物的碎片飞出，会在相当范围内造成危险，碎片击中人体则造成伤亡。

（2）冲击波的破坏作用，也称爆破作用。爆炸时产生的高温高压气体产物以极高的速度膨胀，像活塞一样挤压周围空气，把爆炸反应释放出来的部分能量传给这个压缩的空气层。空气受爆炸影响而发生扰动，这种扰动在空气中传播就成为冲击波。冲击波可以在周围环境中的固体、液体、气体介质（如金属、岩石、建筑材料、水、空气）中传播。在传播过程中，可以对这些介质产生破坏作用，造成周围环境中的机械设备、建筑物的毁坏和人员伤亡。冲击波还可以在它的作用区域产生振荡作用，使物体因振荡而松散，甚至破坏。

（3）造成火灾。可燃气（或可燃粉尘）与空气的混合物爆炸一般都引起燃烧起火，会形成火灾。

盛装可燃物的容器、管道发生爆炸时，爆炸抛出的可燃物有可能引起大面积火灾。这种情况在油罐、液化气罐爆炸后最容易发生，正在运行的燃烧设备或高温的化工设备被炸坏，其炽热的碎片飞出，有可能点燃附近储存的燃料或其他可燃物，引起火灾。

爆炸物品爆炸后，气体产物的扩散，不足以引起一般可燃物的燃烧，但是被炸建筑物内遗留大量的热或残余火苗，会把被破坏设备内部逸出的可燃物气体或可燃液体蒸气点燃，也可能将其他易燃物点燃，引起火灾。

14 企业防火防爆的基本措施有哪些？

企业内采取的防火防爆的基本措施，分技术措施和组织管理措施两个方面。

防火防爆的技术措施主要有：

（1）防止形成燃爆的介质。这可以用通风的办法来降低燃爆物质的浓度，使它达不到爆炸极限。也可以用不燃或难燃物质来代替易燃物质。例如用水质清洗剂来代替汽油清洗零件。这样既可以防止火灾、爆炸，还可以防止汽油中毒。另外，也可采用限制可燃物的使用量和存放量的措施，使其达不到燃烧、爆炸的危险限度。

（2）防止产生着火源，使火灾、爆炸不具备发生的条件。这方面应严格控制以下 8 种着火源，即冲击摩擦、明火、高温表面、自燃发热、绝热压缩、电火花、静电火花和光热射线。

（3）安装防火防爆安全装置。例如阻火器、防爆片、防爆窗、阻火闸门以及安全阀等，以防止发生火灾和爆炸。

防火防爆的组织管理措施主要有：

（1）加强对防火防爆工作的领导。各级领导干部，都要重视这项工作。

（2）开展经常性防火防爆安全教育和安全大检查，提高人们的警惕性，及时发现和整改不安全的隐患。

（3）建立健全防火防爆制度，例如防火制度、防爆制度、防火防爆责任制度等。

（4）厂区内、厂房内的一切出入和通往消防设施的通道，不得占用和堵塞。

（5）各单位应建立义务消防组织，并配备针对性强和足够数量的消防器材。

（6）加强值班值宿，严格进行巡回检查。

企业内生产工人应遵守以下防火防爆守则：

（1）应具有一定的防火防爆知识，并严格贯彻执行防火防爆规章制度。禁止违章作业。

（2）应在指定的安全地点吸烟，严禁在工作现场和厂区内吸烟和乱扔烟头。

（3）使用、运输、储存易燃易爆气体、液体和粉尘时，一定要严格遵守安全操作规程。

（4）在工作现场禁止随便动用明火。确需使用时，必须报请主管部门批准，并做好安全防范工作。

（5）对于使用的电气设施，如发现绝缘破损、老化不堪、大量超负荷以及不符合防火防爆要求时，应停止使用，并报告领导给以解决。不得带故障运行，防止发生火灾、爆炸事故。

（6）应学会使用一般的灭火工具和器材。对于车间内配备的防火防爆工具、器材等，应加爱护，不得随便挪用。

15　爆炸品仓库应建立哪些安全保管制度？

（1）“五双”制度。“五双”即双人保管、双把锁（匙）、双本账、双人发货、双人领用。

（2）出入库登记制度。无论何人进出库区都须详细登记。

（3）安全检查制度。检查有分工，职责明确，记录详细，及时整改。

（4）清点账物制度。保管员每周清点，保卫和物资部门每月清点，发现问题及时上报。

（5）禁止烟火制度。进库人员必须交出火种，机动车入库，排气管必须带上火星熄灭器。禁止拖拉机进入库区。

（6）安全操作制度。搬运装卸及堆装爆炸物品必须轻装轻卸、轻拿轻放，严禁摔掼撞击，开箱应使用不会产生火花的工具，并应在专门的发放时间内进行。

16 一旦发生火灾如何应对？如何正确拨打火警电话？

一旦发生火灾，一方面要组织人员采用正确的灭火方法和选用适当的灭火工具积极扑救。在密闭的房间内起火，未准备好充足的灭火器材时，不要打开门窗，防止空气流通，扩大火势。另一方面赶快打电话报警，火警电话是“119”。

报警时要沉着、冷静，拨通后不要慌张，应该报告给接线员如下清晰详细的信息：

（1）火警电话打通后，应讲清着火单位，所在区县、街道、门牌或乡村的详细地址。

（2）要讲清什么东西着火，起火部位，燃烧物质和燃烧情况，火势怎样。

（3）报警人要讲清自己的姓名、工作单位和电话号码。

（4）报警后要派专人在街道路口等候消防车的到来，指引消防车去往火场的道路，以便迅速、准确到达起火地点。

17 灭火的基本方法是什么？

人们长期与火灾做斗争，积累了丰富的灭火经验，总结出四种灭火的基本方法：

（1）冷却法。降低燃烧物的温度，使温度低于燃点，从而使燃烧过程停止。如用水和二氧化碳直接喷射燃烧物；往火源附近未燃烧物上喷洒灭火剂，防止形成新的火点。

（2）窒息法。减少燃烧区域的氧气量，阻止空气进入燃烧区域或用不燃烧物质冲淡空气，使火焰熄灭。如用不燃或难燃的石棉被、湿麻袋、湿棉被等捂盖燃烧物；用沙土埋没燃烧物；往着火空间内灌入惰性气体、蒸汽；往燃烧物上喷射氮气、二氧化碳、四氯化碳等；封闭已着火的建筑物、设备的孔洞。

（3）隔离法。使燃烧物和未燃烧物隔离，限制燃烧范围。如将火源附近的可燃、易燃、易爆和助燃物搬走；关闭可燃气体、液体管路的阀门，减少和阻止可燃物进入燃烧区域内；堵截流散的燃烧液体；拆除与火源毗连的易燃建筑和设备。

（4）抑制法。使灭火剂参与到燃烧反应过程中去，中断燃烧的连锁反应。

18 常用的灭火器有哪些类型？

按充装灭火剂的种类不同，常用灭火器有水型、空气泡沫型、干粉型、卤代烷型、二氧化碳型、7150 型灭火器具。

（1）水型灭火器。这类灭火器中充装的灭火剂主要是水，另外还有少量的添加剂。清水灭火器、强化液灭火器都属于水型灭火器。主要适用扑救可燃固体类物质如木材、纸张、棉麻织物等的初起火灾。

（2）空气泡沫灭火器。这类灭火器中充装的灭火剂是空气泡沫液。根据空气泡沫灭火剂种类的不同，空气泡沫灭火器又可分蛋白泡沫灭火器、氟蛋白泡沫灭火器、水成膜泡沫灭火器和抗溶泡沫灭火器等。主要适用扑救可燃液体类物质如汽油、煤油、柴油、植物油、油脂等的初期火灾；也可用于扑救可燃固体类物质如木材、棉花、纸张等的初起火灾。对极性（水溶性）液体如甲醇、乙醚、乙醇、丙酮等可燃液体的初起火灾，只能用抗溶性空气泡沫灭火器扑救。

（3）干粉灭火器。这类灭火器内充装的灭火剂是干粉。根据所充装的干粉灭火剂种类的不同，有碳酸氢钠干粉灭火器、钾盐干粉灭火器、氨基干粉灭火器和磷酸铵盐干粉灭火器。我国主要生产和发展碳酸氢钠干粉灭火器和磷酸铵盐干粉灭火器。碳酸氢钠适用于扑救可燃液体和气体类火灾，其灭火器又称 BC 干粉灭火器。磷酸铵盐干粉适用于扑救可燃固体、液体和气体类火灾，其灭火器又称 ABC 干粉灭火器。因此，干粉灭火器主要适用扑救可燃液体、气体类物质和电气设备的初起火灾。ABC 型干粉灭火器也可以扑救可燃固体类物质的初起火灾。

（4）二氧化碳灭火器。这类灭火器中充装的灭火剂是加压液化的二氧化碳。主要适用扑救可燃液体类物质和带电设备的初起火灾，如图书、档案、精密仪器、电气设备等的火灾。

（5）7150 灭火器。这类灭火器内充装的灭火剂是 7150 灭火剂。主要适用于扑救轻金属如镁、铝、镁铝合金、海绵状钛，以及锌等的初起火灾。

19 如何选择使用灭火器？

（1）A 类火灾指普通可燃物如木材、布、纸、橡胶及各种塑料燃烧而成的火灾。对 A 类火灾，一般可采取水冷却灭火，但对于忌水物质，如布、纸等应尽量减少水渍所造成的损失。对珍贵图书，档案资料应使用二氧化碳、干粉灭火器灭火。

（2）B类火灾指油脂及液体，如原油、汽油、煤油、酒精等燃烧引起的火灾。对B类火灾，应及时使用泡沫灭火剂进行扑救，还可使用干粉、二氧化碳灭火器。

（3）C类火灾是可燃气体如氢气、甲烷、乙炔燃烧引起的火灾。对C类火灾因气体燃烧速度快，极易造成爆炸，一旦发现可燃气着火，应立即关闭阀门，切断可燃气来源，同时使用干粉灭火剂将气体燃烧火焰扑灭。

（4）D类火灾是可燃金属如镁、铝、钛、锆、钠和钾等燃烧引起的火灾。对D类火灾，燃烧时温度很高，水及其他普通灭火剂在高温下会因发生分解而失去作用，应使用专用灭火剂。金属火灾灭火剂有两种类型：一是液体型灭火剂，二是粉末型灭火剂。例如用7150灭火剂扑救镁、铝、镁铝合金、海绵状钛等轻金属火灾，用原位膨胀石墨灭火剂扑救钠、钾等碱金属火灾。少量金属燃烧时可用干砂、干的食盐、石粉等扑救。

20 消防器材的管理和保养应注意什么？

消防器材的管理和保养是很重要的，一般应注意：

（1）各单位的消防器材应有专人负责管理和保养，并动员广大职工，一起来做好消防器材的管理和保养工作。

（2）消防器材要专物专用，不能用于与消防无关的方面。

（3）要定期检查保养消防器材。检查存放地点是否适当，机件是否损坏或出现故障，灭火药剂是否过期等。消防器材使用后，要立即保养、补充。对机动消防车和泵机要经常发动、定期试车，保持机械性能良好，以便随时都能投入灭火。

（4）消防器材应设置在明显的地方，必要时要立标志牌，便于取用。消防器材的附近不能堆放杂物，保持道路畅通。

21 危险化学品火灾情况紧急处理的措施有哪些？

危险化学品火灾情况紧急处理措施有：

（1）先控制，后消灭。针对危险化学品火灾的火势发展蔓延快和燃烧面积大的特点，积极采取统一指挥、以快制快；堵截火势、防止蔓延；重点突破，排除险情；分块包围，速战速决的灭火战术。

（2）扑救人员应占领上风或侧风位置，以免遭受有毒有害气体的侵害。

（3）进行火情侦察、火灾扑救、火场疏散人员应有针对性地采取自我防护措施。如佩戴防护面具，穿戴专用防护服等。

（4）应迅速查明燃烧范围、燃烧物品及其周围物品的品名和主要危险特性、火势蔓延的主要途径。

（5）正确选择最适合的灭火剂和灭火方法。火势较大时，应先堵截火势蔓延，控制燃烧范围，然后逐步扑灭火势。

（6）对有可能发生爆炸、爆裂、喷溅等特别危险需紧急撤退的情况，应按照统一的撤退信号和撤退方法及时撤退（撤退信号应格外醒目，能使现场所有人员都看到或听到，并应经常预先演练）。

（7）火灾扑灭后，起火单位应当保护现场，接受事故调查，协助公安消防监督部门和上级安全管理部门调查火灾原因，核定火灾损失，查明火灾责任。未经公安监督部门和上级安全监督管理部门的同意，不得擅自清理火灾现场。

22 有毒有害气体泄漏应怎样处置？

（1）设置警戒区。泄漏现场的警戒区边界浓度应设在可燃气体爆炸下限的30%，其范围之内为警戒区。如果是液化气体泄漏，要按气体扩散范围划定警戒区域，警戒范围按液化石油气爆炸浓度下限的1/2，即0.75%确定。因气态石油气密度比空气大，测试仪应布置在贴近地表处。因气体扩散受泄漏量、风力等条件的影响时刻在变化，警戒范围要根据测得的数值随时调整。

(2) 消除引火源。在警戒区内严禁任何火源存在和带入，必须果断地熄灭可燃物料泄漏扩散危险区的一切火种，中断加热热源；对于该区域内的电气设备，保持其原来状态，不要开或关，及时切断该区域的总电源；进入警戒区的人员，严禁穿钉鞋和化纤衣服；操作各种消防器材、工具、手电、手抬泵、车辆等，严防打出火花；堵漏时应采用不发火器材工具；消防车不准驶入警戒区域内，在警戒区域内停留的车辆不准再发动行驶。根据现场情况，动员现场周围特别是下风方向的居民和单位职工迅速消除火源。

(3) 关阀断料。管道发生泄漏，泄漏点处在阀门以后且阀门尚未损坏，可采取关闭输送物料管道阀门，断绝物料源的措施，制止泄漏。关闭管道阀门时，必须设喷雾水枪掩护。

(4) 堵漏封口。管道、阀门或容器壁发生泄漏，且泄漏点处在阀门以前或阀门损坏，不能关阀止漏时，可使用各种针对性的堵漏器具和方法实施封堵泄漏口。

如遇到有毒气体泄漏，首先应该做到查明毒害，并做好防护。处置有毒气体（蒸气）泄漏事故时，首先要查明现场毒性气体（蒸气）的性质、泄漏点、泄漏量、扩散范围等。根据毒气的危害性质、扩散范围，设置危险警戒区。必须做好个人安全防护，如佩戴空气呼吸器，穿着防毒衣或防化服等。从现场的上风和侧风方向，进入现场危险区救人和处置险情。同时，应尽快通知周围可能受影响的人员疏散，并报警。

23 消防安全检查的内容是什么？

消防安全检查的主要内容包括：

（1）易燃、易爆物品储存、运输、销售过程中的防火安全情况。

（2）用火用电情况及其他火源管理情况。

（3）建筑物的耐火等级、平面布局和水源道路情况。

（4）火险隐患整改情况。

（5）消防组织和防火规章制度的建立和执行情况。

（6）消防设施、设备、器材情况。

（7）干部、职工的安全思想状况。

（8）消防重点企业的标准落实情况。

24 常见的火险隐患有哪些？

常见的火险隐患包括以下几个方面：

（1）生产工艺流程不合理，超温、超压以及配比浓度接近爆炸浓度极限，而无可靠的安全保证措施，随时有可能达到爆炸危险界限，易造成着火或爆炸的。

（2）易燃易爆物品的生产设备与生产工艺条件不相适应，安全装置或附件没有安装，或虽安装但失灵的。

（3）易燃易爆设备和容器检修前，未经严格的清洗和测试，检修方法和工具选用不当等，不符合设备动火检修的有关程序和要求，易造成着火或爆炸的。

（4）设备有跑、冒、滴、漏现象，不能及时检修而带病作业，有造成火灾危险的，或散发可燃气体场所通风不良的。

（5）易燃易爆危险品的生产和使用的厂址，储存和销售的库址位置不合理，一旦发生火灾严重影响并殃及近邻企业和附近居民安全的。

（6）易燃易爆物品的运输、储存和包装方法不符合防火安全要求，性质抵触或灭火方法不同的危险品混装、混储，以及销售和使用不符合防火要求的。

（7）对引火源管理不严，在禁火区域无“严禁烟火”醒目标志，或虽有但执行不严格，仍有乱动火的迹象或抽烟现象的，或在用火作业场所有易燃物尚未清除，明火源或其他热源靠近可燃结构或其他可燃物等有引起火灾危险的。

（8）电气设备、线路、开关的安装不符合防火安全要求，严重超负荷、线路老化、保险装置失去保险作用的。

（9）建筑物的耐火等级、建筑结构与生产的火灾危险性质不相适应，建筑物的防火间距、防火分区或安全疏散及通风采暖等不符合防火规范要求。

（10）场所应安装自动灭火、自动报警装置，或应备置其他灭火器材，但未安装或未备置，或虽有但量不足或失去功能的。

（11）其他有关容易引起火灾的问题。

职业病预防篇

一、职业卫生常识

1 什么是职业病危害因素？主要的职业病危害因素有哪些？

通常把劳动者在从事职业活动中存在的各种危害人体健康的因素，称为职业病危害因素。根据2015年11月17日国家卫生计生委、人力资源社会保障部、安全监管总局、全国总工会颁布的《职业病危害因素分类目录》（国卫疾控发〔2015〕92号），职业病危害因素共分为以下六类：

（1）粉尘。主要包括矽尘（游离 SiO_2 含量≥10%）、煤尘、石墨粉尘、炭黑粉尘、石棉粉尘、滑石粉尘、铝尘、电焊烟尘、铸造粉尘等。

（2）化学因素。主要包括铅及其化合物（不包括四乙基铅）、汞及其化合物、锰及其化合物、镉及其化合物、磷及其化合物（磷化氢、磷化锌、磷化铝、有机磷单列）、一氧化碳、二硫化碳、硫化氢、苯等。

（3）物理因素。主要包括噪声、高温、低气压、高气压、高原低氧、振动、激光、低温、微波、紫外线、红外线、工频电磁场、高频电磁场、超高频电磁场等。

（4）放射性因素。主要包括密封放射源产生的电离辐射、非密封放射性物质、X 射线装置（含 CT 机）产生的电离辐射、加速器产生的电离辐射、中子发生器产生的电离辐射、氡及其短寿命子体、铀及其化合物等。

（5）生物因素。主要包括艾滋病病毒（限于医疗卫生人员及人民警察）、布鲁氏菌、伯氏疏螺旋体、森林脑炎病毒、炭疽芽孢杆菌等。

（6）其他因素。主要包括金属烟、井下不良作业条件（限于井下工人）、刮研作业（限于手工刮研作业人员）等。

2 什么是职业病？

根据《职业病防治法》，职业病是指企业、事业单位和个体经济组织等用人单位的劳动者在职业活动中，因接触粉尘、放射性物质和其他有毒、有害因素而引起的疾病。

一般被认定为职业病，应具备下列三个条件：

（1）该疾病应与工作场所的职业性危害因素密切相关。

（2）所接触的危害因素的剂量（浓度或强度）无论过去或现在，都足可导致疾病的发生。

（3）必须区别职业性与非职业性病因所起的作用，而前者的可能性必须大于后者。

医学上所称的职业病是泛指职业性危害因素所引起的特定疾病。而在立法的意义上，职业病则具有一定的范围，即凡由国家政府主管部门明文规定的职业病，统称为法定职业病。

3 职业病有哪些特点？

职业病具有如下五个特点：

（1）病因明确，病因即职业危害因素，在控制病因或作用条件后，可予消除或减少发病。

（2）所接触的病因大多是可检测的，而且需要达到一定的程度，才能使劳动者致病，一般接触浓度或强度与病因有直接关系。

（3）在接触同样因素的人群中，常有一定的发病率，很少只出现个别病人。

（4）如能早期诊断，进行合理处理，预后较好，康复较易。

（5）不少职业病，目前尚无特效治疗，只能对症治疗，故发现越晚疗效越差。除职业性传染病外，治疗个体无助于控制人群中发病，而职业病是可以预防的。

除上述特点外，职业病的另一个特点是，在同一生产环境从事同一种工作的人中，个体发生职业性损伤的机会和程度也有极大差别，这主要取决于个体特征。

4 职业卫生工作应遵循的三级预防原则是什么？

职业卫生工作的首要职责和任务是识别、评价和控制生产中的不良劳动条件，保护劳动者的健康。职业卫生工作应遵循预防医学的三级预防原则：

（1）一级预防。即从根本上使劳动者不接触职业危害因素，如改变工艺，改进生产过程，确定容许接触量或接触水平，使生产过程达到安全标准，对人群中的易感者定出就业禁忌证等。

（2）二级预防。在一级预防达不到要求，职业危害因素已开始损伤劳动者的健康时，应及时发现，采取补救措施，主要工作为早期检测损害与及时处理，防止其进一步发展。

（3）三级预防。即对已得病者，做出正确诊断，及时处理，包括及时脱离接触进行治疗，防止恶化和并发症，促进健康。

二、化学因素危害与预防

1 什么是生产性粉尘？如何分类？

粉尘是长时间漂浮于空气中的固体颗粒。在生产过程中产生的粉尘称为生产性粉尘。

按通常的分类方法，粉尘可分为以下几类：

（1）按照理化性质，可分为无机性粉尘、有机性粉尘和混合性粉尘。

无机性粉尘包括：金属粉尘，如铜尘、铁尘、锰尘；矿物性粉尘，如石英粉尘、滑石粉尘、煤粉尘、硅酸盐粉尘等；人工无机性粉尘，如水泥粉尘、玻璃纤维粉尘等。

有机性粉尘包括：动物性粉尘，如蚕丝粉尘、兽毛尘、骨质粉尘等；植物性粉尘，如棉尘、麻尘、烟草粉尘、木质粉尘等；人工有机粉尘，如炸药粉尘、合成纤维粉尘、有机染料粉尘等。

混合性粉尘包括：金属磨削粉尘、煤与岩石混合粉尘等，是生产中最为多见的粉尘，由两种以上粉尘组成。

（2）从卫生学角度分类，粉尘可分为呼吸性（可吸入性）粉尘和非呼吸性（不可吸入性）粉尘。

（3）按照粉尘颗粒大小，粉尘可分为可见粉尘、显微粉尘和超显微粉尘。

（4）按照燃烧和爆炸性质，粉尘可分为易燃易爆性粉尘和非易燃性粉尘。

2 粉尘对人体会有哪些危害？

生产性粉尘进入人体后，根据其性质、沉积的部位和数量不同，可引起不同的病变。

（1）尘肺。长期吸入粉尘可引起尘肺，对人体产生极大的危害。

（2）粉尘沉着症。吸入某些金属粉尘，如铁、钡、锡等，达到一定量时，可在X线照片上显现边缘清晰的点状阴影，脱离接触后，病变可逐渐消退，对人体危害较小。

（3）有机粉尘引起变态性病变。某些有机粉尘可引起间质肺炎或外源性过敏性肺泡炎以及过敏性鼻炎、皮炎、湿疹或支气管哮喘，如接触发霉的稻草、羽毛等。

（4）呼吸系统肿瘤。有些粉尘已确定为致癌物，如放射性粉尘、石棉、镍、铬、砷等。

（5）局部作用。粉尘作用于呼吸道黏膜，早期引起其机能亢进，毛细血管扩张，分泌大量黏液，以阻留更多的粉尘，这是保护反应，久之形成肥大性改变，最后由于黏膜细胞营养供应不足而萎缩，形成萎缩性改变。经常接触粉尘还可引起皮肤、耳、眼的疾病。粉尘堵塞皮脂腺，使皮肤干燥，引起粉刺、毛囊炎、脓皮病等。金属和磨料粉尘可引起角膜损伤，导致角膜浑浊。沥青在日光下可引起光感性皮炎。

（6）中毒作用。吸入铅、砷、锰等有毒粉尘，能在支气管和肺泡壁上溶解后吸收，引起中毒表现。

3　什么是尘肺病？尘肺病如何分类？

尘肺是长期吸入一定量的某些粉尘所引起的以肺部组织纤维化为主的全身性疾病。尘肺按其病因可分为五类：

（1）吸入含有游离二氧化硅较高的粉尘引起的矽肺。

（2）吸入含硅酸盐为主的粉尘引起的硅酸盐肺。

（3）吸入煤、石墨、炭黑、活性炭等粉尘引起的炭尘肺。

（4）吸入含有游离二氧化硅和其他混合性粉尘引起的混合性尘肺。

（5）吸入某些金属粉尘引起的金属尘肺，如铝肺。

根据国家卫生计生委、人力资源社会保障部、安全监管总局、全国总工会于2013年12月23日联合会颁布的《职业病分类和目录》（国卫疾控发〔2013〕48号），我国法定职业病中有12种尘肺，即矽肺、煤工尘肺、石墨尘肺、碳黑尘肺、石棉肺、滑石尘肺、水泥尘肺、云母尘肺、陶工尘肺、铝尘肺、电焊工尘肺、铸工尘肺，以及根据《尘肺病诊断标准》和《尘肺病理诊断标准》可以诊断的其他尘肺病。

4 产生粉尘的主要生产过程有哪些？

在生产过程中，产生粉尘的作业很多，综合起来可以归纳为：

（1）粉状物料的生产、运输、成型、包装过程，如矿石的开采过程，矿石的破碎、筛选；矿石的运输过程；用压砖机对模具中粉状物料冲压成型的过程。

（2）固体物料的破碎过程。例如用球磨机磨碎物料，用粉碎机粉碎饲料等。

（3）金属物质的熔炼和焊接过程。例如铅的熔化过程、出钢过程、焊接过程等。

（4）物质燃烧和加热过程。例如物质燃烧后放出的烟尘等。

5 粉尘作业工人健康检查有哪些内容？

为了及时了解职工的健康情况，合理使用劳动力，妥善安排工作，须对职工进行健康检查。检查包括就业前体检和定期体检。

（1）就业前体检。根据《粉尘作业工人医疗预防措施实施办法》的规定，检查项目有：职业史、自觉症状及既往史、结核病接触史、一般临床检查、摄胸大片及必要的其他检查。不满18岁以及下列疾病者均不得从事粉尘作业：活动性结核病；严重的上呼吸道和支气管疾病，如萎缩性鼻炎、鼻腔肿瘤、支气管喘息、支气管扩张及慢性支气管炎等；显著影响肺功能的肺或胸膜病变，如慢性肺纤维化、肺气肿、严重的胸膜肥厚与粘连；严重的心血管系统疾病。

（2）定期检查。为了及时发现尘肺患者，应定期进行健康检查。检查时间间隔视作业场所空气中粉尘浓度及粉尘的理化性质而定。粉尘中游离二氧化硅含量大、尘肺发展快的，1～2 年检查一次，粉尘浓度降到国家卫生标准以下，2～3 年检查一次。接触粉尘比较少的工人，可 3～5 年检查一次。怀疑有尘肺者，每年检查一次。

凡粉尘浓度不高，粉尘中游离二氧化硅含量小，尘肺发展慢的 2～3 年检查一次，粉尘浓度降到国家标准以下，3～5 年检查一次。怀疑有尘肺者，1～3 年检查一次。

已经脱离粉尘作业的工人，即使调离本岗位者，也应根据接触粉尘情况继续随访。定期检查项目有：职业史、自觉症状和摄胸大片。发现有不宜从事粉尘作业的疾病时，应及时调离。

6 引发尘肺病的主要因素有哪些？

尘肺是由于长期吸入生产性粉尘所引起的，通常情况下，尘肺的发病时间在接触生产性粉尘以后 10 年左右。引发尘肺病的主要因素有：

（1）作业场所空气中游离二氧化硅含量。作业场所空气中游离二氧化硅含量越高，越易引发尘肺病。含量越高，发病时间越短，病变速度越快。

（2）粉尘的粒径。粉尘的粒径越小，越容易通过人体的呼吸道而进入肺泡，并沉积于其中。而且在人体内的化学活性越强，易引起肺组织纤维化病变。

（3）作业场所粉尘浓度和接触粉尘的时间。作业场所粉尘浓度越高，接触粉尘累计的时间越长，吸入粉尘的量越大，引发尘肺的机会越多。

（4）劳动强度。劳动强度越大，人体新陈代谢的耗能速度越快，吸入空气的数量增多，肺泡中沉积粉尘的量越大。

（5）个体因素。同种作业环境下，体质差的人、患有慢性病的人更易引发尘肺。个体防护用具使用与否，使用得当与否，对是否患尘肺有相当大的影响，不使用或个体防护用具使用不当者，在同样作业环境下，较正确使用个体防护用具者易患尘肺。

7　综合防尘措施的主要内容是什么？

（1）技术措施。工艺改革。以低粉尘、无粉尘物料代替高粉尘物料，以不产尘设备、低产尘设备代替高产尘设备是减少或消除粉尘污染的根本措施。

密闭尘源。使用密闭的生产设备或者将敞口设备改成密闭设备，是防止和减少粉尘外逸，造成作业场所空气污染的重要措施。

通风排尘。受生产条件限制，设备无法密闭或密闭后仍有粉尘外逸时，要采取通风的方法，将产尘点的含尘气体直接抽走，确保作业场所空气中粉尘浓度符合国家卫生标准。

（2）组织管理措施。加强防尘工作领导。各级领导应把防尘工作作为生产中的大事来抓，确保有一定的资金投入，用于防尘设施的改善。

加强防尘工作的宣传教育。宣传粉尘危害知识、防尘设备使用常识、个人防护用品知识，使接尘者对粉尘危害有充分的了解和认识。

加强维护管理。对投入使用的各种除尘设备要加强检查、维护，确保设备的良好、高效运行。

（3）个人防护措施。受生产条件限制，在粉尘无法控制或高浓度粉尘条件下作业，必须合理、正确使用防尘口罩、防尘服等个人防护用品。

（4）卫生保健措施。定期对接尘人员进行体检，对从事特殊作业的人员应发放保健津贴，有作业忌禁证的人员，不得从事接尘作业。

8 什么是生产性毒物？其来源和存在状态如何？

在工业生产中，对人体有害的物质，称为生产性毒物或工业毒物。毒物在生产过程中以多种形式出现，同一种化学物质在不同生产过程中呈现的形式也不同。毒物的来源主要有以下几个方面：

（1）生产原料，如生产颜料、蓄电池使用的氧化铅、生产合成纤维、染料使用的苯等。

（2）中间产品，如用苯和硝酸生产苯胺时，产生的硝基苯。

（3）成品，如农药厂生产的各种农药。

（4）辅助材料，如橡胶、印刷行业用作溶剂的苯和汽油。

（5）副产品及废弃物，如炼焦时产生的煤焦油、沥青，冶炼金属时产生的二氧化硫。

（6）夹杂物，如硫酸中混杂的砷等。

生产性毒物在生产过程中常以气体、蒸气、粉尘、烟和雾的形态存在并污染空气环境。如氯化氢、氰化氢、二氧化硫、氯气等在常温下呈气态的物质是以气体形态污染空气的。一些沸点低的物质是以蒸气污染空气的，如喷漆作业中的苯、汽油、醋酸乙酯等。在喷洒农药时的药雾、喷漆时的漆雾、电镀时的铬酸雾、酸洗时的硫酸雾等，是以雾的形态污染空气的。冶炼铜时产生的氧化锌烟，焊接时的铅烟是以烟的形态污染空气的。弄清楚生产性毒物以什么形态存在，对了解毒物进入人体的途径，制定预防控制措施，以及采集空气样品，测定毒物浓度都有重要意义。

9 生产性毒物如何分类？

生产性毒物的分类很多，按其化学成分可分为金属、类金属、非金属、高分子化合物毒物等；按物理状态可分为固态、液态、气态毒物；按毒理作用可分为刺激性、腐蚀性、窒息性、神经性、溶血性和致畸、致癌、致突变性毒物等。一般将生产性毒物按其综合性分为以下几类：

（1）金属及类金属毒物，如铅、汞、锰、镉、铬、砷、磷等。

（2）刺激性和窒息性毒物，如氯、氨、氮氧化物、一氧化碳、氰化氢、硫化氢等。

（3）有机溶剂，如苯、甲苯、汽油、四氯化碳等。

（4）苯的氨基和硝基化合物，如苯胺、三硝基甲苯等。

（5）高分子化合物，如塑料、合成橡胶、合成纤维、黏合剂、离子交换树脂等。

（6）农药，如杀虫剂、除草剂、植物生长调节剂、灭鼠剂等。

10 生产劳动中人体与生产性毒物有哪些接触机会？

生产劳动过程中，主要有以下一些生产操作可能接触到毒物：

（1）原料的开采和提炼。在开采过程中可形成粉尘或逸散出蒸气，如锰矿中的锰粉，汞矿中的汞蒸气；冶炼过程中产生大量的蒸气和烟，如炼铅。

（2）材料的搬运和储藏。固态材料产生的粉尘，如有机磷农药；液态有毒物质包装泄漏，如苯的氨基、硝基化合物；储存气态毒物的钢瓶泄漏，如氯气等。

（3）材料加工。原材料的粉碎、筛选、配料，手工加料时导致的粉尘飞扬及蒸气的逸出，不仅污染操作者的身体和地面，还可成为二次毒源。

（4）化学反应。某些化学反应如果控制不当，可发生意外事故，如放热产气反应过快，可发生冒锅，使物料喷出反应釜，易燃易爆物质反应控制不当可发生爆炸，反应过程中释放出有毒气体等。

（5）操作。成品、中间体或残余物料出料时，物料输送管道或出料口发生堵塞，工人进行处理时，成品的烘干、包装时，以及检修设备时，都可能有粉尘和有毒蒸气逸散。

（6）生产中应用。在农业生产中喷洒杀虫剂，喷漆中使用苯作稀释剂，矿山掘进作业使用炸药等，因用法不当造成污染。

（7）其他。有些作业虽未使用有毒物质，但在特定情况下亦可接触到毒物以至发生中毒，如进入地窖、废巷道或地下污水井时发生硫化氢中毒等。

接触生产性毒物的机会是相当多的，情况也比较复杂，平时必须对毒物的特性及生产条件有所了解，才能有效地加以预防。

11 生产性毒物进入人体的途径有哪些？

生产性毒物进入人体的途径有三种，分别是呼吸道、皮肤和消化道。其中最主要的途径是经呼吸道进入人体；其次是经皮肤进入人体；经消化道进入人体的，仅在特殊的情况下发生。

（1）经呼吸道进入人体。

呼吸道是工业生产中毒物进入人体内的最重要的途径。凡是以气体、气溶胶、雾、烟、粉尘形式存在的毒物，均可经呼吸道侵入体内。人的肺脏由亿万个肺泡组成，肺泡壁很薄，壁上有丰富的毛细血管，毒物一旦进入肺脏，很快就会通过肺泡壁进入血液循环而被运送到全身。

（2）经皮肤进入人体。

在工业生产中，毒物经皮肤吸收引起中毒也比较常见。皮肤有损伤或皮肤病时，毒物更容易通过皮肤进入人体，促进毒物经皮肤吸收。毒物经皮肤吸收后，并不经过肝脏转化、解毒而是直接进入血液循环而分布于全身。

（3）经消化道进入人体。

在生产环境中毒物经消化道进入人体较为少见。毒物经消化道吸收多半是由于个人卫生习惯不良引起的，如手沾染的毒物随进食、饮水或吸烟等进入消化道。消化道吸收毒物的主要部位在小肠，尤其脂溶性毒物在肠内吸收较快。

12 生产性毒物对人体可产生什么样的危害？

生产性毒物可经皮肤、呼吸道或消化道进入人体，损害几乎所有的人体组织和器官，导致多种疾病甚至造成急性中毒死亡，而且有些可产生遗传后果。

（1）神经系统。慢性中毒早期常见神经衰弱综合征和精神症状，一般为功能性改变，脱离接触后可逐渐恢复。铅、锰中毒可损伤运动神经、感觉神经，引起周围神经炎。震颤常见于锰中毒或急性一氧化碳中毒后遗症。重症中毒时可发生脑水肿。

（2）呼吸系统。一次吸入某些气体可引起窒息，长期吸入刺激性气体能引起慢性呼吸道炎症，可出现鼻炎、鼻中隔穿孔、咽炎、气管炎等上呼吸道炎症。吸入大量刺激性气体可引起严重的呼吸道病变，如化学性肺水肿和肺炎。

（3）血液系统。许多毒物对血液系统能够造成损害，根据不同的毒作用，常表现为贫血、出血、溶血、高铁血红蛋白以及白血病等。铅可引起低血色素贫血。苯及三硝基甲苯等毒物可抑制骨髓的造血功能，表现为白细胞和血小板减少，严重者发展为再生障碍性贫血。一氧化碳可引发碳氧血红蛋白血症，使组织缺氧。

（4）消化系统。毒物对消化系统的作用多种多样。汞盐、砷等毒大量经口进入时，可出现腹痛、恶心、呕吐与出血性肠胃炎。铅及铊中毒时，可出现剧烈的、持续性的腹绞痛，并有口腔溃疡、牙龈肿胀、牙齿松动等症状。长期吸入酸雾，可导致牙釉质破坏、脱落，称为酸蚀症。吸入大量氟气，牙齿上出现棕色斑点，牙质脆弱，称为氟斑牙。许多损害肝脏的毒物如四氯化碳、溴苯、三硝基甲苯等，可引起急性或慢性肝病。

（5）泌尿系统。汞、铀、砷化氢、乙二醇等可引起中毒性肾病。如急性肾衰竭、肾病综合征和肾小管综合征等。

（6）其他。生产性毒物还可引起皮肤、眼睛、骨骼病变。许多化学物质可引起接触性皮炎、毛囊炎。接触铬、铍的工人，皮肤易发生溃疡，如长期接触焦油、沥青、砷等可引起皮肤黑变病，可导致诱发皮肤癌。酸、碱等腐蚀性化学物质可引起刺激性眼炎，严重者可引起化学性灼伤。溴甲烷、有机汞、甲醇等中毒，可发生视神经萎缩，以至失明。有些工业毒物还可诱发白内障。

13 什么是毒物的联合作用？联合作用是如何分类的？

在生产环境中往往同时存在多种毒物，两种或两种以上毒物同时作用于肌体所引起的毒作用，称为毒物的联合作用。

毒物的联合作用主要表现为以下几种类型：

（1）相加作用。多种毒物同时存在时的毒作用为各毒物分别作用时毒作用的总和。例如，大部分刺激性气体的刺激作用是相加作用。

（2）相乘作用。多种毒物同时存在时的毒作用超过各毒物分别作用时毒作用的总和。例如，一氧化碳与氮氧化物同时存在时，表现为增毒作用。

（3）独立作用。同时存在多种毒物侵入肌体的途径、对肌体的作用、使肌体中毒等的机理互不相关，互相之间不存在影响。

（4）拮抗作用。多种毒物同时存在时，共存的毒物可以彼此减弱各自的毒效应，混合物的毒性低于各个毒物单独作用时的毒性。

14 生产性毒物对人体的“三致”作用指什么？

生产性毒物对人体的“三致”作用是指致突变作用、致畸作用和致癌作用。

致突变作用是指生物机体的遗传物质在化学、物理、生物学的作用下，发生突然的根本的变异。

致畸作用是指生产性毒物对胚胎产生各种不良影响，导致畸胎、死胎、胎儿生长迟缓或某些功能不全等缺陷的作用。

致癌作用是指作业场所中的某些致癌物，可导致人体细胞突变，产生肿瘤的作用。

15 预防职业中毒的措施有哪些？

（1）消除毒物。从生产工艺流程中消灭有毒物质，用无毒物或低毒物代替有毒原料，改革能产生有害因素的工艺过程，改造技术设备，实现生产的密闭化、连续化、机械化和自动化，使作业人员脱离或减少直接接触有害物质。

（2）密闭、隔离有害物质污染源，控制有害物质逸散。对逸散到作业场所的有害物质要采取通风措施，控制有害物质的飞扬、扩散。

（3）加强个人防护。在存在有害物质的作业场所作业，应采用防护服、防护面具、防毒面罩、防尘口罩等个人防护用具。

（4）提高肌体抗御力。对于在有害物质作业场所的作业人员，应享受必要的保健待遇，加强营养和锻炼。

（5）加强对有害物质的监测，控制有害物质的最高浓度低于国家有关标准。

（6）对接触有害物质人员定期进行健康检查。必要时实行转岗、换岗作业。

（7）加强有害物质及预防措施的宣传教育。建立健全安全生产责任制、卫生责任制和岗位责任制。

16 急性中毒有何表现？如何抢救急性中毒病人？

（1）急性中毒的表现。

急性中毒发病突然，病情变化快。侵入人体的毒物可选择性地作用于某系统器官，出现典型的系统症状。

1）毒物作用于呼吸系统，表现为出现窒息、呼吸抑制、呼吸系统炎症、肺水肿、肺气肿等。

2）毒物作用于神经系统，表现为出现神经衰弱综合征、中毒性脑病、植物神经紊乱、多发性神经炎等。

3）毒物作用于血液系统，表现为对红细胞、白细胞、血红蛋白产生影响。

4）毒物作用于心血管系统，表现为引起心肌损坏、心律失常等。

5）毒物作用于消化系统，表现为引起急性肠胃炎、中毒性肝病等。

6）毒物作用于泌尿系统，表现为引起肾脏损坏。

（2）急性中毒病人的抢救。

发生急性中毒，必须立即抢救。在救护中应做到：

1）尽可能迅速、准确地判断出引起中毒的途径，阻止毒物继续侵入人体。如果毒物经呼吸道进入人体，应立即将患者送离现场，移到空气新鲜处，并保持患者呼吸道畅通；如果毒物经皮肤侵入人体，应立即除去受毒物污染的衣物，用清水或解毒剂彻底清洗受污染的皮肤表面；如果毒物经口腔侵入人体，应立即采取催吐和保护胃黏膜的措施。对于已出现昏迷、呼吸衰竭的患者要特别加以注意。

2）维持主要器官功能。抢救时要特别注意呼吸衰竭、循环衰竭、心功能衰竭、肾衰竭等严重危及生命的紧急情况，及时采取积极有效的治疗措施。

3）解毒治疗。促使毒物尽快从体内排出，消除毒物在体内的毒作用。

4）加强护理。密切观察患者病情的发展和变化，对出现的各种病变采取及时有效的处理。

三、物理因素危害及预防

1 何谓生产性噪声？生产性噪声分为哪几类？

根据物理学的观点，各种不同频率不同强度的声音杂乱地无规律地组合，波形呈无规则变化的声音称为噪声，如机器的轰鸣等。从生理学的观点来看，凡是使人厌倦的、不需要的声音都是噪声。比如对于正在睡觉或学习和思考问题的人来说，即使是音乐，也会使人感到厌烦而成为噪声。

在生产过程中产生的一切声音都称为生产性噪声。生产性噪声按其声音的来源可大致分为以下几种：

（1）机械性噪声。由于机器转动、摩擦、撞击而产生的噪声。如各种车床、纺织机、凿岩机、轧钢机、球磨机等机械所发出的声音。

（2）空气动力性噪声。由于气体体积突然发生变化引起压力突变或气体中有涡流，引起气体分子扰动而产生的噪声。如鼓风机、通风机、空气压缩机、燃气轮机等发出的声音。

（3）电磁性噪声。由于电机中交变力相互作用而产生的噪声。如发电机、变压器、电动机所发出的声音。

生产性噪声根据持续时间和出现的形态，可分为连续性噪声和间断性噪声；稳态噪声和非稳态噪声或脉冲噪声。声音持续时间小于 0.5 s，间隔时间大于 1 s，声压变化大于 40 dB 的称为脉冲噪声，如锻锤、冲压、射击等。声压波动小于 5 dB 的称为稳态噪声，如一般环境噪声、高速空调噪声，以及电锯、机床运转噪声等。声压变化较大的则称为非稳态噪声，如道路噪声、火车通过的噪声、锻造机械的噪声、铆枪的噪声等。

生产性噪声一般声级比较高，且多为中高频噪声，常与振动等不良因素联合作用于人体，使其危害更大。

2 噪声对人体有什么不良影响？

噪声对人体的影响是全身性的，多方面的。噪声的困扰妨碍正常的工作和休息。在噪声环境中工作，容易感觉疲乏、烦躁，造成注意力不集中、反应迟钝、准确性降低，直接影响作业能力和效率。如电话交换台的噪声从 40 dB 提高到 50 dB，错误率增加将近 50%。由于噪声掩盖了作业场所的危险信号或警报，往往造成工伤事故的发生。长期接触强烈噪声会对人体产生如下有害影响：

（1）听力系统。噪声的有害作用主要是对听力系统的损害。噪声作用初期，听阈可暂时性升高，听力下降，这是保护性反应；强噪声作用下，可导致永久性听力下降，内耳感音细胞遭损伤，引起噪声性耳聋；极强噪声可导致听力器官发生急性外伤，即爆震性耳聋。

（2）神经系统。长期接触噪声可导致大脑皮层兴奋和抑制功能的平衡失调，出现头痛、头晕、心悸、耳鸣、疲劳、睡眠障碍、记忆力减退、情绪不稳定、易怒等。

（3）其他系统。长期接触噪声可引起其他系统的应激反应，如可导致心血管系统疾病加重，引起肠胃功能紊乱等。

3 何谓爆震性耳聋？

爆震性耳聋又称噪声性耳外伤，是指突然发生巨大声响引起的听觉器官急性损伤。有些工种如爆破、放炮、爆炸试验等，工作时由于防护不当或缺乏必要的防护设备，可因冲击波气浪作用于听觉器官，造成急性严重外伤，发生鼓膜破裂，中耳听骨破坏，内耳组织损坏出血。受震后当即感觉双耳失听，剧烈耳鸣，耳痛等症状者即为爆震性耳聋。爆震性耳聋患者可伴有眩晕、呕吐等症状和脑震荡。听力检查表现出严重的听力障碍，甚至听力完全丧失。轻者可部分恢复听力，重者可致永久性耳聋。

4 什么是噪声病?

噪声除能导致听觉损伤外，还可引起全身危害。噪声病其实是噪声对全身危害表现的统称。噪声对全身的危害是比较容易观察的。如噪声引起的血管收缩、心率改变、血压波动、内分泌障碍等。这些并不是对噪声所独具的反应，但长期反复的噪声刺激，会造成或促进某些疾病的发生。噪声造成的非听觉效应有生理反应，如心血管、内分泌、呼吸、神经功能失调；心理反应，如惊吓、个性改变等；烦恼，如睡眠中断、干扰休息；影响语言听力，妨碍语言社交；工作效率降低等。

5 影响噪声对人体作用的因素有哪些?

影响噪声对人体作用的因素有如下几类：

（1）噪声的性质。噪声强度越大对人的危害也越大，出现损伤也越早，如 80 dB（A）以下的噪声，一般不对听觉系统产生永久性损伤；接触 90 dB（A）以上的噪声，听力损伤和噪声性耳聋的发生率随声级增加而逐渐升高。如果噪声强度相同，接触以高频为主的噪声往往比低频为主的噪声对听力危害大，窄频带噪声比宽频带噪声危害大，脉冲噪声比持续噪声危害大。

（2）接触时间。接触噪声时间越长对人体危害越大。大量调查表明，无论是听觉系统还是非听觉系统的变化，均与噪声作业的工龄有密切关系。连续接触比间断接触对人体的影响大，间隔一定时间短暂脱离噪声接触有利于听觉疲劳的恢复和减轻危害程度。

（3）健康状况。肌体的健康状况和个体敏感性的差异与噪声是否对人体产生影响以及影响程度有关，如患有耳病或心血管系统、神经系统异常者，接触噪声容易引起损害。少数敏感性强的人噪声危害出现早，进展快，程度严重。

（4）其他有害因素的存在和个体防护情况。如果生产环境中同时存在寒冷、振动等不良因素或某些有毒物质，可以加强噪声的不良作用。正确地使用个人防护用品，如戴耳机或耳罩等，有良好的保护作用，可以减轻噪声的不良影响。

6 预防噪声危害的措施有哪些？

采用一定的措施可以降低噪声的强度和减少噪声危害。这些措施主要有：

（1）消声。控制和消除噪声源是控制和消除噪声的根本措施。改革工艺过程和生产设备，以低声或无声设备或工艺代替产生强噪声的设备和工艺，将噪声源远离工人作业区和居民区均是噪声控制的有效手段。

（2）控制噪声的传播。

1）隔声。用吸声材料、吸声结构和吸声装置将噪声源封闭，防止噪声传播。常用的有隔声墙、隔声罩、隔声地板、门窗等。

2）消声。用吸声材料铺装室内墙壁或悬挂于室内空间，可以吸收辐射和反射的声能，降低传播中噪声的强度水平。常用的吸声材料有玻璃棉、矿渣棉、毛毡、泡沫塑料、棉絮等。

3）合理规划厂区、厂房。在产生强烈噪声的作业场所周围，应设置良好的绿化防护带，车间墙壁、顶面、地面等应设吸声材料。

（3）采用合理的防护措施。

1）合理使用耳塞。防声耳塞、耳罩具有一定的防声效果。根据耳道大小选择合适的耳塞，隔声效果可达 30～40 dB，对高频噪声的阻隔效果更好。

2）合理安排劳动制度。工作日中穿插休息时间，休息时间离开噪声环境，限制噪声作业的工作时间，可减轻噪声对人体的危害。

（4）卫生保健措施。接触噪声的人员应进行定期体检。以听力检查为重点，对于已出现听力下降者，应加以治疗和观察，重者应调离噪声作业。

就业前体检或定期体检中发现明显的听觉器官疾病、心血管病、神经系统器质性疾病者不得参加接触强烈噪声的工作。

7 什么是生产性振动？哪些作业易发生生产性振动？

振动是指一种运动状态随时间在位移的极大值和极小值之间交替变化的过程。

在生产过程中，由于设备运转、撞击或运输工具行驶等产生的振动称为生产性振动。

生产过程中经常接触的振动源有：

（1）风动工具。如铆钉机、凿岩机、风铲、风钻等。

（2）电动工具。如电钻、冲击钻、砂轮、电锤等。

（3）运输工具。如蒸汽机车、内燃机车、汽车、飞机、摩托车等。

（4）农业机械。如拖拉机、收割机、脱粒机等。

从事上述作业的人员，均不同程度受到生产性振动的危害。

8 生产性振动对人体有哪些危害？

在生产过程中，按振动作用于人体的方式，可将其分为局部振动和全身振动。一些工种所受的振动以局部振动为主，一些工种所受的振动以全身振动为主，有些工种作业同时受两种振动的作用。局部振动是生产中最常见和危害性较大的振动。

局部振动对人体的危害有：

（1）神经系统。表现为大脑皮层功能下降，条件反射潜伏期延长或缩短，出现膝反射抑制甚至消失；植物神经系统营养障碍；皮肤感觉迟钝，触觉、温热觉、痛觉、振动觉功能下降。

（2）心血管系统。出现心动过缓、窦性心律不齐、传导阻滞等病症。

（3）肌肉系统。有握力下降、肌肉萎缩、肌纤维颤动和疼痛等症状。

（4）骨组织。可引起骨和关节改变，出现骨质增生、骨质疏松、关节变形、骨硬化等病症。

（5）听觉器官。表现为听力损失和语言能力下降。

全身振动常引起足部周围神经和血管变化，出现足痛、易疲劳、腿部肌肉触痛。常引起脸色苍白、出冷汗、恶心、呕吐、头痛、头晕、食欲不振、胃功能障碍、肠蠕动不正常等。

9 什么是局部振动病？

局部接触强烈振动主要是以手接触振动工具的方式为主。振动通过振动工具、振动机械或振动工件传向操作的手臂，由于工作状态不同，振动可以传给一侧或双侧手臂，有的可传到肩部。接触局部振动的作业主要是使用振动工具的铆工、凿岩工、清砂工、电锯工、磨工、抛光工、捣固工等。由于局部振动是通过手臂传入人体的，所以又称为手传振动。

局部振动病是长期使用振动工具而引起的以末梢循环障碍为主的全身性疾病，也可累及肢体神经及运动功能。发病部位多在上肢末端，典型表现为发作性手指变白。

局部振动对肌体的影响表现为末梢神经功能、末梢循环功能和运动功能的障碍，中枢神经系统功能障碍，骨关节系统损伤。

局部振动可引起全身性反应。表现为大脑皮质功能下降，脑电图慢波增多，交感神经功能亢进，血压、心律不稳，血压偏低，心律不齐，肠胃蠕动增加，免疫球蛋白增高。末梢血管、神经功能方面表现为小血管痉挛。感觉迟钝，振动觉及痛觉、温热觉均下降。

振动与噪声联合作用于人体。可加重对听觉器官的损害。振动也可使妇女月经及生殖功能出现一些异常。

10 防止振动危害的措施有哪些？

为减轻振动对人的危害，要采取各种减小振动的措施。

对于局部振动的减振措施有：改革工艺法和设备。用液压机、焊接和高分子粘连工艺代替铆接工艺，用液压机代替锻压机、用电弧气刨代替风铲等可以大大减少振动的发生源；改革工作制度，专人专机；保持作业场所温度在16℃以上，合理使用减振个人用品；建立合理的劳动制度，限制作业人员日接振时间。

对全身振动的减振措施有：在有可能产生较大振动设备的周围设置隔离地沟，衬以橡胶、软木等减振材料，以确保振动不能外传；对振动源采取减振措施，如用弹簧等减振阻尼器，减小振动的传递距离；汽车等运输工具的座椅加泡沫垫等，减弱运行中由于各种原因传来的振动。

另外，利用尼龙机件代替金属机件，可减小机器的振动；及时检修机器，可以防止因零件松动引起的振动。消除机器运行中的空气流和涡流等均可收到一定的减振效果。

11 什么叫高温作业？高温作业分为哪几类？

高温作业是指在高气温或高温高湿或强热辐射条件下进行的作业，通常分为三种类型。

（1）高温、热辐射作业。这些生产场所的气象特点是气温高、热辐射强度大，而相对湿度较低，形成干热环境。如冶金工业的炼焦、炼铁、轧钢等车间；机械制造工业的铸造、锻造、热处理等车间；搪瓷、玻璃、砖瓦等工业的窑炉车间；火力发电厂和锅炉房等。

（2）高温、高湿作业。这种生产场所的气象特点是气温、湿度高，而热辐射强度不大。主要是由于生产过程中产生大量水蒸气或生产上要求车间内保持较高的相对湿度所致。如印染、缫丝、造纸等工业中液体加热或蒸煮时，车间气温可达35℃以上，相对湿度常高达90%以上。潮湿的矿井内气温可达30℃以上，相对湿度达95%以上，如通风不良就会形成高温、高湿和低气流的气象条件，即湿热环境。

（3）夏季露天作业。夏季在农田劳动、建筑、搬运等露天作业中，除受太阳的辐射作用外，还接受被加热的地面和周围物体放出的辐射线。加之中午前后气温升高，形成高温、热辐射的作业环境。

12 高温作业主要对人体有哪些影响？

当高温环境的热强度超过一定限度时，可对人体产生多方面的不利影响。主要有：

(1) 人体热平衡。在高温环境下从事生产劳动，最常见的是人体内出现热蓄积，导致体温上升。当蓄热量超过一定限度，如体温上升到 38℃以上时，一部分人即可表现出过堵塞热症状，如头痛、头晕、心慌等。如体温继续上升，则有可能发生中暑或热衰竭。因此，在高温环境中劳动，应使职工体温不超过 37.5℃为宜，最高不应高于 38℃。

(2) 水盐代谢。高温作业者由于排汗增多而丧失大量水分、盐分，重体力劳动一个工作日结束时体重减轻可达 1.5～4 kg。出汗量大小主要取决于气温、热辐射强度和劳动强度。故测定出汗量可作为人体受热强度和劳动强度的综合指标之一。有人提出，以一个工作日的出汗量 6 L 为一个人承受的最高限，当水分丧失量占体重 5%～8%，而不能及时得到补充时，即可出现工作效率低、乏力、口渴、脉搏加快、体温升高等症状。因此，给高温作业工人及时补充水分、盐分具有重要的意义。

(3) 循环系统。在高温条件下作业，人体丧失大量水分，使血液浓缩，加上劳动时又需要向高度扩张的皮肤血管网内输送大量血液，以加强散热，这就更加大了心脏的负担，脉搏有时可达 120～150 次/min 以上。在高温作用下，皮肤血管扩张，血管紧张度降低，可使血压下降。但在高温与重体力劳动相结合情况下，血压也可增高，但舒张压一般不增高，甚至略有降低。

(4) 消化系统。在高温环境下劳动，体内血液重新分配，引起消化道贫血，并可出现唾液腺分泌减少，淀粉酶活性降低，胃蠕动减弱，胃液分泌减少，因而造成食欲减退。由于大量排汗和氯化钠的损失，血液中形成胃酸所必需的氯离子储备量降低，可导致胃液酸度减低，甚至引起无胃液症。大量饮水也会使胃酸稀释。这些因素都能造成消化不良及其他胃肠道疾病增多。因此，高温作业工人消化道疾病患病率往往高于一般工人，而且工龄越长，患病率越高。

(5) 泌尿系统。高温作业时，大量盐水经汗腺排出，经肾脏排出的水盐大大减低，肾脏排水量只占10%～15%。长期在高温条件下劳动，若水盐供应不足，可使尿浓缩，增加肾脏负担，有时可以导致肾功能不全，尿中出现蛋白、红细胞等。

（6）神经系统。在高温、热辐射环境下劳动时，可出现中枢神经系统抑制，注意力和肌肉工作能力降低，动作的准确性和协调性差。由于劳动者的反应速度降低，正确性和协调性受到阻碍，而容易发生工伤事故。

13 中暑有何症状？如何抢救中暑病人？

（1）中暑的症状。

中暑根据病症的程度可分为先兆中暑、轻症中暑和重症中暑。

1）先兆中暑。在高温作业场所工作一定时间后，出现大量出汗、口渴、头昏、耳鸣、胸闷、心悸、恶心、全身疲乏、四肢无力、注意力不集中等症状。体温正常或略升高。如能及时离开高温环境，经休息短时间内症状可消失。

2）轻症中暑。除先兆中暑症状外，尚有下列症状：体温在38℃以上，有面色潮红、皮肤灼热等现象；有面色苍白、恶心、呕吐、大量出汗、皮肤湿冷、血压下降、脉搏细弱而快等呼吸、循环衰竭的早期表现。脱离高温环境，轻症中暑可在4～5 h内恢复。

3）重症中暑。表现为除上述症状外，出现突然昏倒或痉挛，或皮肤干燥无汗、体温在40℃以上。

（2）中暑的急救措施。

1）对于先兆中暑和轻症中暑，应首先将患者移至阴凉通风处休息，擦去汗液，给予适量的清凉含盐饮料，并可选服人丹、十滴水、避瘟丹等药物，一般患者可逐渐恢复。如有循环衰竭倾向，需立即给予对症治疗。

2）对于重症中暑，必须采取紧急措施，予以抢救。对高温昏迷者，治疗以迅速降温为主，对循环衰竭或患热痉挛者，以调节水、电解质平衡和防止休克为主。

14 防暑降温的主要措施有哪些？

做好防暑降温工作，必须采用综合性措施。主要措施包括：

（1）组织措施。

1）加强领导是做好防暑降温的保障。企业领导要对防暑降温工作做到有布置、有检查、有指导，并协调好各职能部门的工作；国家卫生、安全生产行政执法部门应依据国家卫生标准及《防暑降温措施执行办法》对企业防暑降温工作进行监督检查。

2）企业卫生和安技人员应及时推动本企业的防暑降温工作。入暑前做好计划和具体落实措施，及早做好设备的保养和维修以及安装和添置工作。

3）加强宣传教育。教育职工遵守高温作业安全规程和卫生保健制度。

4）制定合理的劳动休息制度。高温下作业应尽量缩短工作时间，可采取实行小换班、增加工作休息次数、延长午休时间等方法。休息地点应远离热源，应备有清凉饮料、风扇、洗澡设备等。有条件的可在休息室安装空调或采取其他的防暑降温措施。

（2）技术措施。

1）改革工艺过程。合理设计或改革生产工艺过程，改进生产设备和操作方法，尽量实现机械化、自动化、仪表控制，消除高温和热辐射对人的危害。工艺流程设计时，应尽可能将热源置于外面；采用热压为主的自然通风时，尽量将热源布置于天窗下面；采用穿堂风的通风厂房，应将热源布置在主导风向的下风侧；使室外空气进入车间时，先通过操作者工作点，后经过热源。

2）隔热。以水隔热效果最好，能最大限度地吸收辐射热。利用石棉、玻璃纤维等导热系数小的材料包敷热源也有较好的效果。

3）通风。利用自然通风或机械通风的方法，交换车间内外的空气。

（3）保健措施。

1）供给含盐饮料。向高温作业人员提供足量合乎卫生要求的含盐饮料，以补充人体所需的水分和盐分。

2）发放保健食品。高温环境下作业，能量消耗增加，应增加蛋白质、热量、维生素等的摄入，以减轻疲劳，提高工作效率。

3）加强个人防护。高温作业的工作服应结实、耐热、宽大、便于操作，应按不同作业需要，及时供给工作帽、防护眼镜、隔热面罩、隔热靴等。

4）医疗预防。对高温作业人员应进行就业前和入暑前体检，凡有心血管系统疾病、高血压、溃疡病、肺气肿、肝病、肾病等疾病的人员不宜从事高温作业。

15 何谓电磁辐射？

电磁辐射以电磁波的形式在空间向四周传播，具有波的一般特征。电磁辐射的波谱很宽，按其生物学作用的不同，分为非电离辐射和电离辐射。非电离辐射包括紫外线、可见光、红外线、激光和射频辐射；电离辐射包括 X 射线、γ 射线。波长越短，频率越高，辐射的能量越大，生物学作用越强。电磁辐射常用频率和波长两个物理量来衡量。

16 何谓电离辐射？其职业接触机会如何？

电离辐射是一切能引起物质电离的辐射的总称，其种类很多。高速带电粒子有α粒子、β粒子、质子，不带电粒子有中子以及X射线、γ射线。

α射线是一种带电粒子流，由于带电，它所到之处很容易引起电离。α射线有很强的电离本领，这种性质既可利用，也带来一定坏处，对人体内组织破坏能力较大。由于其质量较大，穿透能力差，在空气中的射程只有几厘米。

β射线也是一种高速带电粒子，其电离本领比α射线小得多，但穿透本领比α射线大，但与X、γ射线比，β射线的射程短，很容易被铝箔、有机玻璃等材料吸收。

X射线和γ射线的性质大致相同，是不带电、波长极短的电磁波，因此把它们统称为光子。两者的穿透力极强，要特别注意外照射防护。

电离辐射存在于自然界，但目前人工辐射源已遍及各个领域。专门从事生产、使用及研究电离辐射工作的，称为放射工作人员。与放射有关的职业有：核工业系统的核原料勘探、开采、冶炼与精加工，核燃料及反应堆的生产、使用及研究；农业的照射培育新品种，蔬菜水果保鲜，粮食储存；医学的X射线透视、照相诊断、放射性核素对人体脏器测定，对肿瘤的照射治疗等；工业部门的各种加速器、射线发生器及电子显微镜、电子束焊机、彩电显像管、高压电子管等。

17 放射防护的基本方法有哪些？

为了达到防护目的，按照剂量限制的基本原则，减小各类人员的内、外照射剂量，应采取的方法有：

（1）控制辐射源的质与量，是根治放射损害的方法。在不影响应用效果的前提下，应尽量减小辐射源的强度、能量和毒性。

（2）减少照射时间。外照射的总剂量与总照射时间成正比，因此必须尽量减少受照射时间。可采取减少不必要停留时间、轮换作业、提高操作技术等措施，减少个体受照射时间。

（3）加强屏蔽防护。在放射源与人员之间设置防护屏，吸收或减弱射线的能量。

（4）距离防护。点状放射源的剂量与距离平方成反比，操作中应尽可能远离放射源，切忌直接用手持放射源。

（5）围封隔离。对于开放源及其作业场必须采取“封锁隔离”的方法，把开放源控制在有限空间，防止向环境中扩散。

（6）除污保洁。操作开放型放射源，使用开放型放射性元素时，要随时清除工作环境介质的污染，监测污染水平，控制向周围环境的大量扩散。

（7）个人防护。要合理使用配备的个人防护用品，如口罩、手套、工作鞋帽、服装等；遵守个人防护规则，在开放型放射性工作场所中，禁止一切可能使放射性元素侵入人体的行为，如禁止饮水、吸烟、进食、化妆等。

18 何谓射频辐射？

射频辐射也称无线电波，是指波长范围为 1 mm～3 km 的电磁波，包括高频电磁场和微波。高频电磁场按波长可分为长波、中波、短波和超短波，微波分为分米波、厘米波和毫米波。

19 怎样预防射频辐射的危害？

根据一些工厂的实际防护效果，最重要的是对电磁场辐射源进行屏蔽，其次是加大操作距离，缩短工作时间及加强个人防护。

（1）场源屏蔽。利用可能的方法，将电磁能量限制在规定的空间内，阻止其传播扩散。首先要寻找屏蔽辐射源，如高频感应加热介质时，电磁场的辐射源为振荡电容器组、高频变压器、感应线圈、馈线和工作电极等。又如，高频淬火作业的主要辐射源是高频变压器，熔炼作业的辐射源是感应炉，黏合塑料作业的辐射源是工作电极。通常振荡电路系统均在机壳内，只要接地良好，不打开机壳，发射出的场强一般很小。

屏蔽材料要选用铜、铝等金属材料，利用金属的吸收和反射作用，使操作地点的电磁场强度降低。屏蔽罩应有良好的接地，以免成为二次辐射源。

微波辐射多为机器内的磁控管、调速管、导波管等因屏蔽不好或连接不严密而泄漏。因此微波设备应有良好的屏蔽装置。

（2）远距离操作。在屏蔽辐射源有困难时，可采用自动或半自动的远距离操作，在场源周围设有明显标志，禁止人员靠近。根据微波发射有方向性的特点，工作地点应置于辐射强度最小的部位，避免在辐射流的正前方工作。

（3）个人防护。在难以采取其他措施时，短时间作业可穿戴专用的防护衣帽和眼镜。

（4）卫生标准。我国的《高频辐射卫生标准》对电场强度和磁场强度分别做出规定：

高频辐射（频率 100 kHz～30 MHz）的电场强度为 20 V/m，磁场强度为 5 A/m。

《微波辐射暂行卫生标准》规定：

1）一日 8 h 工作，连续辐射强度不应超过 38 $\mu W/cm^2$；

2）一日总剂量不应超过 300 $\mu W/cm^2$；

3）不允许在 5 mW/cm^2 辐射环境下工作。

20 红外线对人体有什么危害？如何防护？

波长 0.76～1 000 μm 的电磁波称为红外线，也称热射线。辐射线的温度越高，其辐射的红外线波长越短。自然界的红外辐射以太阳为最强。在生产环境中，加热金属、熔融玻璃强发光体等都是红外辐射源。炼钢工、铸锭工、轧钢工、锻造工、玻璃熔吹工、焊接工等可受到红外线照射。

红外线照射皮肤时，大部分被皮下组织吸收使局部加热，皮肤温度升高，血管扩张，出现红斑反应，反复照射时局部可出现色素沉着。过量的红外线照射，可引起皮肤急性灼伤，短波红外线的灼伤作用较长波红外线强。直接照射头部或面积较大、时间较长时，人体可因过热而出现全身症状，甚至发生中暑。

红外线照射眼睛时，可使眼组织加热，过量时可引起角膜和瞳孔括约肌的损伤，自觉眼睛不适或疼痛，瞳孔痉挛甚至瞳孔括约肌瘫痪，双眼集合作用减退，阅读困难。红外线引起的白内障多发生于工龄长的工人，波长 0.8～1.2 μm 的红外线长期照射时，可引起晶状体温度升高，晶状体浑浊，发展为白内障。波长小于 1 μm 的红外线可达到视网膜，过量照射时引起视网膜灼伤，主要损害黄斑区，形成暂时性或永久性中心暗点，影响视力，多发生于使用弧光灯、电焊、乙炔焊等作业。

预防红外线伤害主要是穿戴防护服和防护帽。严禁裸眼看强光。生产中应戴绿色玻璃防护镜，镜片中需含有氧化亚铁或其他过滤红外线的有效成分。

21 紫外线对人体有什么危害？如何防护？

波长 100～400 nm 的电磁波称为紫外线。太阳是极强的紫外线辐射源，适量的紫外线照射对人体健康有益。但接触过量的紫外线会对肌体产生危害，特别是对眼睛的损伤。在生产环境中，凡是物体的温度达 1 200℃以上时，辐射光谱中即可出现紫外线。电焊、气焊、电炉炼钢等作业，以及使用弧光灯、水银灯、闪光灯、紫外线消毒灯等均可受到紫外线的辐射。

紫外线照射皮肤时，可引起血管扩张，出现红斑，过量照射可产生弥漫性红斑，并可形成小水疱和水肿，长期照射可使皮肤干燥、失去弹性和老化。紫外线与煤焦油、沥青、石蜡等同时作用皮肤时，可引起光感性皮炎。

紫外线照射眼睛时，可引起急性角膜炎，常因电弧光（如电焊）引起，故称为电光性眼炎。

预防紫外线的危害应采用自动或半自动焊接。增大与辐射源的距离。电焊工及其助手必须佩戴专用的防护面罩或眼镜及适宜的防护手套，皮肤不得裸露。电焊工操作时应使用移动屏幕围住作业区，以免其他工种的人员受到紫外线照射。电焊时产生的有害气体和烟尘，应采用局部排风措施加以排除。

22 何谓电光性眼炎？

电光性眼炎是紫外线过量照射所引起的急性角膜炎，是一种常见的职业病，常发生于电焊、气焊、氧焰切割、电弧炼钢，以及使用弧光、水银灯、紫外灯的作业工人，其中以电焊工最多见。

电光性眼炎一般在受照后 6～8 h 发病，最短 30 min，最长 24 h，常在夜间或清晨发病。轻症者仅表现有双眼异物感和轻度不适，重症者表现有眼部有灼痛或刺痛，并伴有高度畏光、流泪及视力减退，眼睑痉挛、结膜充血、水肿、有黏液样分泌物，角膜上有点状脱落。若及时处理，一般在 1～2 日即可痊愈。使用潘妥卡因、地卡因等眼药水有镇痛止疼作用，用人奶、牛奶滴眼也有明显效果。急性期应卧床闭目休息，或遮盖眼罩，以减小光线对眼的刺激。

为防止电光性眼炎的发生，作业人员要严格遵守操作规程，佩戴防护面罩及眼镜。

23 激光对人体有哪些伤害？如何防护？

激光对人体的伤害主要是眼睛，其次是皮肤。

（1）对眼睛和视觉的伤害。激光能烧伤生物组织，尤其对视网膜的灼伤最多见。因为激光束能通过眼自身的屈光系统在视网膜上聚焦成一个非常小的光斑，使光能高度集中而导致灼伤。处在红外区或微波区的激光辐射可被虹膜或晶体吸收造成热损伤，导致虹膜炎和白内障。激光对眼睛的伤害与其波长、脉冲宽度、间隙时间、光束的能量、入射角度、受照组织特性等因素有关。眼睛受激光照射后，可突然有眩光感，出现视力模糊或眼前出现固定黑影，甚至视觉丧失。激光辐射对视网膜的损害是无痛的，易被人们忽视。长期经常接触小剂量和漫反射激光的照射，工作人员一般不会发现自己视力的损伤，有时有一般神经衰弱。工作后视力疲劳、眼痛等，无特异症状。激光对眼睛的意外伤害，除个别人发生永久性视力丧失外，多数经治疗后均有不同程度的恢复。

（2）对皮肤的伤害。激光对皮肤的伤害过程表现为轻度红斑、灼烧直至组织炭化坏死，此外亦可损伤色素细胞，有时可见血管破溃和溢血。皮肤损伤通常是可逆的和可恢复的。

预防激光危害最主要的方法是安全教育，严禁裸眼观看激光束，注意操作规程；确定操作区及危险带并要有醒目的警告牌，无关人员不得进入；要佩戴合适的防护眼镜、防护手套；定期检查身体，特别是眼睛。

操作室围护结构要用吸光材料制成，色调宜暗。室内不得设置安放能反射、折射光束的设备、用具。激光束的防光罩要用耐火材料制成，其开启应与光束放大系统的截断器相连。

现场急救与逃生自救篇

1　现场急救应遵循哪些基本原则？

生产现场急救，是指在劳动生产过程中和工作场所发生的各种意外伤害、急性中毒、外伤和突发危重伤病员等情况。没有医务人员时，为了防止病情恶化，减轻病人痛苦和预防休克等所应采取的初步紧急救护措施，又称院前急救。

生产现场急救总的任务是采取及时有效的急救措施和技术，最大限度地减轻伤病员的痛苦，降低致残率，减小死亡率，为医院抢救打好基础。现场急救应遵循的原则有：

（1）先复后固的原则。

遇有心跳、呼吸骤停又有骨折者，应首先用口对口呼吸和胸外按压等技术使心、肺、脑复苏，直至心跳呼吸恢复后，再进行骨折固定。

（2）先止后包的原则。

遇有大出血又有创口者时，首先立即用指压、止血带或药物等方法止血，接着再消毒，并对创口进行包扎。

（3）先重后轻的原则。

指遇有垂危的和较轻的伤病员时，应优先抢救危重者，后抢救较轻的伤病员。

（4）先救后运的原则。

发现伤病员时，应先救后送。在送伤病员到医院途中，不要停止抢救措施，继续观察病、伤情变化，少颠簸，注意保暖，平安抵达最近医院。

（5）急救与呼救并重的原则。

在遇有成批伤病员、现场还有其他参与急救的人员时，要紧张而镇定地分工合作，急救和呼救可同时进行，以较快地争取救援。

（6）搬运与急救一致性的原则。

在运送危重伤病员时，应与急救工作步骤一致，争取时间，在途中应继续进行抢救工作，减少伤病员不应有的痛苦和死亡，安全到达目的地。

2 职业伤害急救的原则是什么？

职业伤害急救原则如下：

（1）遇到伤害发生时，不要惊慌失措，要保持镇静，并设法维持好现场的秩序。

（2）在周围环境不危及生命条件下，一般不要随便搬动伤员。

（3）暂不要给伤病员喝任何饮料和进食。

（4）如发生意外，而现场无人时，应向周围大声呼救，请求来人帮助或设法联系有关部门，不要单独留下伤病员无人照管。

（5）遇到严重事故、灾害或中毒时，除急救呼叫外，还应立即向有关政府、卫生、防疫、公安、新闻媒介等部门报告，报告现场在什么地方、伤病员有多少、伤情如何、都做过什么处理等。

（6）根据伤情对病员边分类边抢救，处理的原则是先重后轻、先急后缓、先近后远。

（7）对呼吸困难、窒息和心跳停止的伤病员，从速置头于后仰位、托起下颌、使呼吸道畅通，同时施行人工呼吸、胸外心脏按压等复苏操作，原地抢救。

（8）对伤情稳定、估计转运途中不会加重伤情的伤病员，迅速组织人力，利用各种交通工具分别转运到附近的医疗单位急救。

（9）现场抢救一切行动必须服从有关领导的统一指挥，不可各自为政。

3 如何对现场伤员进行分类？

灾害发生后，伤员数量大，伤情复杂，重危伤员多。急救和后运常出现尖锐的四大矛盾：急救技术力量不足与伤员需要抢救的矛盾；急救物资短缺与需要量的矛盾；重伤员与轻伤员都需要急救的矛盾；轻、重伤员都需后运的矛盾。解决这些矛盾的办法就是对伤病员进行分类。伤员分类是生产现场急救工作的重要组成部分。做好伤员分类工作，可以保证充分地发挥人力、物力的作用，使需要急救的轻、重伤员按需安排，使急救和后运工作有条不紊地进行。

生产现场急救分类的重要意义集中在一个目标，即提高其效率。将现场有限的人力、物力和时间，用在抢救有存活希望者的身上，提高伤、病员的存活率，降低死亡率。

（1）现场伤员分类的要求。

1）分类工作是在特别困难和紧急的情况下，一边抢救一边分类的。

2）分类应由经过训练、经验丰富、有组织能力的技术人员承担。

3）分类应依先危后重，再轻后小（伤势小）的原则进行。

4）分类应快速、准确、无误。

（2）现场伤员分类的判断。

现场伤员分类是以决定优先急救对象为前提的，首先根据伤情来判定。

1）呼吸是否停止。用看、听、感来判定。

看：是通过观察胸廓的起伏，或用棉花毛贴在伤病者的鼻翼上，看有否摆动。如吸气胸廓上提，呼气下降或棉毛有摆动即是呼吸未停。反之，即呼吸已停。

听：是侧头用耳尽量接近伤病者的鼻部，去听有否气体交换。

感：是在听的同时，用脸感觉有无气流呼出。如听到有气体交换或气流感说明尚有呼吸。

2）脉搏是否停止。用触、看、摸、量来检查。

触：触桡动脉有无脉搏跳动，感受其强弱。

看：头部、胸腹、脊柱、四肢，有否内脏损伤、大出血、骨折等，都是重点判定项目。

摸：摸颈动脉有无搏动及强弱。

量：量收缩压是否小于 12 kPa（90 毫米汞柱）。

判定一个伤员只能在 1～2 min 内完成。通过以上方法对伤员简单地分类，便于采取针对性急救方法。

4　现场急救的基本步骤是什么？

当各种意外事故和急性中毒发生后，参与生产现场救护的人员要沉着、冷静，切忌惊慌失措。时间就是生命，应尽快对中毒或受伤病人进行认真仔细的检查，确定病情。检查内容包括意识、呼吸、脉搏、血压、瞳孔是否正常，有无出血、休克、外伤、烧伤，是否伴有其他损伤等。

总体来说，事故现场急救应按照紧急呼救、判断伤情和救护三大步骤进行。

（1）紧急呼救。

当事故发生，发现了危重伤员，经过现场评估和病情判断后需要立即救护，同时立即向救护医疗服务系统或附近担负院外急救任务的医疗部门、社区卫生单位报告，常用的急救电话为

"120"。由急救机构立即派出专业救护人员、救护车至现场抢救。

（2）判断危重伤情。

在现场巡视后对伤员进行最初评估。发现伤员，尤其是处在情况复杂的现场，救护人员需要首先确认并立即处理威胁生命的情况，检查伤员的意识、气道、呼吸、循环体征等。

（3）救护。

灾害事故现场一般都很混乱，组织指挥特别重要，应快速组成临时现场救护小组，统一指挥，加强灾害事故现场一线救护，这是保证抢救成功的关键措施之一。

灾害事故发生后，避免慌乱，尽可能缩短伤后至抢救的时间，强调提高基本治疗技术是做好灾害事故现场救护的最重要的问题。善于应用现有的先进科技手段，体现"立体救护、快速反应"的救护原则，提高救护的成功率。

现场救护原则是先救命后治伤，先重伤后轻伤，先抢后救，抢中有救，尽快脱离事故现场，先分类再运送。医护人员以救为主，其他人员以抢为主，各负其责，相互配合，以免延误抢救时机。现场救护人员应注意自身防护。

5 事故现场如何进行紧急呼救？

紧急呼救主要有以下三步：

（1）救护启动。

救护启动称为呼救系统开始。呼救系统的畅通，在国际上被列为抢救危重伤员的"生命链"中的"第一环"。有效的呼救系统，对保障危重伤员获得及时救治至关重要。

应用无线电和电话呼救。通常在急救中心配备有经过专门训练的话务员，能够对呼救做出迅速适当的应答，并能把电话接到合适的急救机构。城市呼救网络系统的"通信指挥中心"，应当接收所有的医疗（包括灾难等意外伤害事故）急救电话，根据伤员所处的位置和病情，指定就近的急救站去救护伤员。这样可以大大节省时间，提高效率，便于伤员救护和转运。

(2) 呼救电话须知。

紧急事故发生时，须报警呼救，最常使用的是呼救电话。

使用呼救电话时必须要用最精练、准确、清楚的语言说明伤员目前的情况及严重程度，伤员的人数及存在的危险，需要何类急救。如果不清楚身处位置的话，不要惊慌，因为救护医疗服务系统控制室可以通过全球卫星定位系统追踪其正确位置。

一般应简要清楚地说明以下几点：

1) 你的（报告人）电话号码与姓名，伤员姓名、性别、年龄和联系电话。

2) 伤员所在的确切地点，尽可能指出附近街道的交汇处或其他显著标志。

3) 伤员目前最危重的情况，如昏倒、呼吸困难、大出血等。

4) 灾害事故、突发事件时，说明伤害性质、严重程度、伤员的人数。

5) 现场所采取的救护措施。注意，不要先放下话筒，要等救护医疗服务系统（EMS）调度人员先挂断电话。

(3) 单人及多人呼救。

在专业急救人员尚未到达时，如果有多人在现场，一名救护人员留在伤员身边开展救护，其他人通知医疗急救机构。意外伤害事故，要分配好救护人员各自的工作，分秒必争、有序地实施伤员的寻找、脱险、医疗救护工作。

在伤员心脏骤停的情况下，为挽救生命，抓住“救命的黄金时刻”，可立即进行心肺复苏，然后迅速拨打电话。如有手机在身，则进行1～2分钟心肺复苏后，在抢救间隙中打电话。

任何年龄的外伤或呼吸暂停患者，拨打电话呼救前接受1分钟的心肺复苏是非常必要的。

6 事故现场人员的自救原则是什么？

企业发生事故时，在现场的人员尽可能了解或判断事故的类型、地点和严重程度，并迅速报告企业负责人。同时，在保证安全的前提下，尽可能利用现有设备和工具材料及时消灭或控制事故。如不可能，应由现场负责人或有经验的工人带领，选择安全事故路线迅速退避。退避原则是：

（1）当发生火灾、爆炸或毒物泄漏时，现场人员应尽可能迎着风流撤退至未被污染的空气处。但也要具体情况具体分析对待，总之，以最快方式撤到安全地点为原则。如路线较长，火焰与毒气可能马上袭来时，应向下卧倒或俯伏于水沟中，以减小灼伤。

（2）当位于室内的人员逃生通路阻塞或有毒气体量大等无法退避时，应迅速紧闭门窗，设法堵死门窗的缝隙，避免火焰或有毒气体进入房间。如果有电话应立即与外面取得联系，然后用湿毛巾捂住鼻子和嘴，等待营救。

（3）发生水灾事故，人员向高处撤退而不能进入涌水地点附近的死胡同等无法逃生的地点。

7 急性中毒的现场处理措施有哪些？

急性中毒病情发展很快，现场处理是对急性中毒者的第一步处理。

（1）切断毒源，包括关闭阀门，加盲板、停车、停止送气、堵塞跑气漏气设备，使毒物不再继续侵入人体和扩散。逸散的毒气应尽快采取抽毒或排毒，引风吹散或中和等办法处理。如跑氯可用废氨水喷雾中和，使之生成氯化钠。

（2）搞清毒物种类、性质、采取相应保护措施。既要抢救别人，又要保护自己，莽撞地闯入中毒现场只能造成更大损伤。

（3）尽快使患者脱离中毒现场后，松开领扣、腰带，呼吸新鲜空气。迅速脱掉被污染的衣物，清水冲洗皮肤 15 min 以上。或用温水、肥皂水清洗，注意保暖。有条件的厂矿卫生所，应立即针对毒物性质给予解毒和驱毒剂，使进入体内的毒物尽快排出。

（4）发现呼吸困难或停止时，进行人工呼吸（氰化物类剧毒，禁止口对口呼吸）。有条件的立即吸氧或加压给氧；针刺人中、百会、十宜等穴位；注射呼吸兴奋剂。

（5）心脏骤停者，立即进行胸外心脏按压，心脏注射“三联针”。

（6）发生 3 人以上多人中毒事故，要注意分类。先重者后轻者，注意现场的抢救指挥，防止乱作一团。对危重者应尽快地转送医疗单位急救，在转运途中注意观察呼吸、心跳、脉搏等变化，并重点而全面地向医生介绍中毒现场的情况，以利准确无误地制定急救方案。

8 发生雷击事故应如何急救？

当人体被雷击中后，往往会觉得遭雷击的人身上还有电，不敢抢救而延误了救援时间，其实这种观念是错误的。如果出现了因雷击昏倒而“假死”的状态时，可以采取如下的救护方法：

（1）进行口对口人工呼吸。雷击后进行人工呼吸的时间越早，对伤者的身体恢复越好，因为人脑缺氧时间超过十几分钟就会有致命危险。如果能在 4 分钟内以心肺复苏法进行抢救，让心脏恢复跳动，可能还来得及救活。

（2）对伤者进行心脏按压，并迅速通知医院进行抢救处理。

如果遇到一群人被闪电击中，那些会发出呻吟的人不要紧，应先抢救那些已无法发出声息的人。

（3）如果伤者遭受雷击后引起衣服着火，此时应马上让伤者躺下，以使火焰不致烧伤面部，并往伤者身上泼水，或者用厚外衣、毯子等把伤者裹住隔绝空气，以扑灭火焰。

（4）送医院急救。

9 毒气泄漏时应如何避险与逃生？

化学品毒气泄漏的特点是发生突然，扩散迅速，持续时间长，涉及面广。一旦出现泄漏事故，往往引起人们的恐慌，处理不当则会产生严重的后果。因此，发生毒气泄漏事故后，如果现场人员无法控制泄漏，则应迅速报警并选择安全方法逃生。不同化学物质以及在不同情况下出现泄漏事故，其自救与逃生的方法有很大差异。若逃生方法选择不当，不仅不能安全逃出，反而会使自己受到更严重的伤害。

（1）发生毒气泄漏事故时，现场人员不可恐慌，按照平时应急预案的演习步骤，各司其职，井然有序地撤离。

（2）从毒气泄漏现场逃生时，要抓紧宝贵的时间，任何贻误时机的行为都有可能给现场人员带来灾难性的后果。因此，当现场人员确认无法控制泄漏时，必须当机立断，选择正确的逃生方法，快速撤离现场。

（3）逃生要根据泄漏物质的特性，佩戴相应的个体防护用具。如果现场没有防护用具或者防护用具数量不足，也可应急使用湿毛巾或衣物捂住口鼻进行逃生。

（4）沉着冷静确定风向，然后根据毒气泄漏源位置，向上风向或沿侧风向转移撤离，也就是逆风逃生。另外，根据泄漏物质的相对密度，选择沿高处或低洼处逃生，但切忌在低洼处停留。

（5）如果事故现场已有救护消防人员或专人引导，逃生时要服从他们的指引和安排。

（6）不要慌乱，不要拥挤，要听从指挥，特别是人员较多时，更不能慌乱，也不要大喊大叫，要镇静、沉着，有秩序地撤离。

（7）撤离时要弄清楚毒气的流向，不可顺着毒气流动的风向走，而要逆向逃离。

（8）逃离泄漏区后，应立即到医院检查，必要时进行排毒治疗。

（9）还要注意的是，当毒气泄漏发生时，若没有穿戴防护服，绝不能进入事故现场救人。因为这样不但救不了别人，自己也会被伤害。

10 遇到火情时要注意哪些问题？

火灾的发生往往是瞬间的、无情的，如何提高自我保护能力，从火灾现场安全撤离，成为减少火灾事故中人员伤亡的关键。因此，多掌握一些自救与逃生的知识、技能，把握住脱险时机，就会在困境中拯救自己或赢得更多等待救援的时间，从而获得第二次生命。

遇到火情时要注意以下两点：

（1）火势初期，如果发现火势不大，未对人与环境造成很大威胁，其附近有消防器材，如灭火器、消防栓、自来水等，应尽可能地在第一时间将火扑灭，不可置小火于不顾而酿成火灾。

（2）当火势失去控制，不要惊慌失措，应冷静机智地运用火场自救和逃生知识摆脱困境。心理的恐慌和崩溃往往使人丧失绝佳的逃生机会。

11 火灾如何逃生?

(1) 利用门窗逃生。利用门窗逃生的前提条件是火势不大,还没有蔓延到整个单元住宅,同时,是在受困者较熟悉燃烧区内通道的情况下进行的。具体方法为:把被子、毛毯或褥子用水淋湿裹住身体,低身冲出受困区。或者将绳索一端系于窗户中横框或室内其他固定构件上,另一端系于小孩或老人的两腋和腹部,将其沿窗放至地面或下层窗口,然后破窗入室从通道疏散,其他人可沿绳索滑下。

(2) 利用阳台逃生。按要求高层单元住宅建筑从第七层开始每层相邻单元的阳台相互连通,在此类楼层中受困,可拆破阳台间的分隔物,从阳台进入另一单元,再进入疏散通道逃生。建筑中无连通阳台而阳台相距较近时,可将室内的床板或门板置于阳台之间搭桥通过。如果楼道走廊已为浓烟所充满无法通过时,可紧闭与阳台相通的门窗,站在阳台上避难。

(3) 利用空间逃生。在室内空间较大而火灾占地不大时可利用这个方法。其具体做法是:将室内(卫生间、厨房都可以,室内有水源最佳)的可燃物清除干净,同时清除与此室相连室内的部分可燃物,清除明火对门窗的威胁,然后紧闭与燃烧区相通的门窗,防止烟和有毒气体的进入,等待火势熄灭或消防人员的救援。

(4) 利用时间差逃生。在火势封闭了通道时,可利用时间差逃生。由于一般单元式住宅楼为一、二级防火建筑,耐火极限为2.5~3 h,只要不是建筑整体受火势的威胁,局部火势一般很难致使住房倒塌。人员先疏散至离火势最远的房间内,在室内准备被子、毛毯等,将其淋湿,采取利用门窗逃生的方法,逃出起火房间。

(5) 利用管道逃生。房间外墙壁上有落水或供水管道时,有能力的人，可以利用管道逃生。

12 一般火场逃生有哪些错误行为？

（1）原路脱险。一旦发生火灾时，人们总是习惯沿着进来的出入口和楼道进行逃生，当发现此路被封死时，才被迫去寻找其他出入口。殊不知，此时已失去最佳逃生时间。

（2）向光朝亮。这是在紧急危险情况下，由于人的本能、生理、心理所决定，人们总是向着有光、明亮的方向逃生。但是，很多时候光亮的地方正是火焰燃烧比较厉害的地方，也是最危险的地方。

（3）盲目追随。当人的生命突然面临危险状态时，极易因惊慌失措而失去正常的判断思维能力，当听到或看到有什么人在前面跑动时，第一反应就是盲目紧紧地追随其后。

（4）自高向下。当高楼大厦发生火灾，特别是高层建筑一旦失火，人们总是习惯性地认为：火是从下面往上着的，越高越危险，越下越安全。其实很多时候，楼下已经是一片火海。

（5）冒险跳楼。人们在发现逃生之路被大火封死，火势越来越大，烟雾越来越浓时，人们就很容易失去理智，盲目跳楼、跳窗等，增加了危险性。

13 中毒窒息的救护注意事项有哪些？

一氧化碳、二氧化氮、二氧化硫、硫化氢等超过允许浓度时，均能使人吸入后中毒。发生中毒窒息事故后，救援人员千万不要贸然进入现场施救，首先要做好预防工作，避免成为新的受害者。具体可按照下列方法进行抢救。

（1）通风。

加强全面通风或局部通风，用大量新鲜空气对中毒区的有毒有害气体浓度进行稀释冲淡，待有害气体降到允许浓度时，方可进入现场抢救。

（2）做好防护工作。

救护人员在进入危险区域前必须戴好防毒面具、自救器等防护用品，必要时也应给中毒者戴上，迅速将中毒者小心地从危险的环境转移到一个安全的、通风的地方；如果需要从一个有限的空间，如深坑或地下某个场所进行救援工作，应发出报警以求帮助，单独进入危险地方帮助某人时，可能导致两人都受伤；如果伤员失去知觉，可将其放在毛毯上提拉，或抓住衣服，头朝前地转移出去。

（3）进行有效救治。

如果是一氧化碳中毒，中毒者还没有停止呼吸，则脱去中毒者被污染的衣服，松开领口、腰带，使中毒者能够顺畅地呼吸新鲜空气，也可让中毒者闻氨水解毒；如果呼吸已停止但心脏还在跳动，则立即进行人工呼吸，同时针刺人中穴；若心脏跳动也停止了，就应迅速进行心脏胸外挤压，同时进行人工呼吸。

对于硫化氢中毒者，在进行人工呼吸之前，要用浸透食盐溶液的棉花或手帕盖住中毒者的口鼻。

如果是瓦斯或二氧化碳窒息，情况不太严重时，可把窒息者移到空气新鲜的场所稍作休息；若窒息时间较长，就要进行人工呼吸抢救。

如果毒物污染了眼部、皮肤，应立即用水冲洗；对于口服毒物的中毒者，应设法催吐，简单有效的办法是用手指刺激舌根；对腐蚀性毒物可口服牛奶、蛋清、植物油等进行保护。

救护中，抢救人员一定要沉着，动作要迅速。对任何处于昏睡或不清醒状态的中毒人员，都必须尽快送往医院进行诊治，如有必要，还应有一位能随时给病人进行人工呼吸的人同行。

14 化学烧伤救护的方法有哪些?

化学物质对人体组织有热力、腐蚀致伤作用,一般称为化学烧伤。其烧伤的程度取决于化学物质的种类、浓度和作用持续时间。常见的化学烧伤有碱烧伤和酸烧伤。常见化学烧伤的救护方法如下。

(1)生石灰烧伤。

迅速清除石灰颗粒,用大量流动的洁净的冷水冲洗,至少10 min以上,尤其是眼内烧伤,更应彻底冲洗。切忌将受伤部位用水浸泡,防止生石灰遇水产生大量热量而加重烧伤。

(2)磷烧伤。

迅速清除磷以后,用大量流动的洁净的冷水冲洗,至少10 min以上;然后用5%碳酸氢钠或食用苏打水湿敷创面,使创面与空气隔绝,防止磷在空气中氧化燃烧而加重烧伤。

(3)强酸烧伤。

强酸包括硫酸、盐酸、硝酸。出现皮肤烧伤情况后,应立即用大量清水冲洗至少10 min(除非另有说明)。如果衣服被污染,应立即脱掉或将污染的部位撕掉,同时用大量水冲洗。还可用4%碳酸氢钠或2%苏打水冲洗中和。

若眼部烧伤,首先采取简易的冲洗方法,即用手将患眼撑开,把面部浸入清水中,将头轻轻摇动。冲洗时间不低于20 min。切忌用手或手帕揉擦眼睛,以免增加创伤。

吸入性烧伤可出现咳血性泡沫痰、胸闷、流泪、呼吸困难、肺水肿等症状。此时要注意保持呼吸道畅通,可用2%~4%碳酸氢钠雾化吸入。

消化道烧伤后上腹部剧痛、呕吐大量褐色物及食道、胃黏膜碎片。此时可口服牛奶、蛋清、豆浆、食用植物油任一种,每次200 mL,保护消化道黏膜。严禁催吐或洗胃,也不得口服碳酸氢钠，以免因产生大量的二氧化碳而导致穿孔。

（4）强碱烧伤。

强碱包括氢氧化钠、氢氧化钾、氧化钾等。皮肤烧伤需用大量清水彻底冲洗创面，直到皂样物质消失为止；也可用食醋或2%的醋酸冲洗中和或湿敷。

眼部烧伤至少用清水冲洗 20 min 以上。严禁用酸性物质冲洗眼内，可在清水冲洗后点眼药水。

误服强碱后，立即口服食醋、柠檬汁以起到中和作用，也可口服牛奶、蛋清、豆浆、食用植物油任一种，每次 200 mL，保护消化道黏膜。严禁催吐或洗胃。

需要注意的是，严重烧伤早期应及时给伤员补充体液，防止休克。最好口服烧伤饮料、含盐饮料，少量多次饮用。不要单纯喝白水、糖水，更不可一次饮水过多。

15 热烧伤的救护方法有哪些？

火焰、开水、蒸汽、热液体或固体直接接触人体引起的烧伤，都属于热烧伤。其烧伤程度取决于作用物体的温度和作用持续的时间。严重烧伤是很危险的，急性期要过三关：休克关、感染关和窒息关。后期还需进行整形植皮，严重烧伤的病人需施行几十次手术，最终也很难恢复到烧伤前的外形和功能。热烧伤的救护方法如下。

（1）轻度烧伤尤其是不严重的肢体烧伤，应立即用清水冲洗或将患肢浸泡在冷水中 10～20 min，如不方便浸泡，可用湿毛巾或布单盖在患部，然后浇冷水，以使伤口尽快冷却降温，减轻热力引起的损伤。穿着衣服的部位烧伤严重，不要先脱衣服，否则易使烧伤处的水泡、皮一同撕脱，造成伤口创面暴露，增加感染机会。而应立即朝衣服上面浇冷水，待衣服局部温度快速下降后，再轻轻脱去衣服或用剪刀剪开褪去衣服。

（2）若烧伤处已有水泡形成，小的水泡不要随便弄破，大的水泡应到医院处理或用消毒过的针刺一小孔排出泡内液体，以免影响创面修复，增加感染机会。

（3）烧伤创面一般不作特殊处理，不要在创面上涂抹任何有刺激性的液体或不清洁的粉或油剂，只需保持创面及周围清洁即可。较大面积烧伤用清水冲洗清洁后，最好用干净纱布或布单覆盖创面，并尽快送往医院治疗。

（4）火灾引起烧伤时，伤员衣服着火时应立即脱去，如果一时难以脱下来，可让伤员卧倒在地滚压灭火，或用水浇灭火焰。冬天身穿棉衣时，有时明火熄灭，暗火仍燃，衣服如有冒烟现象应立即脱下或剪去以免继续烧伤。切勿带火奔跑或用手拍打，否则可能使得火借风势越烧越旺，使手被烧伤。也不可在火场大声呼喊，以免导致呼吸道烧伤。要用湿毛巾捂住口鼻，以防烟雾吸入导致窒息或中毒。

（5）重要部位烧伤后，抢救时要特别注意。如头面部烧伤后，常极度肿胀，且容易引起继发性感染，导致形态改变、畸形和功能障碍。呼吸道烧伤，如吸入热气流会导致呼吸道黏膜充血水肿，严重者甚至黏膜坏死、脱落，导致气道阻塞；吸入火焰烟雾或化学蒸气烟雾，会使支气管痉挛，肺充血水肿，降低通气功能而造成呼吸困难。由于呼吸道烧伤属于内脏烧伤，容易被漏诊因而延误抢救，以致造成早期死亡。因此，要密切观察伤员有无进展性呼吸困难，并及时护送到医院作进一步诊断治疗。

16 电烧伤有几种情况？应如何救护？

电烧伤是电能转化成热能造成的烧伤。由于电能的特殊作用，电烧伤所造成的软组织损伤是不规则的立体烧伤，烧伤口小、基底大而深，不能单纯用烧伤部位的面积来衡量烧伤的程度，而应该同时注意其深度及全身情况。

电烧伤有两种情况：一种是接触性电烧伤，又称电灼伤，是人体与带电体直接接触，电流通过人体时产生的热效应的结果。在人体与带电体的接触处，接触面积一般较小，电流密度可达很大数值，又因皮肤电阻较体内组织电阻大许多倍，故在接触处产生很大的热量，致使皮肤灼伤。另一种是电弧烧伤，电气设备的电压较高时产生的强烈电弧或电火花，瞬间所产生的温度高达2 500～3 000℃，可烧伤人体，甚至击穿人体的某一部位，使电弧电流直接通过内部组织或器官，造成深部组织坏死。

电烧伤后体表一般有一个入口和相应的出口，且入口比出口损伤重。电弧烧伤一般不会引起心脏纤维性颤动，更为常见的是人体由于呼吸麻痹而死亡，故抢救时应先进行呼吸的复苏；有神志障碍者，头部可用冰帽或冰袋。

17 当人体触电后，怎样选用正确方法进行急救？

触电急救的基本原则是动作迅速、方法正确。当通过人体的电流较小时，仅产生麻感，对肌体影响不大。当通过人体的电流增大，但小于摆脱电流时，虽可能受到强烈打击，但尚能自己摆脱电源，伤害可能不严重。当通过人体的电流进一步增大，至接近或达到致命电流时，触电者会出现神经麻痹、呼吸中断、心脏跳动停止等征象，外表上呈现昏迷不醒的状态。这时，不应该认为是死亡，而应该看作是假死，并且应迅速而持久地进行抢救。有触电者经过 4 h 或更长时间的人工呼吸而得救的事例。有资料指出，从触电后 1 min 开始救治者，90％有良好效果；从触电后 6 min 开始救治者，10％有良好效果；而从触电后 12 min 开始救治者，救活的可能性很小。由此可知，动作迅速是非常重要的。主要运用以下的急救方法：

（1）脱离电源。人触电后，可能由于痉挛或失去知觉等原因，紧抓带电体，不能自行摆脱电源。这时，使触电者尽快脱离电源是救活触电者的首要因素。但在实践过程中，要注意救护人不可直接用手或其他金属及潮湿的物件作为救护工具，而必须使用适当的绝缘工具。救护人员最好用一只手操作，以防自己触电。需防止触电者脱离电源后可能的摔伤，特别是当触电者在高处的情况下，应考虑防摔措施。即使触电者在平地，也要注意触电者倒下的方向，注意防摔。如事故发生在夜间，应迅速解决临时照明问题，以利于抢救，并避免扩大事故。

（2）现场急救方法。当触电者脱离电源后，应根据触电者的具体情况，迅速对症救护。现场应用的主要救护方法是口对口人工呼吸法和胸外心脏按压法。应当注意，急救要尽快进行，不能等候医生的到来，在送往医院的途中，也不能停止急救。

18 眼睛受伤如何急救处理？

眼睛受伤后，可做如下急救处理。

（1）轻度眼伤如眼进异物，可叫现场同伴翻开眼皮用干净手绢、纱布将异物拨出。如眼中溅进化学物质，要及时用水冲洗。

（2）严重眼伤时，可让伤者仰躺，施救者设法支撑其头部，并尽可能使其保持静止不动，千万不要试图拔出插入眼中的异物。

（3）见到眼球鼓出或从眼球脱出的东西，不可把它推回眼内，这样做十分危险，可能会把能恢复的伤眼弄坏。

（4）立即用消毒纱布轻轻盖上，如没有纱布可用刚洗过的新毛巾覆盖伤眼，再缠上布条，缠时不可用力，以不压及伤眼为原则。

做完上述处理后，立即送医院再做进一步的治疗。

19 矿井发生火灾时应如何避险与逃生？

井下发生火灾事故时，现场人员要保持镇静，并尽力灭火。如果火灾范围很大，或者火势很猛，现场人员已无力扑灭，就要进行自救避灾。由于矿井环境的特殊性，因此积极进行自救避险显得极为重要。具体做法如下。

（1）迅速戴好自救器，听从现场指挥人员的指挥，按照平时应急方案的演习步骤，有秩序地撤离火灾现场。

（2）位于火源进风侧人员，应迎着新风撤退。位于火源回风侧人员，如果距火源较近且火势不大时，应迅速冲过火源撤到进风侧，然后迎风撤退；如果无法冲过火区，则沿回风撤退一段距离，尽快找到捷径绕到新鲜风流中再撤退。

（3）如果巷道已经充满烟雾，也绝对不能惊慌，不能乱跑，要迅速地辨明发生火灾的地区和风流方向，然后俯身摸着铁道或铁管有秩序地外撤。

（4）如果实在无法撤出，应利用独头巷道、硐室或两道风门之间的条件，因地制宜，就地取材构建临时避难硐室，尽量隔断风流，防止烟气侵入，然后静卧待救。

（5）所有避灾人员必须统一行动，团结互助，共同渡过难关。

20 井下发生瓦斯爆炸事故应如何自救与逃生？

井下发生瓦斯爆炸事故时，一般都会有巨大的爆炸声和连续的空气震动，产生很强的高温气浪，并产生大量的有害气体。这时候，井下人员一定要沉着，不要乱跑乱喊，积极采取自救逃生措施。

（1）迅速背向空气震动的地方，脸向下卧倒，头要尽量低些，用湿毛巾捂住口鼻，用衣服等物盖住身体，使肉体的外露部分尽量减少。在爆炸的一瞬间，要尽量屏住呼吸，防止吸入大量的高温有害气体。与此同时，要迅速取下自救器，按照操作方法把它戴好。

（2）辨清方向，沿避灾路线尽快进入新鲜风流离开灾区。撤离过程中，最好由有经验的老职工带领同行。假如巷道破坏严重，又不知道撤退路线是否安全，就要设法找到避难硐室或自己构造临时硐室或到安全的地方去暂时躲避，耐心地等待救援。躲避的地方要选择顶板坚固、没有有害气体，有水或离水近的地方，并且要时时注意附近情况变化，发现有危险时，就要转换地方。

（3）避灾时，每个人都要自觉遵守纪律，听从指挥，主动照顾受伤的人员，并严格控制矿灯的使用。要时时敲打铁道或铁管，发出呼救信号，并派有经验的职工出去侦察。经过探险确认安全后，组织大家逐步向井口退出，并在沿途做上信号标记，以便救护人员跟踪寻找。

21 井下透水事故应如何自救与逃生?

井下透水事故是煤矿生产中的主要灾害之一。一旦发生了透水事故，应积极采取有效的方法进行自救与逃生。

（1）尽力判明水源性质（含水层水、断层水、老空水），并用最快的方式通知附近地区的作业人员，一起按规定的路线撤出。可手扶支架躲过水头冲击，逐步向高处走，进入上一个水平，然后出井。

（2）假如出路已经被水隔断，就要迅速寻找井下位置最高、离井筒或大巷最近的地方暂时躲避。同时定时在轨道或水管上敲打，发出呼救信号。

（3）人员撤出透水地区以后，要立即紧紧关闭水闸门，把水流隔断，以保护整个矿井的安全。

22 口对口（鼻）人工呼吸法如何操作？

（1）使昏迷、失去知觉或假死状态的人仰卧，迅速解开其围巾、领扣、紧身衣扣并放松腰带，颈部下方可以适当垫起以利呼吸畅通，切不可在头部下方垫物。同时，还应再一次检查其是否已停止呼吸。

（2）把昏迷者的头侧向一边，清除口腔中的假牙、血块、黏液等物。如舌根下陷，应把它拉出来，使呼吸道畅通。如果受伤者牙关紧闭，可用小木片等坚硬物品从其嘴角插入牙缝，慢慢撬开嘴巴。

（3）使受伤者的头部尽量后仰，鼻孔朝天，下腭尖部与前胸部大体保持在一条水平线上。如图 4—1a 所示，这样，舌根部就不会阻塞气道。

（4）救护人蹲跪在受伤者头部的左侧或右侧，一只手捏紧受伤者的鼻孔，另一只手的拇指和食指掰开嘴巴，如图 4—1b 所示。如掰不开嘴巴，可用口对鼻人工呼吸法，捏紧嘴巴，紧贴鼻孔吹气。

（5）深吸气后，紧贴掰开的嘴巴吹气，如图 4—1c 所示。吹气时可隔一层纱布或毛巾。吹气时要使受伤者的胸部膨胀，每 5 s 一次，每次吹 2 s。

（6）吹气后，应立即离开受伤者的口（鼻），并使受伤者的鼻孔（或嘴唇）松开，让其自由呼吸，如图 4—1d 所示。

(7) 在人工呼吸的过程中，若发现受伤者有轻微的自然呼吸时，人工呼吸应与自然呼吸的节律相一致。当自然呼吸有好转时，可暂停人工呼吸数秒并密切观察。若自然呼吸仍不能完全恢复，应立即继续进行人工呼吸，直至呼吸完全恢复正常为止。

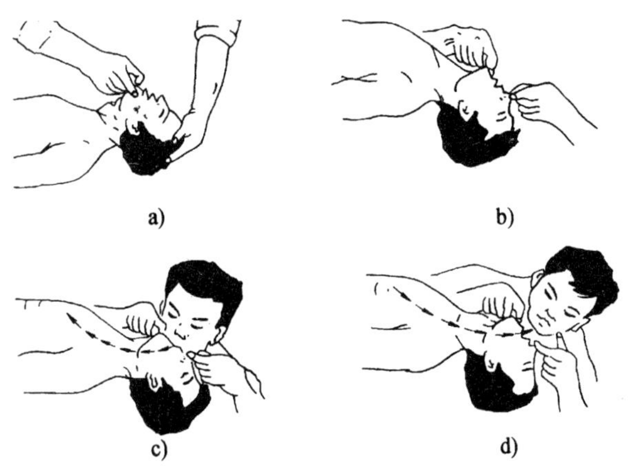

图 4—1　口对口人工呼吸法示意

a）头部后仰　b）捏鼻掰嘴　c）贴嘴吹气　d）放松换气

23　胸外心脏按压法应如何操作?

(1) 使受伤者仰卧在比较坚实的地面或地板上，松开衣服，清除口内杂物，然后进行急救。

(2) 救护人员蹲跪在受伤者腰部一侧，或跨腰跪在其腰部，两手相叠，如图 4—2a 所示。将掌根部放在受伤者胸骨下三分之一的部位，即把中指尖放在其颈部凹陷的下边缘，即“当胸一手掌，中指对凹膛”，手掌的根部就是正确的压点，如图 4—2b 所示。

(3) 救护人两臂肘部伸直，掌根略带冲击地用力垂直下压，压陷深度 3～5 cm，压出心脏里的血液，如图 4—2c 所示。成人每秒钟按压一次，太快和太慢效果都不好。

(4) 按压后，掌根迅速全部放松，让受伤者胸部自动复原，血又充满心脏。放松时掌根不必完全离开胸部，如图 4—2d 所示。按以上步骤连续不断地进行操作，每秒钟一次。按压时定位必须准确，压力要适当，不可用力过大过猛，以免按压出胃中的食物，堵塞气管，影响呼吸，或造成肋骨折断、气血胸和内脏损伤等。也不能用力过小，而达不到按压的作用。

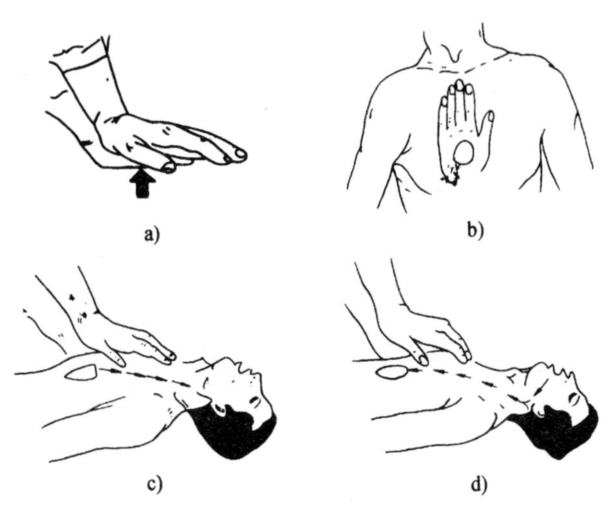

图 4—2　胸外心脏按压法

a) 叠手方式　b) 正确压点　c) 向下按压　d) 迅速放松

用上述两种方法抢救时，一般需要很长时间，必须耐心地持续进行。应当指出，受伤者一旦呼吸和心脏均已停止，应同时进行口对口（鼻）人工呼吸和胸外心脏按压。如果现场仅有一人救护，两种方法应交替进行，每次吹气 2～3 次，再按压10～15次。

进行人工呼吸和胸外心脏按压（人工氧合）急救，贵在坚持，即使在送往医院途中也不得中断。受伤后，假死达 6 h，经过持久的抢救，也可能复活过来。

在进行人工呼吸和胸外心脏按压的过程中，如果发现受伤者皮肤由紫变红、口唇潮红、瞳孔由大变小，说明已见效果；当受伤者嘴唇稍有开合，眼皮活动或咽喉处有咽东西的动作，则应观察呼吸和心脏跳动是否恢复。除非受伤者呼吸和心脏跳动完全恢复正常或是出现明显死亡综合症状（为瞳孔放大，对光照无反应，背部、四肢等部位出现红色尸斑，皮肤青灰，身体僵冷）且经医生诊断死亡时，方可中止救护。

24 进行心脏复苏时要注意哪些问题?

（1）实施人工呼吸前，要解开伤员领扣、领带、腰带及紧身衣服，必要时可用剪刀剪开，不可强撕强扯。清除伤员口腔内的异物，如黏液血块等；如果舌头后缩，应将舌头拉出口外，以防堵塞喉咙，妨碍呼吸。

（2）口对口吹气的压力要掌握好，开始可略大些，频率也可稍快些，经过一二十次人工吹气后逐渐降低压力，只要维持胸部轻度升起即可。

（3）进行胸外心脏按压抢救时，抢救者掌根的定位必须准确，用力要垂直适当，要有节奏地反复进行。防止因用力过猛而造成继发性组织器官的损伤或肋骨骨折。

（4）按压频率要控制好，有时为了提高效果，可加大频率，达到每分钟 100 次左右。抢救工作要持续进行，除非断定伤员已复苏，否则在伤员没有送达医院之前，抢救不能停止。

一般来说，心脏跳动和呼吸过程是相互联系的，心脏跳动停止了，呼吸也将停止；呼吸停止了，心脏跳动也持续不了多久。因此，通常在做胸外心脏按压的同时，进行口对口人工呼吸，以保证氧气的供给，一般每吹气一次，按压胸骨 3～4 次；如果现场仅一人抢救，两种方法应交替进行：每吹气 2～3 次，就按压 10～15 次，也可将频率适当提高一些，以保证抢救效果。

25 常用的止血方法有哪些？适用哪些部位？

人体在突发事故中引起的创伤，如割伤、刺伤、物体打击和碾伤等，常伴有不同程度的软组织和血管的损伤，造成出血征状。

常用的止血方法主要是压迫止血法、止血带止血法、加压包扎止血法和加垫屈肢止血法。

（1）压迫止血法。

这是一种最常用、最有效的止血方法，适用于头、颈、四肢动脉大血管出血的临时止血。当一个人负伤流血以后，只要立刻用手指或手掌用力压紧伤口附近靠近心脏一端的动脉跳动处，并把血管压紧在骨头上，就能很快起到临时止血的效果。

若头部前面出血时，可在耳前对着下颌关节点压迫颞动脉，如图 4—3a 所示；头部后面出血时，应压迫枕动脉止血，压迫点在耳后乳突附近的搏动处。颈部动脉出血时，要压迫颈总动脉，此时可用手指按在一侧颈根部，向中间的颈椎横突压迫，如图 4—3b 所示，但绝对禁止同时压迫两侧的颈动脉，以免引起大脑缺氧而昏迷。上臂动脉出血时，压迫锁骨上方，胸锁乳突肌外缘，用手指向后方第一根肋骨压迫。前臂动脉出血时，压迫肱动脉，用四个手指掐住上臂肌肉并压向臂骨。大腿动脉出血时，压迫股动脉，压迫点在腹股沟皱纹中点搏动处，用手掌向下方的股骨面压迫。

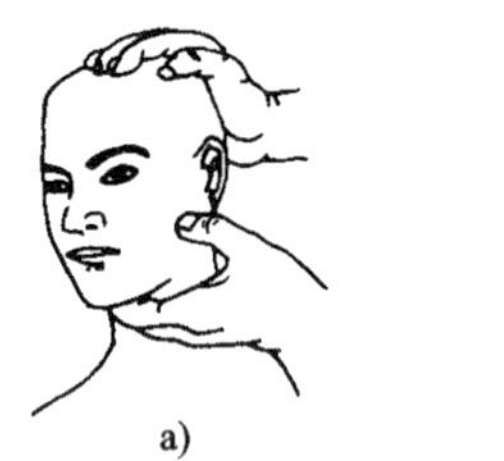

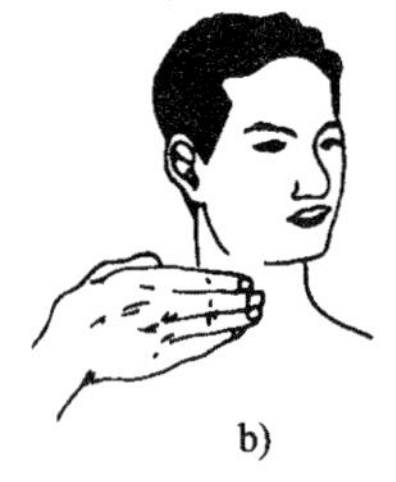

a)　　b)

图 4—3　颞动脉和颈总动脉压迫部位

a）颞动脉压迫部位　b）颈总动脉压迫部位

（2）止血带止血法。

适用于四肢大出血。用止血带（一般用橡皮管、橡皮带）绕肢体绑扎打结固定。上肢受伤可扎在上臂上部 1/3 处；下肢扎于大腿的中部。若现场没有止血带，也可以用纱布、毛巾、布带等环绕肢体打结，在结内穿一根短棍，转动此棍使带绞紧，直到不流血为止。在绑扎和绞止血带时，不要过紧或过松。过紧造成皮肤或神经损伤；过松则起不到止血的作用，如图 4—4 所示。

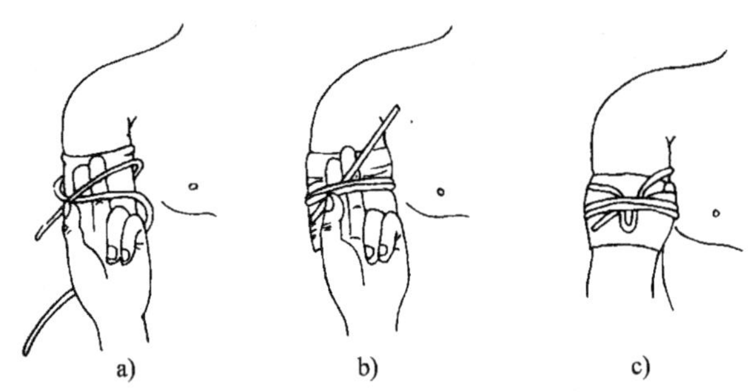

a)　b)　c)

图 4—4　止血带止血法

（3）加压包扎止血法。

适用于小血管和毛细血管的止血。先用消毒纱布或干净毛巾敷在伤口上，再垫上棉花，然后用绷带紧紧包扎，以达到止血的目的。若伤肢有骨折，还要另加夹板固定。

（4）加垫屈肢止血法。

多用于小臂和小腿的止血，它利用肘关节或膝关节的弯曲功能，压迫血管达到止血目的。在肘窝或膝窝内放入棉垫或布垫，然后使关节弯曲到最大限度，再用绷带把前臂与上臂（或小腿与大腿）固定，如图 4—5 所示。

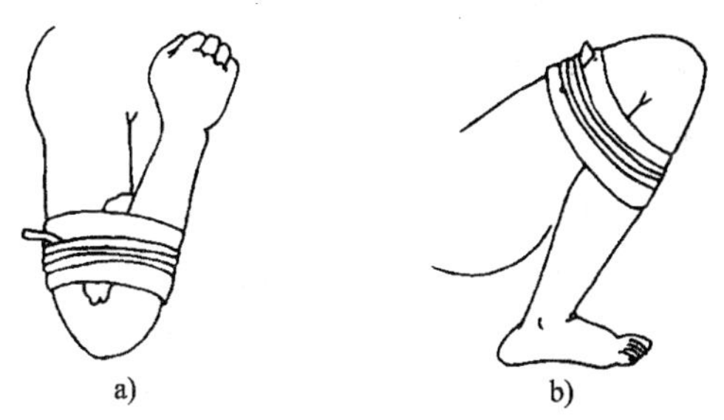

图 4—5　加垫屈肢止血法

如果创伤部位有异物且不在重要器官附近，可以拔出异物，处理好伤口。如无把握就不要随便将异物拔掉，应立即送医院，经医生检查，确定未伤及内脏及较大血管时，再拔出异物，以免发生大出血措手不及。

26　常用的包扎方法有哪些？如何操作？

外伤伤员经过止血后，要立即用急救包、纱布、绷带或毛巾等包扎起来。常用的包扎材料有绷带、三角巾、四头带及其他临时代用品（如干净的手帕、毛巾、衣物、腰带、领带等）。绷带包扎一般用于支持受伤的肢体和关节，固定敷料或夹板和加压止血等。三角巾包扎主要用于包扎、悬吊受伤肢体，固定敷料，固定骨折等。常用的包扎法如下。

（1）头顶式包扎法。外伤在头顶部可用此法。把三角巾底边折叠两指宽，中央放在前额，顶角拉向后脑，两底角拉紧，经两耳上方绕到头的后枕部，压着顶角，再交叉返回前额打结，如图

4—6 所示。如果没有三角巾，也可改用毛巾。先将毛巾横盖在头顶上，前两角反折后拉到后脑打结，后两角各系一根布带，左右交叉后绕到前额打结。

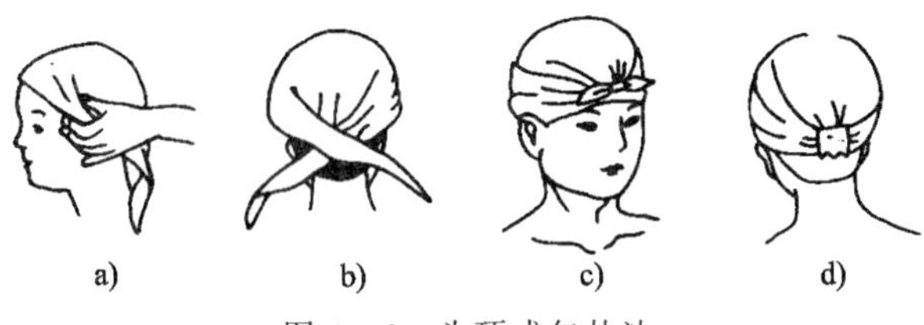

a)　b)　c)　d)

图 4—6　头顶式包扎法

（2）面部面具式包扎法。面部受伤可用此法，如图 4—7 所示。先在三角巾顶角打一结，使头向下，提起左右两个底角，形式像面具一样。然后，将三角巾顶结套住下颌，罩住头面，底边拉向后脑枕部，左右角拉紧，交叉压在底边，再绕至前额打结。包扎后，可根据情况在眼和口鼻处剪开小洞。

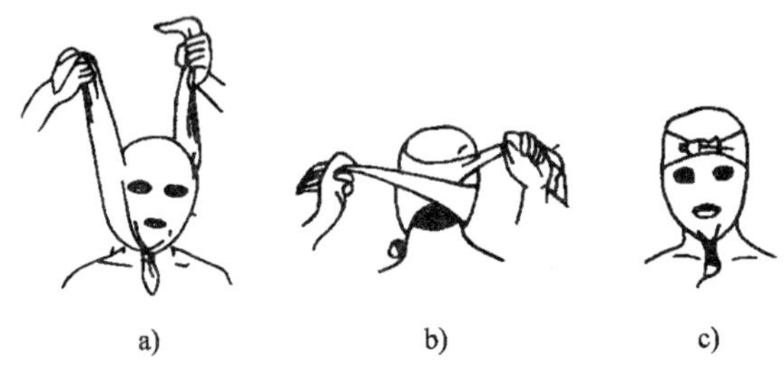

a)　b)　c)

图 4—7　面部面具式包扎法

（3）头面部风帽式包扎法。头面部都有伤可用此法，如图 4—8 所示。先在三角巾顶角和底部中央各打一结，形式像风帽一样。把顶角结放在前额处，底结放在后脑部下方，包住头顶，然后再将两顶角往面部拉紧，向外反折成三四指宽，包绕下颌，最后拉至后脑枕部打结固定。

（4）单眼包扎法。如果眼部受伤，可将三角巾折成四横指宽的带形，斜盖在受伤的眼睛上。如图 4—9 所示。三角巾长度的三分之一向上，三分之二向下。下部的一端从耳下绕到后脑，再从另一只耳上绕到前额，压住眼上部的一端，然后将上部的一端向外翻转，向脑后拉紧，与另一端打结。

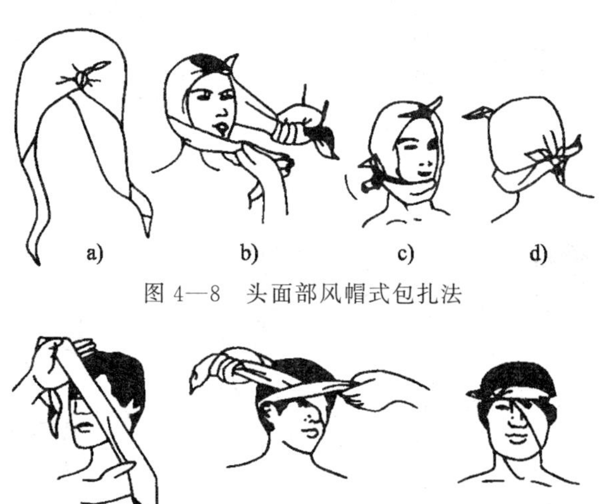

图 4—8　头面部风帽式包扎法

图 4—9　单眼包扎法

（5）如果是四肢外伤，则要根据受伤肢体和部位采用不同的包扎法。

1）手足部受伤的三角巾包扎法。将手掌（或脚掌）心向下放在三角巾的中央，手（脚）指朝向三角巾的顶角，底边横向腕部，把顶角折回，两底角分别围绕手（脚）掌左右交叉压住顶角后，在腕部打结，最后把顶角折回，用顶角上的布带或用别针固定，如图 4—10 所示。

2）三角巾上肢包扎法。如果上肢受伤，可把三角巾的一底角打结后套在受伤的那只手臂的手指上，把另一底角拉到对侧肩上，用顶角缠绕伤臂，并用顶角上的小布带包扎。然后，受伤的前臂弯曲到胸前，最后把两底角打结，如图 4—11 所示。

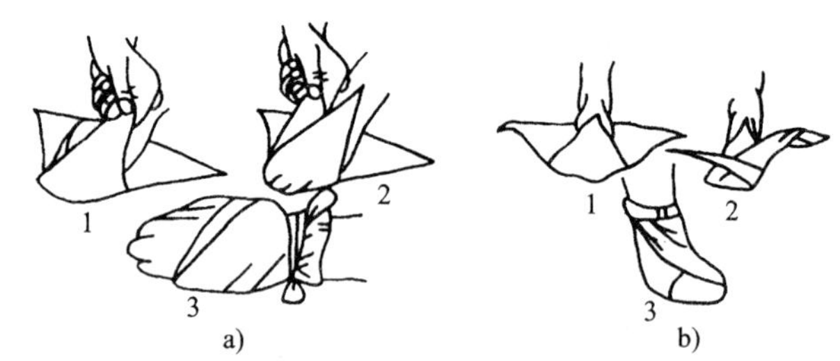

图 4—10　三角巾包扎法

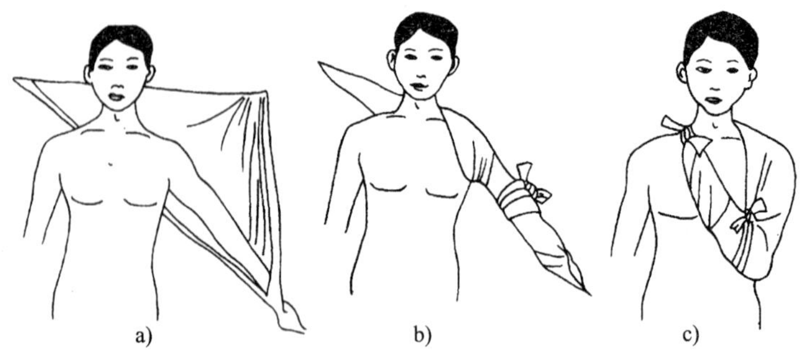

图 4—11　三角形上肢包扎法

3）膝（肘）带式包扎法。根据伤肢的受伤情况，把三角巾折成适当宽度，使成带状，然后把它的中段斜放在膝（肘）的伤处，两端拉向膝（肘）后交叉，再缠绕到膝（肘）前外侧打结固定，如图 4—12 所示。

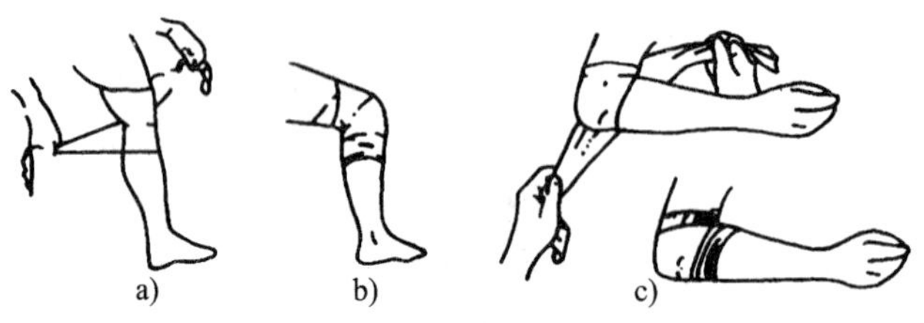

图 4—12　膝（肘）带式包扎法

4）前臂（小腿）毛巾包扎法。将伤臂的手指尖对着毛巾一角，把这一角翻向手背，另一角从手掌一侧翻过手背，并压在掌下，再把毛巾的另一端翻过来，包绕前臂，然后用带子结扎固定。如果是小腿受伤，则把毛巾一角内折在伤腿下部，再用毛巾压另一端包住小腿，最后用带子结扎固定。

27 止血和包扎时要注意哪些事项？

（1）采用压迫止血法时，应根据不同的受伤部位，正确选择指压点；采用止血带止血时，注意止血带不能直接和皮肤接触，必须先用纱布、棉花或衣服垫好。每隔 1 h 松解止血带 2～3 min，然后在另一稍高的部位扎紧，以暂时恢复血液循环。

（2）扎止血带的部位不要离出血点太远，以免使更多的肌肉组织缺血、缺氧。严重挤压的肢体或伤口远端肢体严重缺血时，禁止使用止血带。

（3）包扎时要做到快、准、轻、牢。“快”就是包扎动作要迅速、敏捷、熟练；“准”就是包扎部位要准确；“轻”就是包扎动作要轻柔，不能触碰伤口，打结也要避开伤口；“牢”就是要牢靠，不能过紧或过松，过紧会妨碍血液流动，影响血液循环；过松容易造成绷带脱落或移动。

（4）头部外伤和四肢外伤一般采用三角巾包扎和绷带包扎。如果抢救现场没有三角巾或绷带，可利用衣服、毛巾等物代替。

（5）在急救中，如果伤员出现大出血或休克情况，则必须先进行止血和人工呼吸，不要因为忙于包扎而耽误了抢救时间。

28 骨折有哪几种？骨折固定的原则和注意事项有哪些？

骨折是一种比较多见的创伤。骨折的种类包括以下几种：

（1）闭合性骨折。骨折处皮肤完整，骨折断端与外界不相通。

（2）开放性骨折。外伤伤口深及骨折处或骨折断端刺破皮肤露出体表外。

（3）复合性骨折。骨折断端损伤血管、神经或其他脏器，或伴有关节脱节等。

（4）不完全性骨折。骨的完整性和连续性未完全中断。

（5）完全性骨折。骨的完整性和连续性完全中断。

骨折的症状有疼痛、肿胀、畸形、骨擦音、功能障碍和大出血。

骨折的固定材料用夹板。

骨折固定急救的原则和注意事项有以下几点：

（1）要注意伤口和全身状况。如伤口出血，应先止血，包扎固定；如有休克或呼吸、心搏骤停者应立即进行抢救。

（2）在处理开放性骨折时，局部要作清洁消毒处理，用纱布将伤口包好，严禁把暴露在伤口外的骨折断端送回伤口内，以免造成伤口污染和再度刺伤血管和神经。

（3）对于大腿、小腿、脊椎骨折的伤者，一般应就地固定，不要随便移动伤者，不要盲目复位，以免加重损伤程度。

（4）固定骨折所用的夹板的长度与宽度要与骨折肢体相称，其长度一般应超过骨折上下两个关节为宜。

（5）固定用的夹板不应直接接触皮肤。在固定时可用纱布、三角巾垫、毛巾、衣物等软材料垫在夹板和肢体之间，特别是夹板两端、关节骨头突起部位和间隙部位，可适当加厚垫，以免引起皮肤磨损或局部组织压迫坏死。

（6）固定、捆绑的松紧度要适宜，过松达不到固定的目的，过紧影响血液循环，导致肢体坏死。固定四肢时，要将指（趾）端露出，以便随时观察肢体血液循环情况。如发现指（趾）苍白、发冷、麻木、疼痛、肿胀、甲床青紫时，说明固定、捆绑过紧，血液循环不畅，应立即松开，重新包扎固定。

(7) 对四肢骨折固定时，应先捆绑骨折断处的上端，后捆绑骨折端处的下端。如捆绑次序颠倒，则会导致再度错位。上肢固定时，肢体要屈着绑（屈肘状）；下肢固定时，肢体要伸直绑。

29 骨折固定的方法有哪几种？

如果伤员的受伤部位出现剧烈疼痛、肿胀、变形以及不能活动等现象时，就有可能是发生了骨折。这时，必须利用一切可以利用的条件，迅速、及时而准确地给伤员进行临时固定。常见的骨折是四肢骨折和脊柱骨折，根据骨折的不同部位，可采用相应的方法固定。现介绍以下几种骨折固定法：

(1) 肢肱骨骨折固定法。用两块夹板分别放在上臂内外两侧，并用绷带或布带缠绕固定，然后把前臂屈曲固定于胸前。也可用一块夹板放在骨折部的外侧，中间垫上棉花或毛巾，再用绷带或三角巾固定。

(2) 臂骨骨折固定法。选取长度与前臂相当的夹板，夹住受伤的前臂，再用绷带或布带自肘关节至手掌进行缠绕固定，然后用三角巾将前臂吊在胸前。

(3) 股骨骨折固定法。用两块夹板，其中一块的长度与膝窝至足跟的长度相当，另一块的长度与伤员的腹股沟到足跟的长度相当。长的一块放在伤肢外侧膝窝下，并和下肢平行，短的一块放在两腿之间，用棉花或毛巾垫好肢体，再用三角巾或绷带分段绑扎固定。

(4) 腿骨骨折固定法。取长度相当于由大腿中部到足跟的长度的两块夹板，分别放在受伤的小腿内外两侧，用棉花或毛巾垫好，再用绷带或三角巾分段固定。也可用绷带或三角巾将受伤的小腿和另一条没有受伤的腿一起固定起来。

（5）脊柱骨骨折的固定。确定伤员是脊柱骨骨折后，就不能轻易搬动，应该依照伤员伤后的姿势进行固定。用三块夹板架成工字形，其中一块长约 75 cm，另两块长约 60 cm。把长的一块顺着人体，放在紧贴脊柱处，在板和背部之间用毛巾或衣服垫好。把短的两块横压在竖板的两端，分别放在两肩后和腰骶部。先固定上端的一块横板，再固定下端的横板。

30 伤员的搬运方法有哪些？

经过急救以后，就要把伤员迅速地送往医院。搬运伤员也是救护的一个非常重要的环节。如果搬运不当，可使伤情加重，严重时还可能造成神经、血管损伤，甚至瘫痪，难以治疗。因此，对伤员的搬运应十分小心。伤员的搬运方法有以下几种。

（1）扶、抱、背搬运法。

如果伤员伤势不重，可采用扶、掮、背、抱的方法将伤员运走。

1）单人扶着行走。左手拉着伤员的手，右手扶住伤员的腰部，慢慢行走。此法适于在伤员伤势不重，神志清醒时使用。

2）肩膝手抱法。伤员不能行走，但上肢还有力量，可让伤员钩在搬运者颈上。此法禁用于脊柱骨折的伤员。

3）背驮法。先将伤员扶起，然后背着走。

4）双人平抱着走。两个搬运者站在同侧，抱起伤员。

（2）几种伤情搬运法。

1）脊柱骨折搬运：对于脊柱骨折的伤员，一定要用木板做的硬担架抬运。应由 2～4 人，使伤员成一线起落，步调一致。切忌一人抬胸，一人抬腿。伤员放到担架上以后，要让他平卧，腰部垫一个衣服垫，然后用 3～4 根皮带把伤员固定在木板上，以免在搬运中滚动或跌落，造成脊柱移位或扭转，刺激血管和神经，使下肢瘫痪。

无担架、木板，需众人用手搬运时，抢救者必须有一人双手托住伤者腰部，切不可单独一人用拉、拽的方法抢救伤者。否则，把受伤者的脊柱神经拉断，会造成下肢永久性瘫痪的严重后果。

2）颅脑伤昏迷搬运：首先要清除伤员身上的泥土等杂物。搬运时要两人以上，重点保护头部。放在担架上应采取半卧位，头部侧向一边，以免呕吐时呕吐物阻塞气道而窒息。如有暴露的脑组织，应加以保护。抬运前，头部给以软枕，膝部、肘部应用衣物垫好，头颈部两侧垫衣物以使颈部固定，防止来回摆动。

3）颈椎骨折搬运：搬运时，应由一人稳定头部，其他人以协调力量平直抬在担架上，头部左右两侧用衣物、软枕加以固定，防止左右摆动。

4）腹部损伤搬运：严重腹部损伤者，多有腹腔脏器从伤口脱出，可采用布带、绷带做一个略大的环圈盖住加以保护，然后固定。搬运时采取仰卧位，并使下肢屈曲，防止腹压增加而使肠管继续脱出。

31 在搬运伤者时要注意哪些事项？

（1）移动伤者时，首先应检查伤者的头、颈、胸、腹和四肢是否有损伤，如果有损伤，应先做急救处理，再根据不同的伤势选择不同的搬运方法。

（2）病（伤）情严重、路途遥远的伤病者，要做好途中护理，密切注意伤者的神志、呼吸、脉搏以及病（伤）势的变化。

（3）上止血带的伤者，要记录上止血带和放松止血带的时间。

（4）搬运脊椎骨折的伤者，要保持伤者身体的固定。颈椎骨折的伤者除了身体固定外，还要有专人固定头部，避免移动。

（5）用担架搬运伤者时，一般头略高于脚，休克的伤者则脚略高于头。行进时伤者的脚在前，头在后，以便观察伤者情况。

（6）用汽车运送时，床位要固定，防止车辆启动、刹车时晃动使伤者再度受伤。